TEXTBOOK SERIES FOR THE CULTIVATION OF GRADUATE INNOVATIVE TALENTS
研究生创新人才培养系列教材

水力模型设计与实践

DESIGN AND PRACTICE OF HYDRAULIC MODELS

高学平 著

内容提要

全书共分10章,内容包括模型相似理论基础、水利枢纽水力模型试验、进水口水力模型试验、进/出水口双向水流模型试验、水电站引水尾水系统模型试验、泄洪洞水力模型试验、船坞灌排水模型试验、结构物水弹模型试验、泥沙模型试验、水库水温模型试验。除第1章外,其余9章分别对应实际工程中不同类型的水力问题,其水力模型设计和试验均是作者多年研究成果的归纳和总结,这些实际工程均是我国已建或在建的工程。

本书在介绍水力模型相似理论的基础上,尝试针对不同类型的水力模型,结合实际工程,从工程概况、试验内容、模型设计、模型制作、试验方法、成果总结以及注意事项等方向进行全面介绍,向读者展现每一类水力模型设计及试验研究的全过程,便于读者掌握水力模型设计和试验研究方法,直接服务于实际工程问题的研究。

本书可作为水利工程学科硕士研究生的教材,亦可供相关专业工程技术人员参考。

图书在版编目(CIP)数据

水力模型设计与实践 / 高学平著. — 天津 : 天津大学出版社, 2017.4(2024.2 重印)
研究生创新人才培养系列教材
ISBN 978-7-5618-5789-2

Ⅰ.①水… Ⅱ.①高… Ⅲ.①水力模型－设计－研究生－教材 Ⅳ.①TV222

中国版本图书馆 CIP 数据核字(2017)第 070311 号

出版发行 天津大学出版社
地　　址 天津市卫津路92号天津大学内(邮编:300072)
电　　话 发行部:022-27403647
网　　址 publish.tju.edu.cn
印　　刷 北京虎彩文化传播有限公司
经　　销 全国各地新华书店
开　　本 185mm×260mm
印　　张 13
字　　数 325千
版　　次 2017年4月第1版
印　　次 2024年2月第2次
定　　价 49.00元

前言

不论从学科的范畴，还是研究方法，水利工程学科都在不断地发展和完善。作为传统的研究方法——水力模型试验，始终发挥着不可替代的作用，而且也在不断地发展和完善。

对于重要的水利工程或复杂的水利工程，进行某类水力模型试验是必不可少的。通过水力模型试验，可以检验工程设计的合理性、揭示复杂的水力现象、提出改进措施、优化工程设计，等等。

在水利工程学科众多的研究方法中，水力模型试验是一个看似简单实则复杂的研究方法。说它简单，是因为它直观、可控，想看什么工况的水流现象都能实现，而且易于实现。说它复杂，是因为它的过程复杂，从模型设计、模型制作、试验量测、数据分析直至得出结论性成果等，而且涉及的人员较多，既有专业研究人员，又有模型制作人员，同时还要有先进的实验设备和量测仪器。

做好水力模型试验不是一件容易的事情，同样的研究对象，同样的研究手段，不同研究者获得的研究成果或许不尽相同，模型设计、量测仪器、试验技巧、试验经验等都将对试验成果的水平产生影响。

进行模型试验是一件很有意思的事情，对于新类型的模型试验，相似理论和模型设计还有待发展和完善；对于复杂的水力现象，利用试验手段进一步揭示其水流现象将具有挑战性；对于大型水利工程，通过模型试验检验设计方案的合理性，优化设计方案，提出满足水力条件的推荐方案，为工程设计提供技术支撑。

对于水利工程学科的研究生，求学期间参与水力模型试验研究应该是一件幸运的事情，因为针对实际工程的水力模型试验研究并不是总有的。对于研究生来说，参与水力模型试验，将对学生的综合能力有很好的锻炼，若认真参与过一个完整的试验研究过程，将使自身的综合能力得到很大提高，既有理论——模型设计，又有实践——试验观测。锻炼了交流和沟通能力，与不同的人员——模型制作人员、设计人员交流；锻炼了组织能力，从熟悉实际工程、模型设计、模型制作、试验量测到数据分析、成果总结、报告撰写、成果汇报以及试验过程的讨论等。巩固基本理论、培养动手能力、掌握试验方法、学会综合分析，这是参与水力模型试验的基本收获。

本书的撰写及出版得到天津大学研究生创新人才培养项目资助。在撰写本书过程中参考了有关书籍，汲取了其精华，在此向有关作者和出版社表示衷心的感谢。

由于作者水平所限，书中不妥之处，恳切希望广大读者及专家批评、指正。

高学平
2017 年 1 月

目　录
Contents

第1章 模型相似理论基础

模型试验方法是研究流体运动的重要手段之一。水力模型试验的实质,就是针对要研究的水流现象,依据工程设计或实际工程(原型)按一定比例缩小制作成模型,在模型上模拟水流现象,进行试验量测,得出试验数据,总结分析,最后再换算成实际工程的成果。

设计和制作的模型,应保证模型与原型的水流现象相似,模型中的试验成果需换算为原型成果,这些均须借助于模型相似理论。

1.1 流动相似

要做到模型与原型的水流现象相似,并且把模型试验结果换算至原型,则模型与原型须做到几何相似、运动相似及动力相似,初始条件及边界条件亦应相似。在下面的叙述中,原型中的物理量注以下标 p,模型中的物理量注以下标 m。

1.1.1 几何相似

几何相似是指原型和模型的线性变量间存在着固定的比例关系,即对应的线性长度的比值相等。设 l_{p} 为原型的线性长度,l_{m} 为模型的线性长度,则长度比尺(或线性比尺)为

$$\lambda_l = \frac{l_{\mathrm{p}}}{l_{\mathrm{m}}} \tag{1-1}$$

由此可推导出面积比尺和体积比尺,即

$$\lambda_A = \frac{A_{\mathrm{p}}}{A_{\mathrm{m}}} = \frac{l_{\mathrm{p}}^2}{l_{\mathrm{m}}^2} = \lambda_l^2 \tag{1-2}$$

$$\lambda_V = \frac{V_{\mathrm{p}}}{V_{\mathrm{m}}} = \frac{l_{\mathrm{p}}^3}{l_{\mathrm{m}}^3} = \lambda_l^3 \tag{1-3}$$

1.1.2 运动相似

运动相似是指原型和模型两个流动中的相应质点沿着几何相似的轨迹运动,而且运动相应距离的相应时间比值相等。或者说,当两个流动的速度场(或加速度场)几何相似时,则两个流动就运动相似。因此,时间比尺、速度比尺、加速度比尺分别表示为

$$\lambda_t = \frac{t_{\mathrm{p}}}{t_{\mathrm{m}}} \tag{1-4}$$

$$\lambda_v = \frac{v_{\mathrm{p}}}{v_{\mathrm{m}}} = \frac{l_{\mathrm{p}}/t_{\mathrm{p}}}{l_{\mathrm{m}}/t_{\mathrm{m}}} = \frac{\lambda_l}{\lambda_t} \tag{1-5}$$

$$\lambda_a = \frac{a_{\mathrm{p}}}{a_{\mathrm{m}}} = \frac{v_{\mathrm{p}}/t_{\mathrm{p}}}{v_{\mathrm{m}}/t_{\mathrm{m}}} = \frac{\lambda_v}{\lambda_t} = \frac{\lambda_l}{\lambda_t^2} \tag{1-6}$$

1.1.3 动力相似

动力相似是指原型和模型相应点处流体质点所受的同名力的方向相同且具有同一比值。

当动力相似时，模型与原型相应点处质点的同名力 F（如重力 G，黏滞力 T，压力 P，表面张力 S，弹性力 E，惯性力 I）的比尺相等，则力的比尺表示为

$$\lambda_F = \frac{F_p}{F_m} = \frac{G_p}{G_m} = \frac{T_p}{T_m} = \frac{P_p}{P_m} = \frac{S_p}{S_m} = \frac{E_p}{E_m} = \frac{I_p}{I_m} \tag{1-7}$$

或

$$\lambda_F = \lambda_G = \lambda_T = \lambda_P = \lambda_S = \lambda_E = \lambda_I \tag{1-8}$$

以上三种相似是模型和原型两流动保持完全相似的重要特征。几何相似是运动相似和动力相似的前提，动力相似是决定模型和原型流动相似的主导因素，运动相似是几何相似和动力相似的具体表现。

1.1.4 初始条件和边界条件的相似

任何流动过程的发展都受到初始状态的影响。如初始时刻的流速、加速度、密度、温度等运动要素是否随时间变化对其后的流动过程起重要作用，因此要使模型与原型中的流动相似，就应使其初始状态的运动要素相似。在非恒定流中，必须保证流动各运动要素初始条件的相似；在恒定流中，无须考虑初始条件。

边界条件同样是影响流动过程的重要因素。边界条件是指模型和原型中对应的边界的性质相同、几何尺度成比例。如原型中是固体壁面，则模型中对应的部分也应是固体壁面；原型中是自由液面，则模型中对应部分也应是自由液面。

1.2 模型相似准则

1.2.1 一般相似准则

对于相似流动，各比尺（λ_l、λ_t、λ_v……）的选择并不是任意的，它们之间存在着确定的关系，可以通过牛顿相似定律表述。

作用于流体中任一质点上诸力的合力可以用质量和加速度的乘积来表示，即牛顿第二定律 $F = ma$。于是，力的比尺可表示为

$$\lambda_F = \frac{F_p}{F_m} = \frac{(ma)_p}{(ma)_m} = \frac{(\rho Va)_p}{(\rho Va)_m} = \lambda_\rho \lambda_l^3 \lambda_l \lambda_t^{-2} = \lambda_\rho \lambda_l^2 \lambda_v^2$$

或写为

$$\frac{\lambda_F}{\lambda_\rho \lambda_l^2 \lambda_v^2} = 1 \tag{1-9}$$

式（1-9）也可改写为

$$\frac{F_p}{\rho_p l_p^2 v_p^2}=\frac{F_m}{\rho_m l_m^2 v_m^2} \tag{1-10}$$

式中，$\frac{F}{\rho l^2 v^2}$为无量纲数，称为牛顿数(或牛顿相似准数)，以 Ne 表示。式(1-10)表明，两流动的动力相似，归结为牛顿数相等，即

$$(Ne)_p=(Ne)_m \tag{1-11}$$

上式称为牛顿相似准则，它是流动相似的一般准则。

自然界的水流运动一般都受到多种力的作用(如重力、黏滞力……)，但在不同的流动现象中，这些力的影响程度有所不同。要使流动完全满足牛顿相似准则，就要求作用在相应点上各种同名力具有相同比尺。但由于各种力的性质不同，影响它们的因素不同，实际上很难做到这一点。在某一具体流动中占主导地位的力往往只有一种，因此在模型试验中只要让这种力满足相似条件即可。这种相似虽然是近似的，但实践证明，结果是令人满意的。下面分别介绍只考虑一种主要作用力的相似准则。

1.2.2　重力相似准则(弗劳德准则)

当作用在流体上的外力主要为重力时，只要将重力代替牛顿相似准则中的 F，就可求出只考虑重力作用的流动相似准则。

因重力 $G=mg=\rho gV$，作用于模型和原型的两流动相应质点的重力成比例，则

$$\lambda_G=\frac{G_p}{G_m}=\frac{m_p g_p}{m_m g_m}=\frac{\rho_p l_p^3 g_p}{\rho_m l_m^3 g_m}=\lambda_\rho \lambda_l^3 \lambda_g$$

根据式(1-8)$\lambda_F=\lambda_G$和式(1-9)，则

$$\lambda_\rho \lambda_l^3 \lambda_g=\lambda_\rho \lambda_l^2 \lambda_v^2$$

即

$$\frac{\lambda_v^2}{\lambda_g \lambda_l}=1 \tag{1-12}$$

或
$$\frac{v_p^2}{g_p l_p}=\frac{v_m^2}{g_m l_m}$$

开方后有

$$\frac{v_p}{\sqrt{g_p l_p}}=\frac{v_m}{\sqrt{g_m l_m}} \tag{1-13}$$

式中，$\frac{v}{\sqrt{gl}}$为无量纲数，称为弗劳德数，以 Fr 表示，即

$$Fr=\frac{v}{\sqrt{gl}}$$

式(1-13)用弗劳德数表示，即

$$(Fr)_p=(Fr)_m \tag{1-14}$$

式(1-14)表明，在仅考虑重力作用的相似系统，其弗劳德数应相等，称为重力相似准则，或称弗

劳德准则。

1.2.3 黏滞力相似准则(雷诺准则)

当作用力主要为黏滞力时,则作用于模型和原型的两流动相应的黏滞力成比例,根据牛顿内摩擦定律,黏滞力 $T=\mu A\dfrac{\mathrm{d}v}{\mathrm{d}y}$,考虑液体动力黏滞系数 μ 和运动黏滞系数 ν 的关系 $\mu=\rho\nu$,则

$$\lambda_T=\frac{T_{\mathrm{p}}}{T_{\mathrm{m}}}=\lambda_\rho\lambda_\nu\lambda_l^2\lambda_v\lambda_l^{-1}=\lambda_\rho\lambda_\nu\lambda_l\lambda_v$$

根据式(1-8)$\lambda_F=\lambda_T$ 和式(1-9),则 $\lambda_\rho\lambda_\nu\lambda_l\lambda_v=\lambda_\rho\lambda_l^2\lambda_v^2$,即

$$\frac{\lambda_v\lambda_l}{\lambda_\nu}=1 \tag{1-15}$$

或写成

$$\frac{v_{\mathrm{p}}l_{\mathrm{p}}}{\nu_{\mathrm{p}}}=\frac{v_{\mathrm{m}}l_{\mathrm{m}}}{\nu_{\mathrm{m}}}$$

式中,$\dfrac{vl}{\nu}$为无量纲数,称为雷诺数,以 Re 表示,即

$$(Re)_{\mathrm{p}}=(Re)_{\mathrm{m}} \tag{1-16}$$

式(1-16)表明,在仅考虑黏滞力作用的相似系统,其雷诺数应相等,称为黏滞力相似准则,或称雷诺准则。

1.2.4 欧拉准则

当作用力主要为压力时,作用于模型和原型的相应质点上的动水压力成比例。压力 $P=pA$,p 为压强,A 为面积。所以

$$\lambda_P=\frac{p_{\mathrm{p}}A_{\mathrm{p}}}{p_{\mathrm{m}}A_{\mathrm{m}}}=\lambda_p\lambda_l^2$$

根据式(1-8)$\lambda_F=\lambda_P$ 和式(1-9),则 $\lambda_p\lambda_l^2=\lambda_\rho\lambda_l^2\lambda_v^2$,即

$$\frac{\lambda_p}{\lambda_v^2\lambda_\rho}=1 \tag{1-17}$$

或写成

$$\frac{p_{\mathrm{p}}}{v_{\mathrm{p}}^2\rho_{\mathrm{p}}}=\frac{p_{\mathrm{m}}}{v_{\mathrm{m}}^2\rho_{\mathrm{m}}}$$

式中,$\dfrac{p}{v^2\rho}$为无量纲数,称为欧拉数,以 Eu 表示,则

$$(Eu)_{\mathrm{p}}=(Eu)_{\mathrm{m}} \tag{1-18}$$

式(1-18)表明,在仅考虑动水压力作用的相似系统,其欧拉数应相等,称为欧拉准则。

1.2.5 表面张力相似准则(韦伯准则)

当作用力主要为表面张力时,根据表面张力 $S=\sigma l$,σ 为单位长度的表面张力,则力比尺

写为

$$\lambda_S = \lambda_\sigma \lambda_l$$

根据式(1-8)$\lambda_F = \lambda_S$ 和式(1-9)，则 $\lambda_\sigma \lambda_l = \lambda_\rho \lambda_l^2 \lambda_v^2$，即

$$\frac{\lambda_\rho \lambda_l \lambda_v^2}{\lambda_\sigma} = 1 \tag{1-19}$$

或写为

$$\frac{\rho_p l_p v_p^2}{\sigma_p} = \frac{\rho_m l_m v_m^2}{\sigma_m}$$

式中，韦伯数 $We = \frac{\rho l v^2}{\sigma}$，所以

$$(We)_p = (We)_m \tag{1-20}$$

式(1-20)表明，在仅考虑表面张力作用的相似系统，其韦伯数相等，称为韦伯准则。

1.2.6　弹性力相似准则(柯西准则)

当作用力主要为弹性力时，因弹性力 E 可表示为 $E = Kl^2$，K 为体积弹性系数，则

$$\lambda_E = \lambda_K \lambda_l^2$$

根据式(1-8)$\lambda_F = \lambda_E$ 和式(1-9)，则 $\lambda_K \lambda_l^2 = \lambda_\rho \lambda_l^2 \lambda_v^2$，即

$$\frac{\lambda_\rho \lambda_v^2}{\lambda_K} = 1 \tag{1-21}$$

或写成

$$\frac{\rho_p v_p^2}{K_p} = \frac{\rho_m v_m^2}{K_m}$$

式中，柯西数 $Ca = \frac{\rho v^2}{K}$，所以

$$(Ca)_p = (Ca)_m \tag{1-22}$$

式(1-22)表明，在仅考虑弹性力作用的相似系统，其柯西数应相等，称为柯西准则。

1.3　模型设计理论

在进行水力模型试验之前，应首先依据相似理论进行模型设计，计算模型各物理量的比尺。当长度比尺确定后，根据占主导地位的作用力去选择相应的相似准则，确定模型中各物理量的比尺。例如，当重力为主时，选择弗劳德准则设计模型；当黏滞力为主时，选择雷诺准则设计模型。

1.3.1　重力起主导作用的水力模型

对于重力起主导作用的流动，应保证模型和原型的弗劳德数相等，即按弗劳德准则设计模型。由式(1-12)

$$\frac{\lambda_v^2}{\lambda_g \lambda_l}=1$$

可得出流速比尺

$$\lambda_v = \sqrt{\lambda_g \lambda_l}$$

通常重力加速度比尺 $\lambda_g=1$，所以

$$\lambda_v = \lambda_l^{1/2} \tag{1-23}$$

流量比尺

$$\lambda_Q = \lambda_A \lambda_v = \lambda_l^2 \lambda_l^{1/2} = \lambda_l^{5/2} \tag{1-24}$$

时间比尺

$$\lambda_t = \lambda_l / \lambda_v = \lambda_l / \lambda_l^{1/2} = \lambda_l^{1/2} \tag{1-25}$$

力的比尺

$$\lambda_F = \lambda_\rho \lambda_l^2 \lambda_v^2 = \lambda_\rho \lambda_l^2 \ (\lambda_l^{1/2})^2 = \lambda_\rho \lambda_l^3 \tag{1-26}$$

当模型和原型的流体相同时，$\lambda_\rho=1$，则上式为 $\lambda_F=\lambda_l^3$。

其他量的比尺列于表 1-1。

表 1-1 各相似准则的模型比尺关系（$\lambda_\rho=1,\lambda_\nu=1$）

名称	比尺			
	弗劳德准则（重力）	雷诺准则（黏滞力）	韦伯准则（表面张力）	柯西准则（弹性力）
线性比尺 λ_l	λ_l	λ_l	λ_l	λ_l
面积比尺 λ_A	λ_l^2	λ_l^2	λ_l^2	λ_l^2
体积比尺 λ_V	λ_l^3	λ_l^3	λ_l^3	λ_l^3
流速比尺 λ_v	$\lambda_l^{1/2}$	λ_l^{-1}	$\lambda_\sigma^{1/2}\lambda_l^{-1/2}$	$\lambda_K^{1/2}$
流量比尺 λ_Q	$\lambda_l^{5/2}$	λ_l	$\lambda_\sigma^{1/2}\lambda_l^{2/3}$	$\lambda_K^{1/2}\lambda_l^2$
时间比尺 λ_t	$\lambda_l^{1/2}$	λ_l^2	$\lambda_\sigma^{1/2}\lambda_l^{2/3}$	$\lambda_K^{-1/2}\lambda_l$
力的比尺 λ_F	λ_l^3	$\lambda_l^0=1$	$\lambda_\sigma\lambda_l$	$\lambda_K\lambda_l^2$
压强比尺 λ_p	λ_l	λ_l^{-2}	$\lambda_\sigma\lambda_l^{-1}$	λ_K
功的比尺 λ_W	λ_l^4	λ_l	$\lambda_\sigma\lambda_l^2$	$\lambda_K\lambda_l^3$
功率比尺 λ_N	$\lambda_l^{3.5}$	λ_l^{-1}	$\lambda_\sigma^{3/2}\lambda_l^{1/2}$	$\lambda_K^{3/2}\lambda_l^2$

1.3.2 黏滞力起主导作用的水力模型

对于黏滞力起主导作用的流动，应保证模型和原型的雷诺数相等，即按雷诺相似准则设计模型。由式（1-15）

$$\frac{\lambda_v \lambda_l}{\lambda_\nu}=1$$

可得流速比尺为

$$\lambda_v = \lambda_\nu \lambda_l^{-1} \tag{1-27}$$

流量比尺、时间比尺和力的比尺分别为

$$\lambda_Q = \lambda_v \lambda_l \tag{1-28}$$

$$\lambda_t = \lambda_l^2 \lambda_\nu^{-1} \tag{1-29}$$

$$\lambda_F = \lambda_\rho \lambda_\nu^2 \tag{1-30}$$

若试验时模型采用与原型相同的流动介质，$\lambda_\nu = 1, \lambda_\rho = 1$，则

$$\lambda_v = \lambda_l^{-1}, \lambda_Q = \lambda_l, \lambda_t = \lambda_l^2, \lambda_F = 1, \cdots\cdots$$

其他量的比尺列于表1-1。

1.3.3　同时考虑重力和黏滞力的水力模型

对于重力和黏滞力同时起主要作用的水流运动，若保证模型和原型中的重力和黏滞力同时相似，应同时满足弗劳德准则和雷诺准则。

由弗劳德准则，重力作用要求流速比尺 $\lambda_v = \lambda_l^{1/2}$；由雷诺准则，黏滞力作用要求流速比尺 $\lambda_v = \lambda_\nu \lambda_l^{-1}$。重力和黏滞力同时作用，上述流速比尺必须同时成立，则有

$$\lambda_l^{1/2} = \lambda_\nu \lambda_l^{-1}$$

或写为

$$\lambda_\nu = \lambda_l^{1.5} \quad \text{或} \quad \nu_m = \frac{\nu_p}{\lambda_l^{1.5}} \tag{1-31}$$

上式表明，要实现重力与黏滞力同时相似，则要求模型中液体运动黏滞系数 ν_m 是原型运动黏滞系数 ν_p 的 $1/\lambda_l^{1.5}$，这显然是难于实现或很不经济的。若模型与原型为同一介质，即 $\lambda_\nu = 1$，只有当 $\lambda_l = 1$ 时，式(1-31)才能满足，即为原型。因此，一般说来，同时满足上述两个相似准则的模型是不易做到的。

但在水流处于紊流阻力平方区时，情况则有所不同。我们知道，雷诺数 *Re* 是判别流动形态的标准，*Re* 不同，流动形态就不同。不同的流动形态，黏滞力对流动阻力的影响不同。当 *Re* 超过某一数值后进入紊流阻力平方区，阻力系数就不再随 *Re* 而变化。也就是，在一定的 *Re* 范围内，阻力的大小与 *Re* 无关，这个流动范围称为自模区。在这种情况下，只要维持模型水流处于阻力平方区，就只需保持重力相似（*Fr* 相等），即可获得相似的水流运动。

许多实际流动通常属于自模区，在这个区的阻力相似就不必要求 *Re* 相等。明渠流动大都属于自模区，因此河流模型一般按弗劳德准则设计，同时只要求模型水流进入自模区，不要求 *Re* 相等。

1.3.4　模型设计应注意的问题

在进行水力模型试验时，首先确定该水力现象中起主要作用的力，选定相似准则，在确定几何比尺后进而计算模型各物理量的比尺。选择几何比尺，除了考虑试验期限、经费、占用场地、实验室供水能力及量测技术精度等，还应注意以下事项。

（1）流态相似。大多数水力模型试验采用弗劳德准则。当按弗劳德准则设计模型时，模型几何比尺的选择要确保模型水流流态与原型水流流态相似，否则就不能保证水流相似。

(2)糙率相似。在水力模型试验的许多情况中(例如研究溢流坝的流量系数、上下游水流的衔接形式及消能工的效果等),由于结构物纵向长度较短(高溢流坝除外),局部阻力起主导作用,保证模型的几何相似即可近似达到阻力相似(因紊流中局部阻力主要与几何形状有关)。此外,在港工模型试验中,由于在波浪运动中黏滞力的影响较小,通常可不考虑。在以上所提到的情况中,重力起主要作用,因此按弗劳德准则设计的模型可以适当放宽糙率相似的要求,对水力模型试验的结果不致产生太大的影响。

但是,在河工模型、高坝溢流及船闸输水廊道等的试验中,则必须考虑沿程阻力的影响,即在模型中应当保证模型过流面粗糙的相似。

欲实现水流的阻力相似,须使模型与原型中的水流阻力系数相等。在紊流中的阻力系数,根据曼宁公式

$$C = \frac{1}{n} R^{1/6}$$

即

$$\lambda_C = \lambda_n^{-1} \lambda_R^{1/6}$$

对正态模型,$\lambda_R = \lambda_l$,则上式变为

$$\lambda_C = \lambda_n^{-1} \lambda_l^{1/6}$$

若保证相似,则 $\lambda_C = 1$,故

$$\lambda_n = \lambda_l^{1/6} \tag{1-32}$$

或

$$n_{\mathrm{m}} = \frac{n_{\mathrm{p}}}{\lambda_l^{1/6}} \tag{1-33}$$

式(1-32)或式(1-33)说明,欲使模型与原型的过流面粗糙保持相似,则模型糙率 n_{m} 应是原型糙率 n_{p} 的 $1/\lambda_l^{1/6}$,此时要求模型过流面很光滑,但由于模型材料或技术条件的限制,在有些情况下是不易做到的。

因此,在确定模型几何比尺的过程中,应当考虑糙率比尺的限制。

(3)对主导作用力为重力的流动,采用按弗劳德准则设计模型,忽略黏性力。但实际上黏性力确实存在,它对试验结果有一定影响,故在模型设计时必须考虑。一般要求模型中雷诺数达到某一定值,以保证模型流动在阻力平方区把黏性力的影响限制在可忽略的范围,这也是几何比尺选择的限制条件。

(4)在确定模型几何比尺时,应尽量保证模型水深不能过小,否则流动受表面张力的影响。例如,模型水深 $h_{\mathrm{m}} > 0.05$ m。

(5)试验时,应遵守相关的模型试验规范。

1.4 本章总结

模型相似理论是进行模型设计和模型试验的基础。本章介绍的模型相似理论是进行一般

水力模型试验的基础，但是对于某些具有交叉学科性质的模型试验，还缺乏成熟的模型相似关系，应针对不同情况，从理论上完善模型相似关系。对于一般水利工程，因水流运动受重力主导，因此其水力模型按弗劳德准则进行设计。

第 2 章　水利枢纽水力模型试验

水利枢纽一般由挡水建筑物和泄水建筑物组成。对于重要的水利枢纽，通常通过水力模型试验检验枢纽布置的合理性及泄洪消能方案的可行性，提出改进意见及措施，提出优化方案，提出合理调度运行方案，满足工程运行要求。

水利枢纽水力模型试验，要求模拟范围大，研究内容全面，注重水利枢纽的整体性把握。下面以某水利枢纽为例，说明该类模型设计及试验的方法，包括试验所需基本资料、研究内容、模型设计与制作、试验方法、试验成果等，最后对该类试验进行总结，指出模型设计及试验过程中应注意的问题。

2.1　工程概况

某水利枢纽，坝型为混凝土重力坝，水电站装机 3 × 60 MW。枢纽由右岸河床式厂房、冲沙右中孔坝段、表孔溢流坝段、左岸同垂直升船机重叠布置的左中孔坝段、非溢流坝段和 330 kV 开关站等建筑物组成。该工程是以发电为主兼有航运等综合效益的中型水电枢纽。枢纽布置如图 2-1 所示。

枢纽正常水位 362.0 m，汛期限制水位 357.0 m，总库容 2.04 亿 m^3，调节库容 0.2 亿 m^3。坝顶长度 360.0 m，坝高 60.5 m，坝顶高程 367.8 m。

坝址处河道顺直，河谷呈不对称“V”字形，左岸坡度 40° ~ 43°，右岸边坡 20° ~ 25°。河床覆盖层为沙砾石，厚度 8.0 ~ 14.0 m，局部深度 20.5 m，河床右侧分布有基岩漫滩，宽度 30.0 ~ 90.0 m，坝址基岩主要为浅变质凝灰岩，节理裂隙发育，河床左侧有一条宽 7.0 ~ 20.0 m 顺河向构造破碎带。河床抗冲刷能力低。

该工程泄洪消能的主要特点：河道狭窄、洪峰流量大、尾水高且变幅大、下泄水流佛氏数低、水库调节能力弱和基岩抗冲刷能力偏低。依据上述特点，综合考虑施工导流、厂房进水口排沙和通航等多方面要求，选定了四个中孔、五个表孔的“中表”结合的泄水建筑物布置形式。消能防冲设计方面，采用底流消能。消力池末端采用差动式齿坎，调整出池水流铅垂方向流速分布，减轻下游冲刷，从而达到缩短消力池池长、减少工程量的目的。

泄水建筑物按百年一遇洪水设计、千年一遇洪水校核。消能防冲建筑物按五十年一遇洪水设计，对超过此标准的洪水，允许消能防冲建筑物出现一些不危及大坝及其他主要建筑物安全或不影响电站长期运行并易于修复的局部损坏。

泄水建筑物共分四区：三个冲沙右中孔为Ⅰ区，左三表孔为Ⅱ区，右二表孔为Ⅲ区，升船机坝段为Ⅳ区。各区由导墙或隔墙分开，以便灵活运行。中、小流量时优先开启Ⅰ、Ⅱ、Ⅲ区，Ⅳ区受升船机交叉操作的制约，应尽可能减少投入运行的概率。泄水建筑物各区平面布置如图

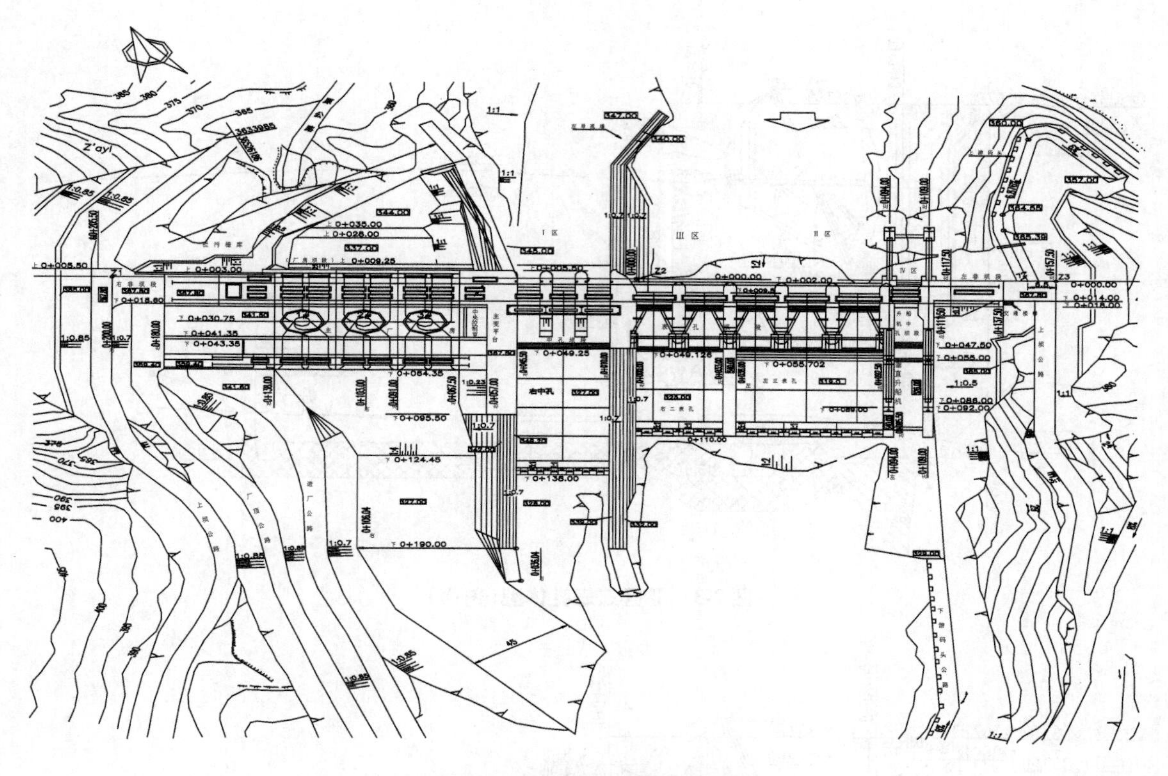

图2-1　某水利枢纽平面布置

2-1所示。各泄水建筑物体型如图2-2至图2-5所示。各泄水建筑物形式如下。

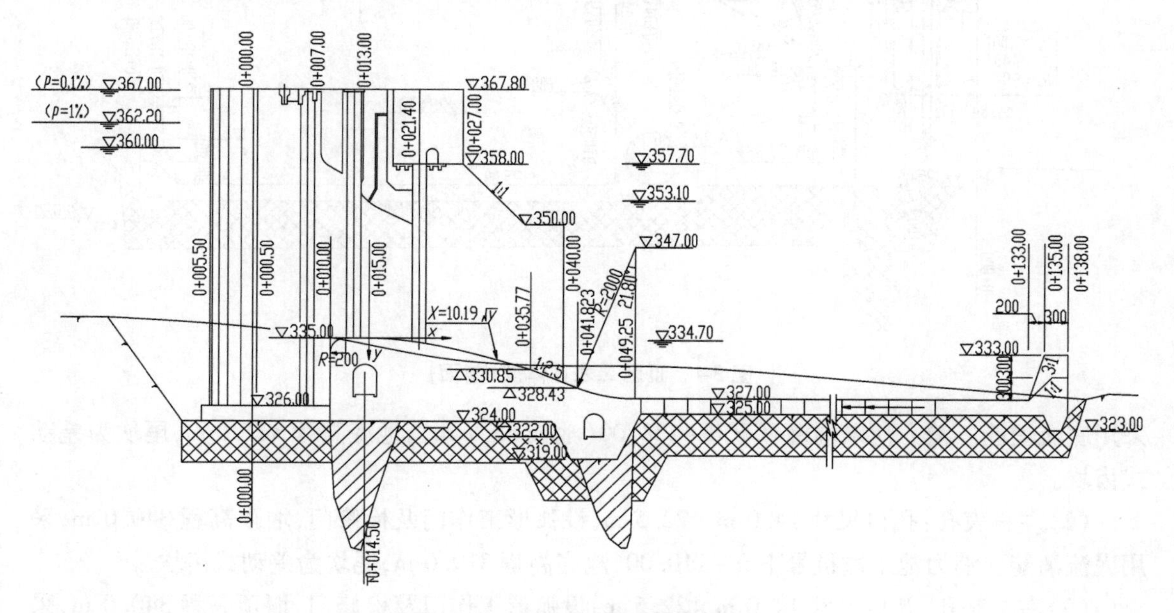

图2-2　Ⅰ区三中孔体型（剖面）

（1）三个冲沙右中孔：孔口尺寸8.5 m×15 m，设平板工作门及检修门，堰顶高程335.0 m，

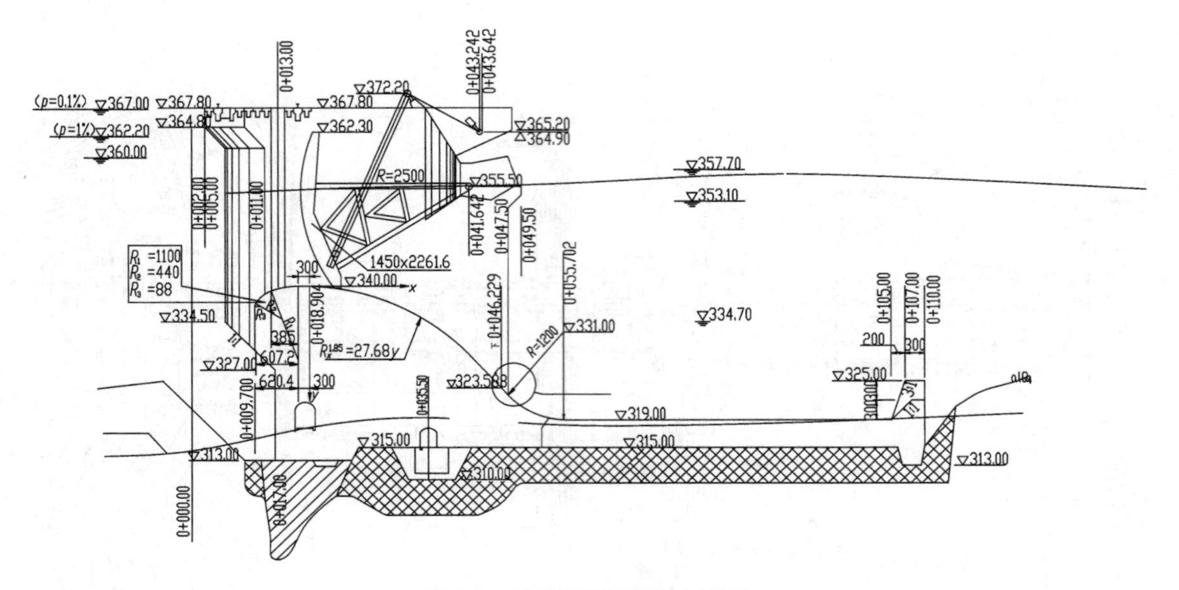

图 2-3 Ⅱ区三表孔体型(剖面)

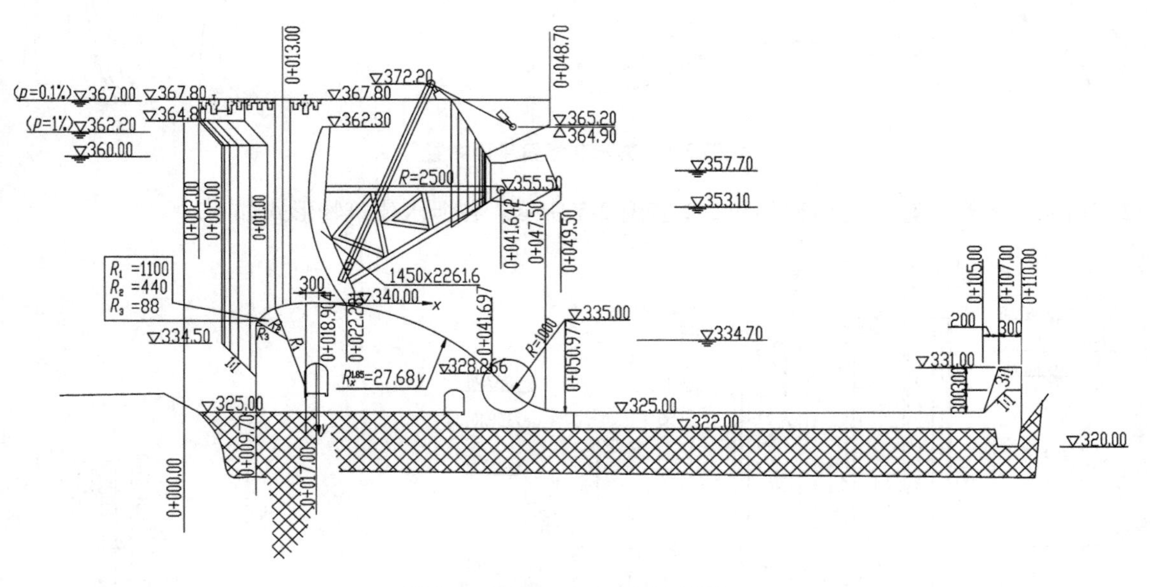

图 2-4 Ⅲ区二表孔体型(剖面)

采用底流消能。消力池末端桩号下 0 + 138.00(池长 88.7 m),池底高程 327.0 m,尾坎为差动式齿坎。

(2)左三表孔:孔口尺寸 14.0 m × 22.5 m,设弧形工作门及检修门,堰顶高程 340.0 m,采用底流消能。消力池末端桩号下 0 + 110.00,池底高程 319.0 m,尾坎为差动式齿坎。

(3)右二表孔:孔口尺寸 14.0 m × 22.5 m,设弧形工作门及检修门,堰顶高程 340.0 m,采用底流消能。消力池末端桩号下 0 + 110.00,池底高程 325.0 m,尾坎为差动式齿坎。

(4)同垂直升船机重叠布置的左中孔:孔口尺寸 8.5 m × 15 m,设平板工作门及检修门,堰

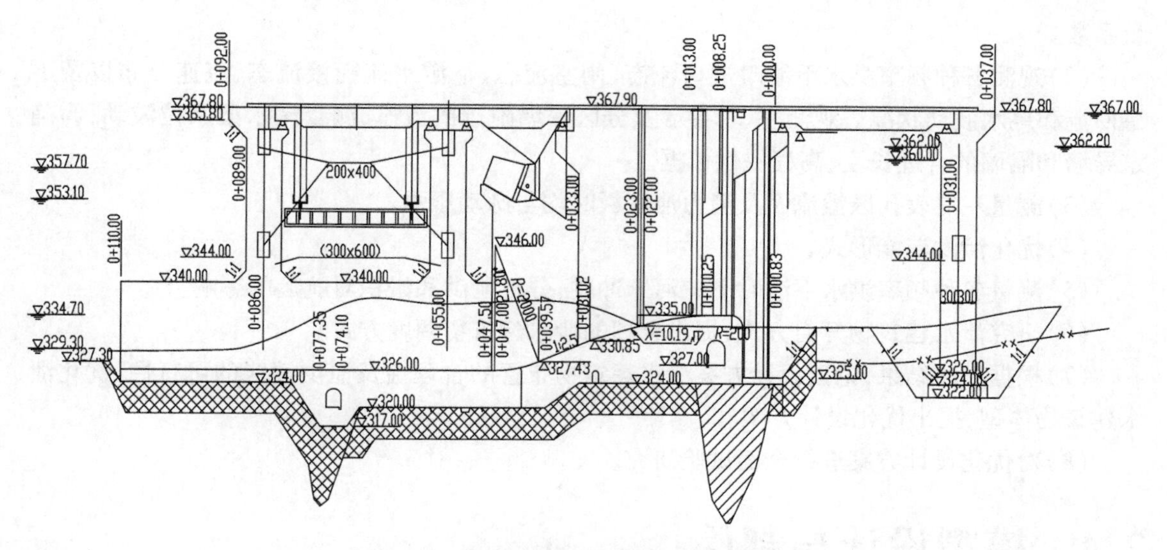

图 2-5　Ⅳ区升船机坝段中孔体型(剖面)

顶高程 335.0 m,采用底流消能。消力池末端桩号下 0 + 110.00(池长 63.0 m),池底高程 326.0 m。

2.2　试验所需资料

进行水利枢纽水力模型试验,首先应对所要研究的工程有较深入的了解,理解委托单位拟解决的问题和关注的重点。在此基础上,明确提出模型试验所必需的资料,通常包括枢纽平面布置图、泄水建筑物详图、上游库区地形、下游河道地形、特征水位和特征流量、水位—流量关系、枢纽运行方式、河床岸滩岩石抗冲流速、混凝土糙率等。针对该水利枢纽,明确了以下资料:

(1)枢纽区地形图(坝址区地形图);

(2)枢纽平面布置图;

(3)拦河坝非溢流坝段、泄水建筑物剖面图;

(4)水库特征水位和特征流量;

(5)下游水位—流量关系;

(6)河床岩基允许抗冲刷流速或河床覆盖层颗粒组成;

(7)混凝土糙率设计值。

2.3　研究内容

通常,试验内容是委托单位以试验任务书的形式给出。作为研究单位应与委托单位及时沟通,明确研究内容。针对该水利枢纽,依据委托单位的设计方案,最终确定以下研究内容。

(1)研究泄水建筑物的过流能力,测定水位与流量关系曲线;测定各区泄洪孔口的综合流量系数。

(2)观测各种频率洪水下泄时进口流态、闸室流态、下游水流衔接流态、流速分布以及下游回流和尾水波动状况。观测左、右导墙及分区隔墙附近的流态,测量尾水渠水位波动,为确定导墙和隔墙的合理长度、高程提供依据。

(3)测量左三表孔区溢流面及消力池底板时均与脉动压强。

(4)优化泄洪消能形式。

(5)测量各种频率洪水下泄时下游河床冲刷,分析泄洪和淤积对航运的影响。

(6)研究泄水建筑物开启方式,提出合理的泄水建筑物调度方式。

(7)根据试验结果,论证设计方案泄水建筑物布置的合理性及泄洪消能的可行性,优化泄水建筑物体型,提出优化设计方案。

(8)对优化设计方案进行全面试验研究。

2.4 模型设计与制作

对于水利枢纽水力模型试验,应按重力相似准则进行模型设计。首先,根据研究内容,结合实验室供水能力和场地,确定模型几何比尺 λ_l(原型量/模型量)。对于该类模型试验,一般模型几何比尺 $\lambda_l=100$ 的比较常见,当然模型做大些更好,例如模型几何比尺 $\lambda_l=80$ 和 $\lambda_l=50$ 的都有。对于重大水利枢纽,委托单位通常希望建造较大模型进行试验研究,明确提出模型几何比尺要求。

2.4.1 模型几何比尺

对于该水利枢纽水力模型试验,根据试验内容并结合实验室条件,选定模型几何比尺 $\lambda_l=100$。模型按重力相似准则设计,模型各物理量的比尺关系及模型比尺列于表 2-1。在进行模型设计及试验过程中应参照相应规范,例如《水工(常规)模型试验规程》[1]等。

表 2-1 各物理量的比尺关系及模型比尺

相似准则	物理量	比尺关系	模型比尺
重力相似准则	长度	λ_l	100.00
	流速	$\lambda_v=\lambda_l^{0.5}$	10.00
	流量	$\lambda_Q=\lambda_l^{2.5}$	100 000.00
	压强	$\lambda_p=\lambda_\rho\lambda_l$	100.00
	糙率	$\lambda_n=\lambda_l^{1/6}$	2.15

2.4.2 流态校核

当按重力相似准则设计模型时,模型几何比尺的选择应确保模型水流流态与原型水流流态相似。通常,选定某典型过流断面计算其模型雷诺数和原型雷诺数,模型雷诺数应足够大,模型水流处于阻力平方区,保证模型水流与原型水流相似。

2.4.3　动床模型砂选择

目前,常用的模拟岩基河床冲刷的材料基本上有三类,即散粒料、节理块和黏性材料。本试验以松散模型砂作为岩基冲刷的模拟材料,模型砂粒径依据河床岩基允许抗冲刷流速按下述公式计算[2]:

$$v_b = C\sqrt{2g\frac{(\gamma_s-\gamma)}{\gamma}D} = K\sqrt{D} \tag{2-1}$$

式中:v_b 为岩基允许抗冲刷流速,该工程为 4 ~ 6 m/s;g 为重力加速度;γ_s 为岩块容重;γ 为水容重;C 为反映岩块稳定状况的无量纲系数;$K = C\sqrt{2g(\gamma_s-\gamma)/\gamma}$ 为系数($m^{0.5}/s$),一般为 5 ~7,本试验取 6。经计算,模型砂的粒径范围为 4. 4 ~ 10. 0 mm。

或者,当委托单位提供下游河床覆盖层泥沙组成或泥沙级配时,河床覆盖层的模拟可根据所提供的下游河床覆盖层泥沙组成或级配,按照几何比尺计算出模型砂粒径。

当动床模型砂确定后,还应根据原型河床覆盖层厚度,并结合预估的最大冲刷坑深度,确定模型铺砂厚度,保证足够的厚度,避免试验时冲刷至模型底部。

2.4.4　模型制作

模拟范围:依据所提供的地形等资料,为保证试验段的流态不受影响,模型模拟上游水库至坝轴线以上 600 m,下游河道至坝轴线以下 1 100 m,其中坝轴线以下 650 m 范围内按要求做成动床,为保证下游河床最大冲刷深度的模拟,铺砂厚度应足够深,动床自高程 337. 0 ~ 297. 0 m 铺砂。根据上、下游最高水位并留有适当超高,上游地形模拟至高程 370. 0 m(最高库水位 367. 0 m),下游地形模拟至高程 365. 0 m(下游最高水位 357. 9 m)。考虑上游库区左右岸均有支流,故模型模拟范围相对较宽,取左 0 + 395 m ~ 右 0 + 255 m,总宽 650 m;下游河道宽 450 m。

本次试验采用上游量水,矩形堰,堰宽 1. 0 m,堰板高 0. 4 m,量水堰长 7. 0 m。为保证进入堰的水流平稳,由高水塔供水进入稳水池,再进入量水堰。水流经量水堰后,经稳水栅及过渡段进入模拟水库。下游河道增加水流过渡段后接尾门用以控制下游水位。

坝体采用有机玻璃制作,安装时采用经纬仪及水准仪控制其位置和高程,误差小于 0. 1 mm。河道地形制作采用断面法,断面间隔 1 m,复杂河段加密断面,高程由水准仪控制,高程误差小于 0. 1 mm。

图 2-6 为模型布置图,图 2-7 和图 2-8 为模型照片。

2.5　试验方法

对于水利枢纽水力模型试验,从理论上讲,模型建好后应进行模型验证,进行放水验证试验,将试验所测水面线和实测资料或设计资料进行比较。但是,因为所研究的对象一般是处于设计阶段,没有验证资料,通常模型建好后就开始进行试验。严格来讲,若没有验证资料,应进

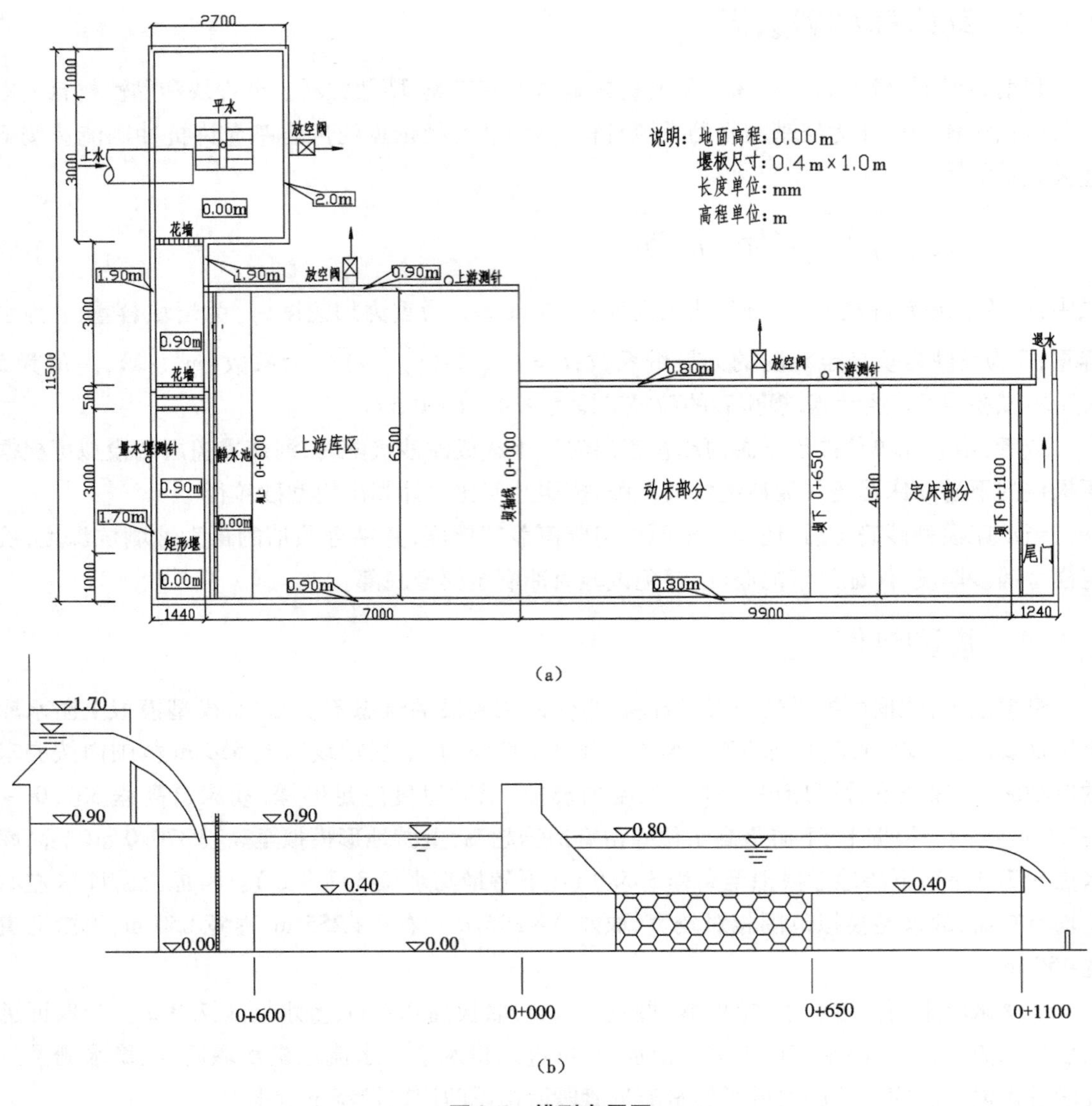

图 2-6　模型布置图

(a)平面图　(b)剖面图

行模型糙率相似性说明。

根据试验内容，确定具体试验工况，列出试验工况表。试验时逐一进行试验。

1. 流量量测

流量量测仪器可以放置在模型上游，称为上游量水，也可以放置在模型下游，称为下游量水。量测仪器主要有薄壁堰、电磁流量计等。对于水利枢纽水力模型试验，因为流量比较大，采用矩形薄壁堰可能多些。当采用下游量水时，由于量水堰本身的高度，则模型需整体抬高；当采用上游量水时，下游河床底部可以自实验室地面建造，不必抬高模型整体高度；当然，研究下游河床冲刷问题的模型应考虑冲刷最大深度而必须抬高模型，或者自地面向下挖深。若采

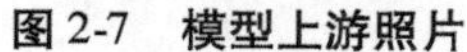
图 2-7　模型上游照片

图 2-8　模型下游照片

用电磁流量计，通常安装在进入模型前的供水管路上，而且要求管路足够长，属于上游量水。当采用电磁流量计时，建议利用实验室已有的量水堰进行必要的校核，尽管电磁流量计本身是经过厂家校核并配有量测精度说明的。

对于量水堰设计，尽量采用试验规范推荐的公式或者水力学教科书介绍的典型公式。不论采用哪个公式，都应指出其量测精度，注意量水堰公式的适用范围。通常流量量测精度控制在 1% 之内。

本次试验采用了上游量水，即在模型上游设置了量水堰，矩形薄壁堰，堰宽 1.0 m，堰板高 0.4 m。

2. 水位控制和量测

进行试验时需对上游水位和下游水位进行控制和量测。水位量测可采用水位计（仪）或测针。利用测针量测水位是常用的手段，即在上游水库和下游河道适当位置装测针，读取水位，但应当注意其精度。

上游水位的控制，通常通过调整来水流量和泄水建筑物过流量，使上游水位达到想要的水位。下游水位的控制，一般通过设置在模型下游末端的尾门控制，依据下游流量—水位关系，对应不同流量控制对应的水位。

3. 下游河道水面波动量测

水面波动，采用波高传感器及 DJ800 数据采集系统记录，或者采用类似的仪器。一般按典型断面进行量测，或者选定某些点进行量测。

4. 流速量测

流速采用流速仪量测。目前有各种流速仪，例如 ZLY－1 型智能旋桨流速仪、HD－4 型电脑流速仪、ADV 三维流速仪等，其中 ADV 三维流速仪可以记录三个方向的流速随时间的变化。一般是选定断面，按断面进行量测，可得出沿横向断面的流速分布，同时沿垂向布置若干点量测，得到沿垂向的流速分布。若有条件，可利用 PTV 量测表面流速场。本次试验采用了 ZLY－1 型智能旋桨流速仪测量。

5. 动水压强测量

表孔堰面及底孔动水压强，采用压力传感器及 DJ800 数据采集系统记录，或者采用类似的仪器。测点的选取可沿程均匀布置,同时重点部位加密;或者根据泄水建筑物的形状和以往经验,进行沿程测点布置。

6. 局部冲淤量测

下游河道冲淤地形,用特制活动测针量测,若有条件可采用先进的地形仪等。地形量测可按等高线进行量测,对最大冲刷深度、最大淤积高度等特征点应特别关注。所测数据应能绘制出冲淤地形等高线,应能全面反映冲淤特征。

同时,试验过程中应对典型流态、冲淤地形等进行拍照和录像。

2.6 试验成果

当准备工作一切就绪后即可进行正式试验。针对试验内容,依照试验方法,按照预先列出的试验工况表依次进行试验。

本次试验水位包括千年一遇校核洪水位 367.0 m、百年一遇设计洪水位 362.2 m、五十年一遇洪水位 360.1 m(消能防冲设计标准)、常遇洪水位($p=5\%$ 、 $p=20\%$)、汛期限制水位 357.0 m、正常高水位 362.0 m 等。

测试项目包括流量、流态、流速分布、电站尾水波动、溢流面及消力池底板压力分布、局部冲淤等,具体试验工况在下述的试验成果内一并列出。

为叙述方便,将泄洪孔口分别编号。中孔编为 1# ~4#,其中Ⅰ区(三个冲沙右中孔)自右向左为 1#、 2#、 3#,Ⅳ区(升船机坝段)为 4#;五表孔编为 5# ~9#,其中Ⅱ区(左三表孔)自左向右为 5#、 6#、 7#,Ⅲ区(右二表孔)自左向右为 8#、 9#。

2.6.1 泄流能力

一般情况下,对于高坝泄水建筑物,下游河道水位不影响建筑物的泄流能力,因此当上游水位调好后,即可量测泄水建筑物的泄流能力。

对于泄流能力受下游水位影响的情况,泄流能力的量测相对复杂些。试验中,在一定库水位下,开启泄水建筑物,同时根据给定的坝下断面的水位—流量关系曲线控制下游水位,量测泄水建筑物的泄流能力。

2.6.1.1 各工况泄流能力

试验中,在一定库水位下,通过表中孔联合敞泄或控制孔口开启个数限泄,根据坝下 0 + 700 m 断面的水位—流量关系曲线控制水位,实测流量,得出各工况的泄流能力。

具体试验工况列于表 2-2 至表 2-4、表 2-7 和表 2-8。

1. 千年一遇、百年一遇和五十年一遇洪水位表中孔联合敞泄

表 2-2 给出了不同工况时实测泄量和设计泄量的比较,实测值与设计值相差 -0.07% ~3.14%。同时,将设计流量曲线一并绘于库水位—流量关系曲线(图 2-9)。

表 2-2　千年一遇、百年一遇和五十年一遇洪水位表中孔联合敞泄工况

工况序号	库水位(m)	下游水位(m)	设计泄量 Q_0(m^3/s)	实测泄量 Q(m^3/s)	$(Q-Q_0)/Q$(%)
1-1	367.0	356.90	27 300	27 280	-0.07
1-2	362.2	353.30	21 200	21 500	1.40
1-3	360.1	351.45	18 500	19 100	3.14

2. 常遇洪水位($p=5\%$、$p=20\%$)及汛期限制水位(357.0 m)限泄

表 2-3 给出了闸门调度方式不同时实测泄量以及实测泄量与设计泄量的比较。常遇洪水位($p=5\%$、$p=20\%$)及限泄 10 000 m^3/s 流量时(工况 2-1、2-2、2-3),泄量基本满足设计要求。对限泄 8 000 m^3/s 流量时(工况 2-4),实测泄量为 7 505 m^3/s,建议开启 2# 中孔及 5#、6#、7# 表孔,泄量将较之设计给出的闸门调度方式更接近设计限泄流量。对中孔拉沙工况(工况 $2-5_1^a$),设计给出的闸门调度(1#、2#、3# 中孔)实测泄量接近设计泄量 5 000 m^3/s,若限泄量在 3 000 m^3/s 左右,建议开启 1#、2# 中孔或 2#、3# 中孔,泄量将接近 3 000 m^3/s。对限泄 5 000 m^3/s 流量时(工况 $2-5_2$),进行了不同闸门调度的试验,实测泄量为 4 305 ~ 4 605 m^3/s。

表 2-3　常遇洪水位($p=5\%$、$p=20\%$)及汛期限制水位(357.0 m)限泄工况

工况序号	库水位(m)	设计限泄 Q_0(m^3/s)	闸门调度方式										实测泄量 Q(m^3/s)	$(Q-Q_0)/Q$(%)	备注
			电厂	1	2	3	9	8	7	6	5	4			
2-1	358.2	16 300		√	√	√	√	√	√	√	√		15 550	-4.82	$p=5\%$
2-2	357.0	12 200		√	√	√	√	√	√	√			12 200	0.00	$p=20\%$
2-3	357.0	10 000		√	√	√			√	√	√		10 300	2.91	
2-4	357.0	8 000	√	√		√			√	√			7 505	-6.60	
$2-5_1$	357.0	5 000	√	√	√		√						5 855	14.60	中孔拉沙
$2-5_1^a$			√	√	√	√							5 305	5.75	
$2-5_2$	357.0	5 000	√		√					√			4 305	-16.14	
$2-5_2^a$			√						√	√			4 605	-8.58	
$2-5_2^b$			√				√	√					4 605	-8.58	

3. 正常高水位(362.0 m)限泄

表 2-4 给出了不同闸门调度方式的实测泄量以及实测泄量与设计泄量的比较。限泄 10 000 m^3/s、8 000 m^3/s(工况 3-1、3-2)的实测值与设计值接近。限泄 5 000 m^3/s(工况 3-3)的实测值与设计值相差 8.24%。限泄 3 000 m^3/s(工况 3-4)按现设计调度孔口(1#、2# 中孔)的实测值为 4 499 m^3/s,若只开 2# 中孔,实测泄量为 2 599 m^3/s。

表 2-4 正常高水位(362.0 m)限泄工况

工况序号	库水位(m)	设计限泄 Q_0(m^3/s)	闸门调度方式										实测泄量 Q(m^3/s)	$(Q-Q_0)/Q$ (%)
			电厂	1	2	3	9	8	7	6	5	4		
3-1	362.0	10 000	√	√		√			√	√			10 149	1.47
3-2	362.0	8 000	√		√				√	√			8 339	4.07
3-3	362.0	5 000	√		√					√			5 449	8.24
3-4	362.0	3 000	√	√	√								4 499	33.32
3-4[a]			√		√								2 599	-15.43

实测泄量表明,在汛限水位(357.0 m)时,单个中孔平均泄量1 550 m^3/s,单个表孔平均泄量1850 m^3/s;在正常高水位(362.0 m)时,单个中孔平均泄量1 800 m^3/s,单个表孔平均泄量2 750 m^3/s,可供闸门调度参考。

一般情况,高堰自由出流时,对各泄洪孔口单独运行的流量求和,应基本等于相应水位下全部孔口敞泄的流量。但该水利枢纽具有低堰泄洪、尾水变幅大的特点,实测的各孔口单独泄洪时的流量之和,在高水位时大于相应的联泄流量。因为不同的孔口调度方式将引起下游出流衔接形式的变化,主要体现在淹没度上。表孔与中孔联泄时库水位在348~349 m即为淹没出流,随水位升高淹没度增大;而表孔单独运行时,自由出流向淹没出流过渡的库水位为352~353 m,比联泄时高约4 m。

2.6.1.2 库水位—流量关系曲线

除上述对某些典型工况量测泄水建筑物的过流能力,还应给出库水位—流量关系曲线,以满足设计及运行的需要。本次试验的水利枢纽,其泄洪特点是低水头、高尾水、大淹没度,泄流能力受下游水位影响较大,试验时采用给定流量、控制下游水位、实测上游水位的方法,绘制库水位—流量关系曲线。

试验分别量测了四中孔和五表孔联合敞泄、四中孔敞泄、五表孔敞泄时的泄洪能力,给出了库水位—流量关系曲线(图2-9)。

2.6.1.3 综合流量系数

根据实测库水位—流量关系曲线,计算表孔敞泄、中孔敞泄时相应的综合流量系数。

1. 表孔敞泄

表孔为堰流,综合流量系数 m 的计算公式为

$$m=\frac{Q}{nb\sqrt{2g}H_0^{1.5}} \tag{2-2}$$

式中:Q 为实测流量(m^3/s);n 为表孔孔数(本工程 $n=5$);b 为单孔净宽(单位 m,本工程 $b=14.0$ m);$H_0=H+V_0^2/(2g)$ 为堰上全水头(m),H 为堰上水头,V_0 为行近流速(m/s)。综合流量系数 $m=f(\varphi,k,\xi,\varepsilon_1,\sigma_s)$。其中:$\varphi$ 主要反映局部水头损失的影响;k 反映堰顶水流垂向收缩的程度;ξ 代表堰顶断面的平均测压管水头和堰顶全水头之间的比例系数;ε_1 为侧收缩系数,其值小于1.0;σ_s 为淹没系数,其值小于1.0。

据试验结果计算得出,表孔流量系数 $m=0.347\sim0.445$。

根据流量系数 m 和流量 Q 的对应关系,可以绘出 m—Q 关系曲线,进一步分析自由出流、

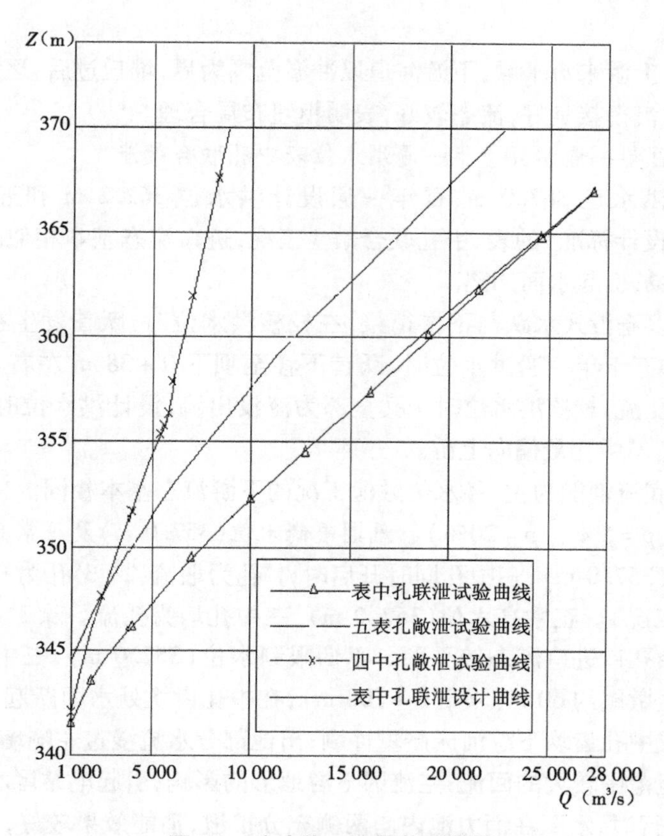

图2-9　库水位—流量关系曲线

淹没出流以及自由出流与淹没出流的过渡。分析表明,对应库水位351.03~353.86 m,实测流量为4 676~6 678 m^3/s,处于自由出流与淹没出流的过渡状态。

2. 中孔敞泄

中孔敞泄时,下游低水位时为堰流,高水位时为孔流,低水位与高水位之间形成堰、孔过渡流。

堰流时,综合流量系数 $m=0.356\sim0.392$,其计算方法同表孔。

孔流时,综合流量系数 $m=0.544\sim0.643$,其计算公式为

$$m=\frac{Q}{A\sqrt{2gH}} \tag{2-3}$$

式中:A为孔口面积(m^2);H为堰上作用水头(m)。影响m的因素有闸门形式、闸门开度、闸门位置、堰面曲线形状、闸门(或胸墙)底缘的外形等,其中闸门形式和开度是主要因素。

根据流量系数m和流量Q的对应关系,可以绘出m—Q关系曲线,进一步分析自由出流、淹没出流以及自由出流与淹没出流的过渡。试验表明,中孔敞泄时,堰、孔过渡流的流量约5 600 m^3/s,相应库水位355.74 m。

2.6.2　流态、流速分布、电站尾水波动

试验对各工况下的泄水建筑物过流及河道流态、坝下游河段的流速分布及电站尾水波动进行了观测。

2.6.2.1 **流态观测**

试验观测表明，上游来流平顺，下游河道以冲淤范围为界，堆丘过后，逐渐恢复天然河道流速分布，泄洪各区水流衔接良好，流态较好，表明枢纽布局合理。

1. 千年一遇、百年一遇和五十年一遇洪水位表中孔联合敞泄

千年一遇校核洪水位 367.0 m、百年一遇设计洪水位 362.2 m 和五十年一遇洪水位 360.1 m(消能防冲设计标准)的表、中孔联合敞泄工况，进口流态基本相似。升船机上游矩形立柱处发生绕流现象，引起水面凹陷。

表孔过堰水流以淹没式水跃与下游衔接，在校核洪水位时，跃首发生在坝下 0 + 35 m 左右，在设计洪水位和五十年一遇洪水位时，跃首下移至坝下 0 + 38 m 左右。表孔闸室水面平顺。中孔出流均为孔流，校核洪水位时中孔全部为淹没出流，设计洪水位时为淹没式水跃，跃首发生在隔墩间，且 2#中孔最偏向上游。

各泄洪区均以底流消能为主，各水位敞泄工况的下游流态基本相同。

2. 常遇洪水位($p=5\%$、$p=20\%$)、汛期限制水位(357.0 m)及正常高水位(362.0 m)

汛期限制水位(357.0 m)，三中孔同时开启时，1#孔为堰流，2#、3#孔为孔流(如表 2-3 中编号 $2-5_1^a$ 中孔拉沙工况)。正常高水位(362.0 m)，三中孔均为孔流。除 3#中孔、5#表孔侧向收缩较明显外，其余孔口进口流态较平顺。汛期限制水位(357.0 m)，三中孔拉沙工况，形成远驱式水跃，跃首距墩尾约 60 m(坝下 0 + 100 m)，在中孔齿坎处水面跃起，水跃冲出消力池，形成二次水跃，造成中孔齿坎下游河床严重冲刷；出池部分水流漫过左隔墙向左侧Ⅲ区表孔转向，形成速度不大但范围较大的回流；主流因下游地形的影响，引起电站尾水渠末端尾水波动。Ⅰ区 2#中孔单独运行时，水跃在消力池内向两侧充分扩散，消能效果较好，此工况中孔齿坎下游河床冲刷轻微甚至不冲刷。Ⅱ区表孔参加泄洪时，形成淹没水跃，齿坎处水滚剧烈；出坎表流一部分向左岸形成回流，经升船机排架流入表孔区，另一部分转向Ⅲ区并漫过Ⅱ和Ⅲ区隔墙回到Ⅱ区，形成回流。

正常高水位(362.0 m)限泄工况，流态与汛限水位限泄工况类似。

图 2-10 和图 2-11 为不同工况试验的下游流态照片。

图 2-10 下游流态照片

(工况 1 - 2, Q = 21 500 m³/s, $E_上$ = 362.2 m, $E_下$ = 353.3 m, 敞泄)

图 2-11 下游流态照片

(工况 3 - 2, Q = 8 339 m³/s, $E_上$ = 362.0 m, $E_下$ = 342.8 m, 2# + 6# + 7# + 电厂)

2.6.2.2　流速分布

试验对表 2-2、表 2-3 和表 2-4 的敞泄、限泄各工况进行了下游河道流速量测。自坝下 0 + 120 m至 0 + 700 m,间距 100 m,横向自 0 桩号向左右两侧间隔 40 m 选定测点,并增加岸边测点,进行表、底流速量测。同时量测了典型工况消力池内流速分布,千年一遇、百年一遇洪水表中孔联合敞泄工况沿 6#表孔消力池下游河道纵断面流速分布以及升船机中孔纵断面流速分布。

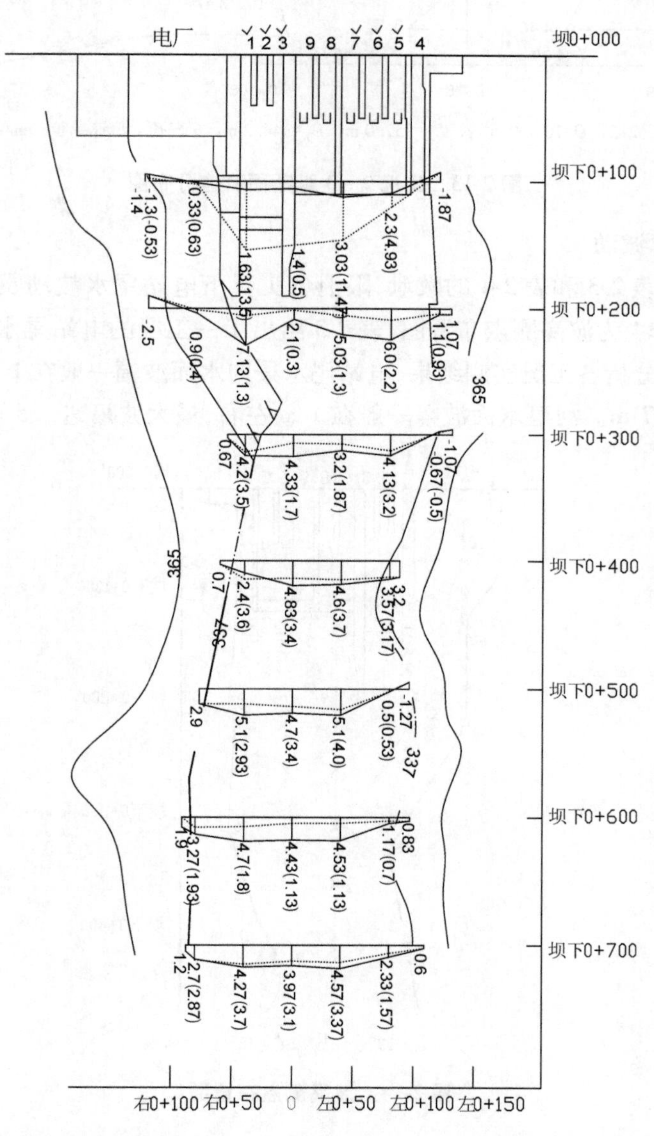

图 2-12　工况 2 – 3 下游河道流速分布图

（图中数字为表流速和底流速,如 1. 17(0. 7),1. 17 为表流速,0. 7 为底流速）

图 2-12 给出了工况 2 – 3 的河道表面流速和底流速测量结果。图 2-13 给出了工况 2 – 3 沿河道纵断面的流速测量结果。

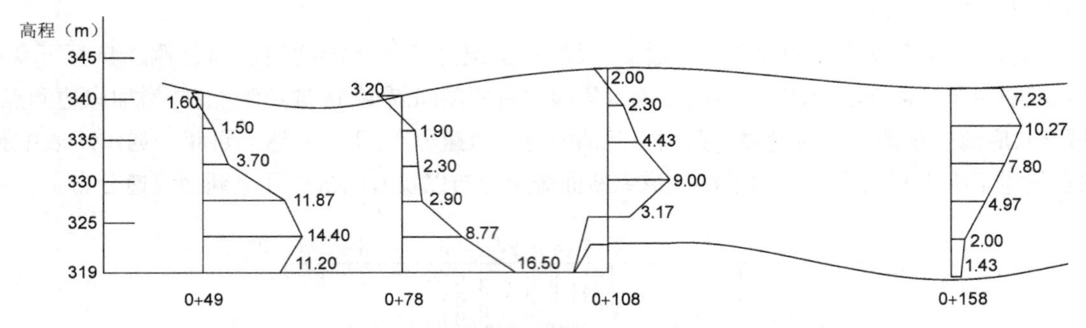

图 2-13 工况 2－3 纵断面流速分布图

2.6.2.3 电站尾水波动

试验对表 2-2、表 2-3 和表 2-4 的敞泄、限泄各工况下电站尾水波动及下游河道水面波动进行了量测。图 2-14 为波高测点布置图，表 2-5 给出了一工况的电站尾水波动及下游河道水面波动实测结果。分析各工况实测结果，电站尾水渠内水面波幅一般在 1 m 以下，靠近尾水渠出口最大波幅达 1.7 m。河道水面波幅一般在 1 m 左右，最大波幅达 2.5 m。

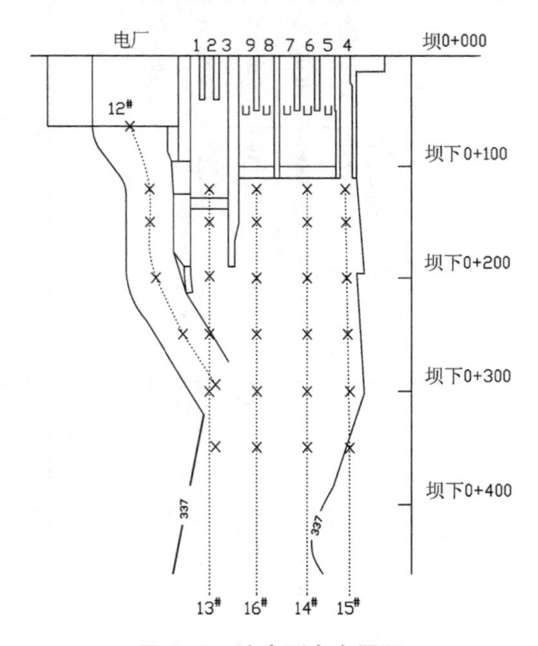

图 2-14 波高测点布置图

表2-5　电站尾水波动及下游河道水面波动试验结果

（工况2－4，电厂、1#、3#、6#、7#开，$E_{上}=357.0$ m，$Q=7\ 505\ m^3/s$）

测点坝下位置	测点号及波动幅值(m)				
	12#	13#	16#	14#	15#
0+63.35(出口)	0.24				
0+100	0.22	2.07	1.13	1.93	0.86
0+150	0.24	0.96	1.61	1.29	1.20
0+200	0.49	1.18	1.29	1.49	1.16
0+250	0.81	1.12	1.18	1.09	0.98
0+300		0.75	0.90	1.17	0.96
0+290(坎边)	0.92				
0+350		0.76	0.92	0.89	0.97

注：12#测点沿电站尾水渠中心线布置，其余测点布置参见图2-14。

2.6.3　溢流面及消力池底板压强分布

试验对表2-2、表2-3和表2-4的敞泄、限泄各工况下6#表孔溢流面及消力池底板的时均及脉动压强分布进行了量测。图2-15为某工况溢流面及消力池底板时均压强分布及均方根值，图中数字为时均压强(kPa)和均方根(kPa)，如83.99(7.70)指时均压强为83.99 kPa，均方根7.70 kPa。均方根值反映压强脉动强度，数值越大说明压强脉动越剧烈。试验结果表明，表孔溢流面的时均压强自堰顶逐渐减小至堰顶曲线末端达到最小，然后逐渐增加至直线段末端达最大值；消力池底板的时均压强沿程基本相同，靠近齿坎的时均压强最大。沿程无负压出现，说明堰面设计合理。图2-16给出了敞泄工况6#表孔溢流面某测点的瞬时压强过程。

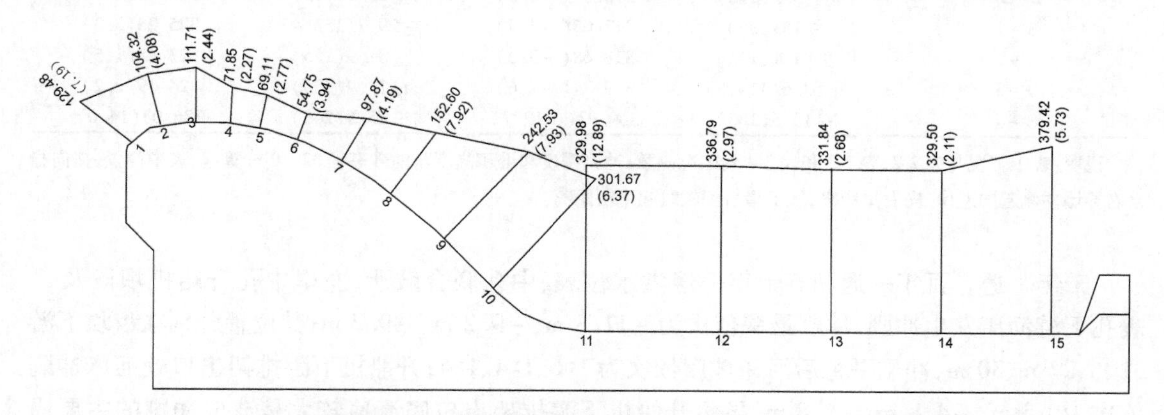

图2-15　沿程时均压强分布及均方根值（工况1－2，$Q=21\ 500\ m^3/s$，单位kPa）

2.6.4　局部冲刷

试验对表2-2、表2-3和表2-4的敞泄、限泄各工况下游河道冲淤进行了量测。表2-6列出了各工况最大冲深的位置和深度、最大堆高的位置和高度。图2-17给出了工况1－2的下游河道冲淤地形图。

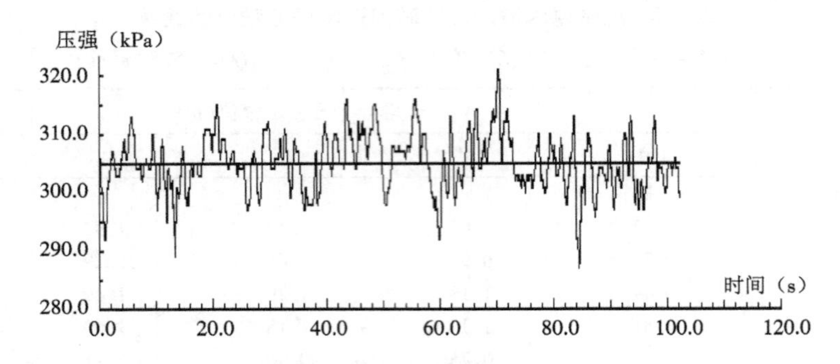

图 2-16 6#表孔溢流面 1#测点的瞬时压强过程（工况 1－2，$Q=21\ 500\ m^3/s$）

表 2-6 各工况冲淤特征结果

工况	最大冲刷数据（m）		最大淤积数据（m）	
	位置：横向/坝下（m）	高程（深度）（m）	位置：横向/坝下（m）	高程（堆高）（m）
1－1	左 87.2（146.7）	310.66（－11.3）	右 36.0（290.4）	331.29（9.3）
1－2	左 90.6（137）	312.78（－9.2）	左 0.4（112）	328.32（6.3）
1－3	左 96.5（139.5）	312.28（－9.7）	左 2.0（110）	328.47（6.5）
2－1	左 2.7（170.5）	313.92（－8.1）	左 0.8（111）	328.07（6.1）
2－2	右 42.7（190.5）	317.7（－4.3）	右 17.9（155）	326.03（4.0）
2－3	右 13.2（19.1）	313.89（－8.1）	右 4.8（255）	329.07（7.1）
2－4	左 80.5（111.5）	318.68（－3.3）	右 18.3（151）	323.73（1.7）
$2-5_1$	右 13.4（177.5）	319.73（－2.3）	右 13（139）	325.54（3.5）
$2-5_1^a$	右 14.6（185）	304.14（－17.8）	右 13.9（270.8）	333.3（11.3）
$2-5_2$	左 64.1（124）	319.46（－2.5）	左 62.1（137.5）	322.27（0.3）
$2-5_2^a$	左 73.3（115）	318.51（－3.5）	左 63.9（135）	322.99（1.0）
3－1	右 15（185）	317.05（－4.9）	左 29.7（153.4）	325.28（3.3）
3－2	左 81.1（145）	318.68（－3.3）	左 31.9（125）	323.48（1.5）
3－3	左 83.6（114.5）	319.39（－2.6）	右 21.7（325）	324.19（2.2）
3－4	右 13.5（185）	309.93（－12.1）	右 25.5（245）	336.03（14.0）

说明：表中工况与表 2-2、表 2-3 和表 2-4 的工况一致；冲刷深度和堆积高度自铺砂高程 322.0 m 算起；表中位置，横向指自右导墙左侧起向左岸、向右岸距离，坝下指自坝轴线起下游距离。

千年一遇、百年一遇和五十年一遇洪水位表、中孔联合敞泄，左岸中孔升船机坝段及 5#表孔下游河床发生冲刷，冲刷最深依次为 －11.3 m、－9.2 m、－9.7 m，其位置分别在齿坎下游 37 m、27 m、30 m，冲刷平稳后河床坡度依次为 1∶6、1∶4、1∶4；升船机下游排架出口处河床冲刷依次为 －5 m、－4.8 m、－1.8 m，显然升船机下游排架出口底流速较大是造成冲刷的主要原因。Ⅰ、Ⅲ区隔墙末端左侧亦产生冲刷，冲刷最深依次为 －6.06 m、－5.84 m、－6.62 m，冲刷原因是表孔消力池齿坎后主流与隔墙作用的结果。Ⅰ、Ⅲ区消力池齿坎下游均产生淤积。

限泄工况，库水位 357.0 m，1#、2#、3#中孔及电厂同时运行（表 2-3 工况 $2-5_1^a$，中孔拉沙），冲淤最为严重，将危及左、右导墙的安全，Ⅰ区三中孔齿坎下游冲深达 －17.8 m，淤积达 11.0 m，且淤积位于电站尾水渠出口，对电站尾水产生影响。三中孔消力池消能不充分、齿坎后形成二次水跃是产生河床严重冲刷的主要原因。库水位 362.0 m，1#、2#中孔及电厂同时运行工况(表2-4工况3-4),亦发生严重冲刷,Ⅰ区三中孔齿坎下游冲深达-12.1 m,淤积达14 m,且淤积位于电站尾水渠出口,冲刷原因也是三中孔消力池消能不充分、齿坎后形成二次水跃所致。

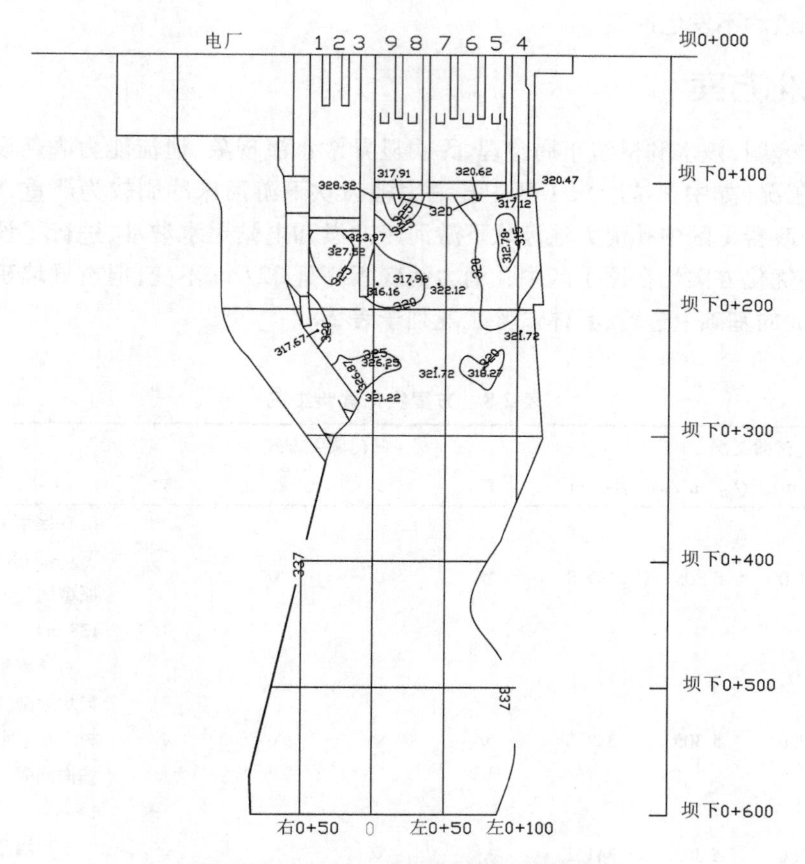

图2-17 工况1-2下游河道冲淤地形图

2.6.5 通航条件

为验证通航条件,按任务书的要求共进行了四组试验,测试项目为纵横向及回流流速、波高、航道淤积等。试验组次及试验成果列于表2-7。

表2-7 通航条件验证工况

工况序号	库水位 $E_{上}$(m)	过流孔口	设计泄量 Q_0(m^3/s)	实测泄量 Q(m^3/s)	下游水位 $E_{下}$(m)	航道冲淤情况
4-1	362.0	2#中孔+电厂机组	2 530	2 599	336.5	不冲不淤
4-2	360.0	2#中孔+电厂机组	2 400	2 400	336.2	不冲不淤
4-3	362.0	三台机满发	813	813	332.7	不冲不淤
4-4	362.0	6#表孔+电厂机组	3 630	3 630	337.9	不冲不淤

试验结果表明，升船机上游进口排架附近，该区域为静水区。升船机下游排架内及其附近，6#表孔不开时，流速和波高均较小，最大流速为0.47 m/s，最大波高为0.24 m；6#表孔开启时，因其靠近升船机下游排架，波高较大，达0.9 m，升船机下游排架附近流速为0.6 m/s。四组试验工况航道均不发生冲淤。

2.6.6 优化方案

上述研究表明，该水利枢纽布局合理、无明显异常水流现象、泄流能力满足设计要求。但是，某些运行工况（如中孔拉沙），Ⅰ区中孔消力池齿坎下游河床冲刷较为严重，将危及左、右导墙安全。为改善Ⅰ区中孔消力池齿坎下游河床冲淤和电站尾水波动，进行了设计方案优化试验研究。各优化方案均在原Ⅰ区中孔消力池底板高程327 m不变，但右导墙延长弧段至坝下0+214.0 m的基础上进行，具体试验工况列于表2-8。

表2-8 方案优化试验工况

试验工况				闸门调度方式				备注
序号	$E_{上}$(m)	$Q_{实}$(m^3/s)	$E_{下}$(m)	厂	1	2	3	
5-1	357.0	5 305	339.8	√	√	√	√	右导墙延长弧段至坝下0+214.0 m；差动齿坎原型式（原位置坝下0+138 m）
5-2	357.0	5 305	339.8	√	√	√	√	右导墙延长弧段；差动齿坎原型式；消力池内加梅花桩（桩2×2×1 m，横向间隔3 m，纵向间隔14 m）
5-3_1	357.0	5 305	341.1	√	√	√	√	右导墙延长弧段
5-3_2	362.0	4 499	340.3	√	√	√		倒差动齿坎（原齿坎尺寸、原位置）
5-4	357.0	5 305	341.1	√	√	√	√	右导墙延长弧段；实坎（高6 m，宽4 m，原位置）
5-5	357.0	5 305	341.1	√	√	√	√	右导墙延长弧段；消力池延长25 m；差动齿坎原型式
5-6	357.0	5 305	341.1	√	√	√	√	右导墙延长弧段；消力池延长45 m设二级消力坎（一级实坎高4 m，宽3 m，坝下0+92 m；二级差动齿坎高4 m，坝下0+183 m）*

*：差动齿坎：高坎顶宽2.4 m，上游坡1:2.5，低坎顶宽2 m，上游坡1:1。

工况 5－2 消力池内加梅花桩后，与原方案比较，水跃及坎后跌水水面平顺，消力池内水流情况未有明显改善。工况 5－5 消力池延长 25 m，与原方案比较，水跃及坎后跌水稍有改善但不明显。工况 5－1 为原差动齿坎，工况 5－3_1、5－3_2 为倒差动齿坎，工况 5－4 为实坎。中孔拉沙工况 5－1、5－3_1、5－4 冲刷结果与原方案试验结果比较，冲淤位置大体相同，但冲刷深度与淤积高度有所改善，而且工况 5－3_1 的结果较好。工况 5－3_2 的冲刷结果与原方案试验结果比较，冲淤情况大有改善，冲刷深度减小了 3.4 m。因此，延长右导墙弧段，同时采用倒差动齿坎（工况 5－3_1、5－3_2），在地板高程不降低、消力池不延长的限定条件下将改善中孔消力池齿坎下游河床冲淤。工况 5－6 消力池延长 45 m 设二级消力坎，与原方案比较，冲淤结果大有改观，齿坎下游处淤积，电站尾水渠末端附近河床冲刷。

图 2-18 给出了优化方案沿 2# 中孔的消力池内及其下游的流速分布。倒差动坎、实坎方案坎上流速仍较大，说明消力池内消能仍不充分，出池水流仍有较大能量，对下游河床产生冲刷。二级消力池方案，一、二级消力池内均发生临界水跃，出池水流主流基本在水面附近，虽无明显水跌但水面波动剧烈，说明消力池长度不够、池内水深较浅，消能仍不充分，但对原方案因尾坎过高跌水直接冲击河床形成的严重冲刷有所改善。

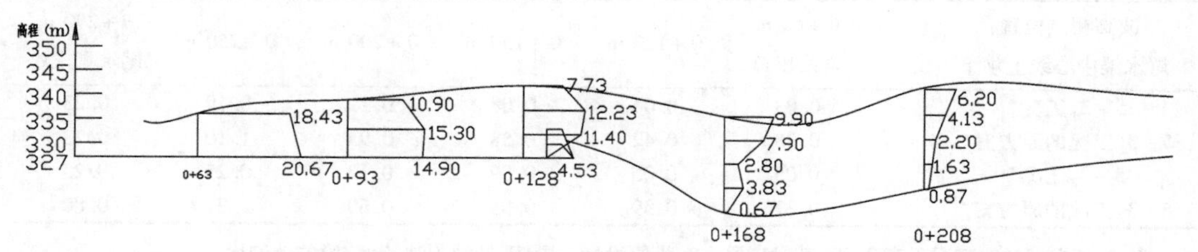

（1）工况5-3_1，Q=5 305 m³/s，$E_上$=357.0 m，$E_下$=341.1 m，倒坎（原差动齿坎尺寸），流速单位m/s

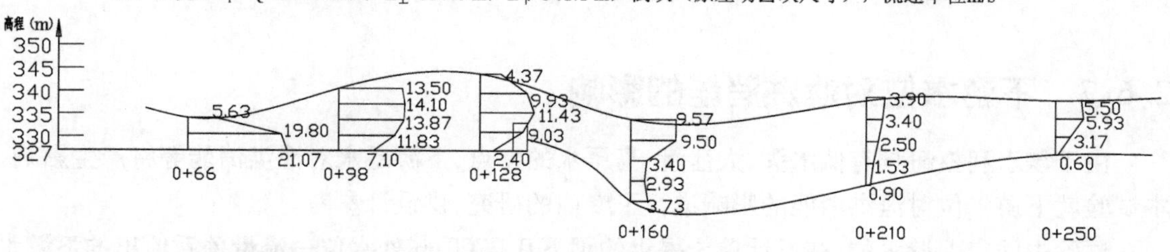

（2）工况5-4，Q=5 305 m³/s，$E_上$=357.0 m，$E_下$=341.1 m，实坎（高6 m，宽4 m），流速单位m/s

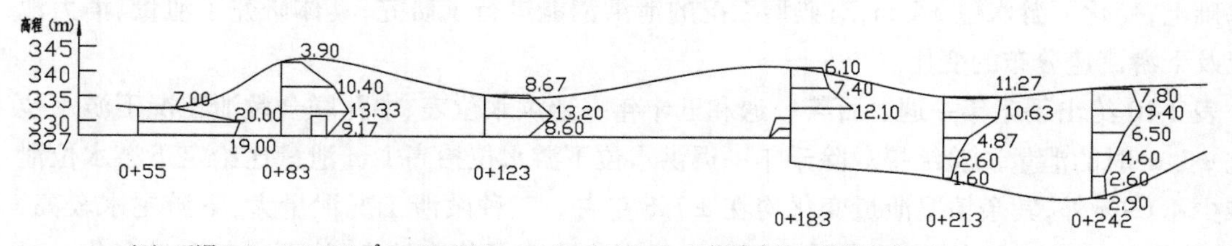

（3）工况5-6，Q=5 305 m³/s，$E_上$=357.0 m，$E_下$=341.1 m，二级消力池，流速单位m/s

图 2-18　优化方案沿 2# 中孔水流方向的流速及水面线

图 2-19 为优化方案下游流态照片。图 2-20 为优化方案下游河道冲淤照片。

表 2-9 给出了部分优化方案与原方案的电站尾水波动的比较。结果表明，右导墙延长弧段后对电站尾水波动有明显的改善。

图 2-19 优化方案下游流态照片

（工况 $5-3_2$，$Q=4\ 499\ m^3/s$，$E_上=362.0\ m$，$E_下=340.3\ m$，1# +2# +电厂）

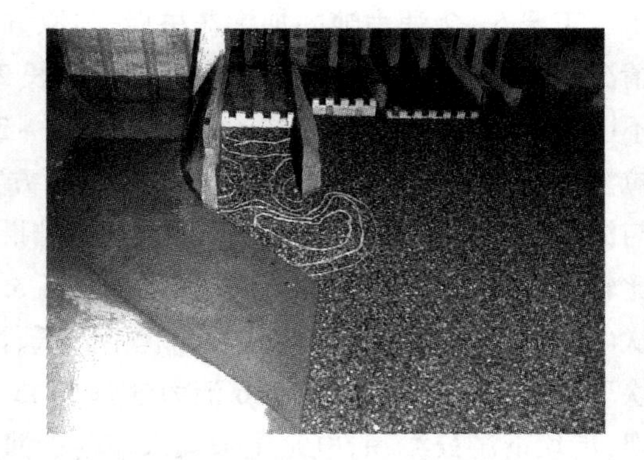

图 2-20 优化方案下游冲淤照片

（工况 $5-3_2$，$Q=4\ 499\ m^3/s$，$E_上=362.0\ m$，$E_下=340.3\ m$，1# +2# +电厂）

表 2-9 优化方案与原方案的电站尾水波动比较(单位 m)

波高测点位置： 尾水渠中心线上坝下	0 +65 m 电站出口	0 +120 m	0 +150 m	0 +200 m	0 +250 m	0 +290 m 尾水渠末端
$5-3_1$工况*	0.03	0.04	0.08	0.11	0.19	0.23
$5-3_1$工况的原方案*	0.28	0.42	0.58	0.95	1.10	0.73
$5-3_2$工况*	0.05	0.05	0.09	0.12	0.25	0.23
$5-3_2$工况的原方案*	0.37	0.39	0.55	0.69	1.31	0.80

*：$5-3_1$工况、$5-3_2$工况见表 2-8，其对应原方案为原设计右导墙、原消力池长度、原差动齿坎。

2.6.7 下游水位对泄洪消能的影响

由于该水利枢纽具有低水头、大泄量、高尾水的特点，下游尾水对泄洪消能等将产生影响，本试验就下游水位对泄洪消能的影响进行了专门的研究，供设计参考。

试验中固定上游水位，在设计单位提供的坝下 0 +700 m 处水位—流量关系给出的下游水位基础上，变化下游水位 ±1 m，对典型工况的泄洪消能进行了研究，具体研究了泄量、消力池内以及下游流速分布的变化。

表 2-10 给出了千年一遇、百年一遇和五十年一遇洪水位表、中孔联合敞泄工况下游水位变化 ±1 m 时的泄量试验结果。除千年一遇洪水位下游水位抬高 1 m 泄量比给定下游水位泄量减少 4.69% 外，其余情况泄量变化均在 ±1% 左右。三种敞泄工况泄量大，下游尾水较高，表、中孔均处于淹没出流(淹没水跃)，下游水位变化改变了其淹没度，从而引起泄量变化。对于限泄工况，泄量相对较小，下游水位相对较低，表、中孔均处于自由出流(远驱水跃)，下游水位变化不影响泄量。

表 2-10　下游水位变化 ±1 m 表、中孔联合敞泄工况泄量试验结果

序号	洪水频率	库水位 $E_{上}$(m)	下游库水位 $E_{下}$(m)	泄量试验值 Q(m^3/s)	泄量变化*(%)
6-1	0.1%	367.0	357.90(+1 m)	26 000	-4.69
			356.90(正常)	27 280	0.0
			355.90(-1 m)	27 440	0.59
6-2	1.0%	362.2	354.30(+1 m)	21 300	-0.93
			353.30(正常)	21 500	0.0
			352.30(-1 m)	21 550	0.23
6-3	2.0%	360.1	352.45(+1 m)	18 850	-1.31
			351.45(正常)	19 100	0.0
			350.45(-1 m)	19 300	1.05

*:泄量变化以给定下游水位(正常水位)为基准。

在下游水位变幅 ±1 m 情况下,消力池内及其下游流速分布未发生明显变化,说明下游水位在此变幅情况下对下游消能不会产生明显影响。

2.6.8　试验成果总结

在完成各项试验内容后,应对试验成果进行归纳总结,得出结论性的成果并提出建议。针对该工程,分析上述试验成果得出以下结论。

(1)该水利枢纽布局合理,泄水建筑分四区,运行灵活;泄流能力满足设计要求;表孔溢流面及消力池底板的时均及脉动压强试验结果表明,压强分布规律较好,沿程无负压出现,说明堰面设计合理。

(2)千年一遇校核洪水位、百年一遇设计洪水位和五十年一遇洪水位表、中孔联合敞泄时,升船机下游排架出口处河床发生冲刷,建议采取相应工程措施。

(3)右导墙对减小电站尾水波动起到很好的作用,若按弧段延长至坝下 0+214 m 附近,将进一步改善电站尾水波动。

(4)汛期限制水位(357.0 m)电厂发电、三中孔拉沙工况,正常高水位(362.0 m)电厂发电、1#和 2#中孔限泄工况,原方案三中孔Ⅰ区消力池齿坎下游河床冲淤严重,淤积影响电站尾水波动。在原Ⅰ区中孔消力池底板高程 327 m 不变且消力池不延长的限定条件下,优化方案(延长右导墙弧段,同时采用倒差动齿坎:工况 $5-3_1$、$5-3_2$),对中孔消力池齿坎下游河床冲淤较原方案有所改善。若限定原Ⅰ区中孔消力池底板高程 327 m 不变,二级消力池方案明显改善了中孔消力池齿坎下游河床冲淤。

2.7　本章总结

进行水利枢纽水力模型试验:第一步应熟悉所研究的工程,要有很好的理解;第二步资料要齐全和准确;第三步对研究内容要吃透;第四步在实验室条件和经费允许的条件下模型尽量做大;第五步试验过程中要认真仔细,对存在问题的体型要提出改进意见并进行试验研究;第

六步对试验成果进行分析,得出结论性成果和建议。

(1)模型范围的确定必须保证研究段的流态不受模型供水的影响,建议坝上游至少取10倍坝前水库平均宽度,并设稳流段;坝下游应涵盖下游水位—流量关系的控制断面。横向范围应涵盖最高水位等高线,并保留一定的超高。

(2)模型几何比尺 λ_l 的确定需结合实验室的场地和供水能力,模型尽量大些。同时,应考虑模型最小水深,检验模型雷诺数,保证模型水流在阻力平方区。根据《水工(常规)模型试验规程》(SL 155—2012),模型几何比尺 λ_l 不宜大于120。

(3)本章介绍的水利枢纽具有低水头大流量的特点,对于高水头大流量的水利枢纽水力模型试验,其研究内容侧重点有所不同,但模型设计方法基本相同。

第3章　进水口水力模型试验

水电站进水口是位于输水系统首部的进水建筑物,其功用是按负荷要求引进发电用水。水电站进水口分为有压进水口和无压进水口,前者的水流现象较后者复杂。有压进水口通常由进口段、闸门段、渐变段及操作平台和交通桥组成,主要设置拦污设备、闸门及其启闭设备、通气孔及充水阀等。对于大型水利枢纽的水电站进水口,应通过水力模型试验研究其水力特性,从水力条件上论证其可行性,优化体型设计,使其满足设计和工程运行要求。近年来,对于大型水电站,为减免下泄低温水对下游生态环境的负面影响,进水口分层取水叠梁门方案逐渐被采用,其水流流态较常规单进口的要复杂,因此更应进行物理模型试验研究。

进水口水力模型试验属于局部模型试验,一般要求建造的模型较大,重点关注局部水流现象和水力特征。此外,水电站发电运行时,当进水口来流复杂或淹没水深不满足要求时,进水口前可能出现漩涡,甚至出现有害的吸气漩涡,应当避免,通常应通过进水口水力模型试验进行研究。下面以某水电站进水口分层取水叠梁门方案为例,说明该类模型试验的研究方法,包括试验所需资料、研究内容、模型设计与制作、试验方法、试验成果等,最后对该类试验进行总结,指出试验过程中应注意的问题。

3.1　工程概况

某水电站工程,设9台机组,单机单管引水,单机引用流量393 m^3/s,9台机组总引用流量3 537 m^3/s。水库校核洪水位817.99 m,水库设计洪水位810.92 m,水库正常蓄水位812.0 m,水库死水位765.0 m。

根据环保方面的需要,为减免下泄低温水对下游生态环境的影响,水电站进水口拟采用分层取水叠梁门方案。水电站进水口前缘宽度225 m(图3-1),顺水流向长度35.2 m,依次布置拦污栅、叠梁门、检修闸门、事故闸门和通气孔(图3-2)。

9台机组对应9个进水口,每个进水口前沿设4扇直立式拦污栅,每扇孔口净宽3.8 m。在检修栅槽内设置多层取水叠梁闸门,进水口底坎高程736.0 m,每扇孔口尺寸3.8 m×38.0 m(净宽×净高),下游止水,采用滑道支承。每扇叠梁闸门净高38.0 m,共分三节,节间设自动对位装置,每节设有吊耳,闸门在静水状态下启闭。叠梁闸门后各进口前沿相通,引水流量可相互补充、调剂。在叠梁闸门后的每个进水口水平段设一扇检修闸门。在检修闸门后每个进水口均设有一扇快速事故闸门,下游止水。事故闸门动水操作,启门速度0.45 m/min,启门时间25.5 min;闭门速度5.75 m/min,闭门时间2 min。

叠梁闸门整个挡水高度分成四挡:水库水位高于803.0 m以上时,门叶整体挡水,挡水闸门顶高程774.04 m,为第一层取水;水库水位在803.0 ~790.4 m时,吊起第一节叠梁门,仅用

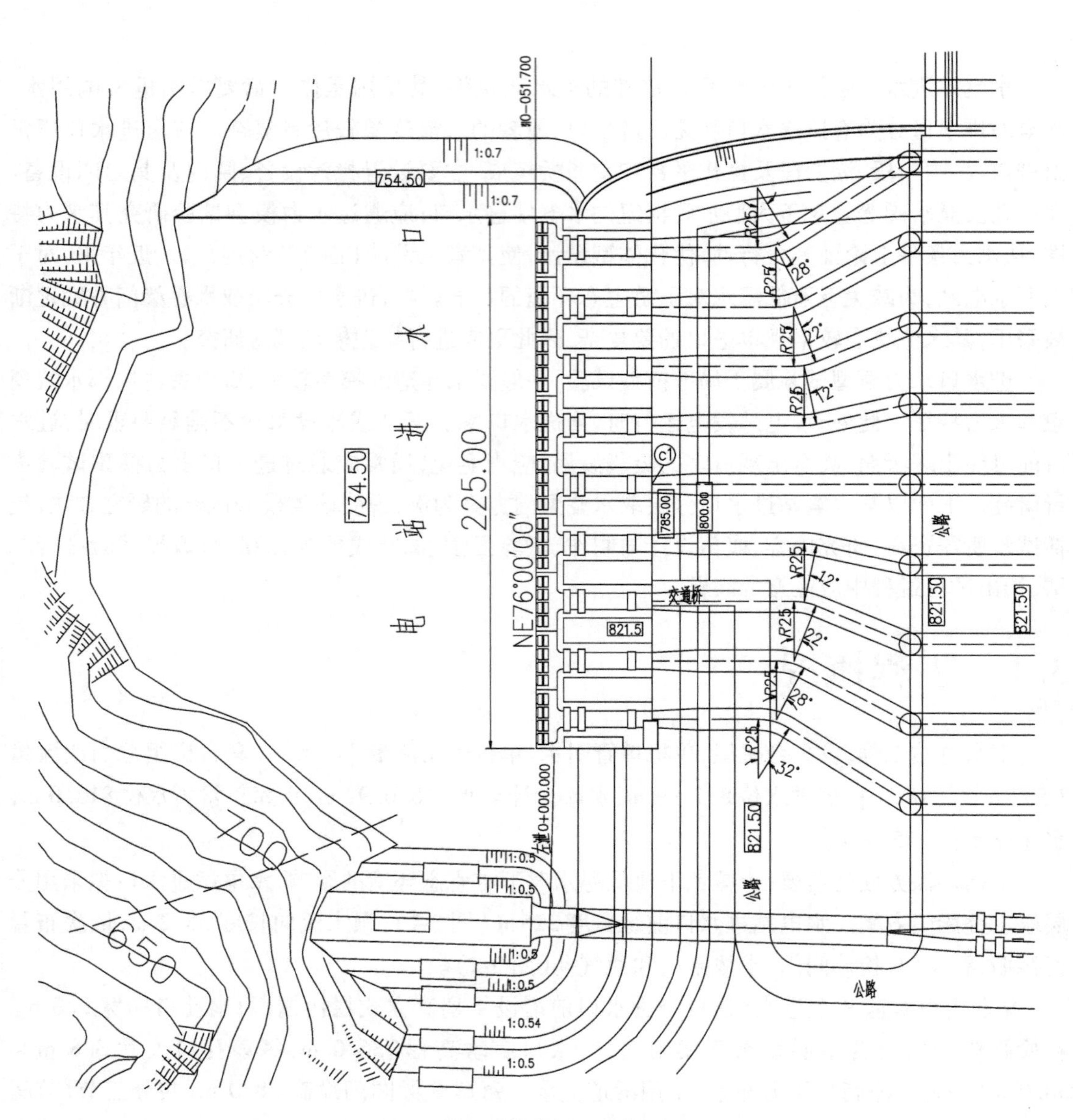

图 3-1 某水电站进水口平面布置图

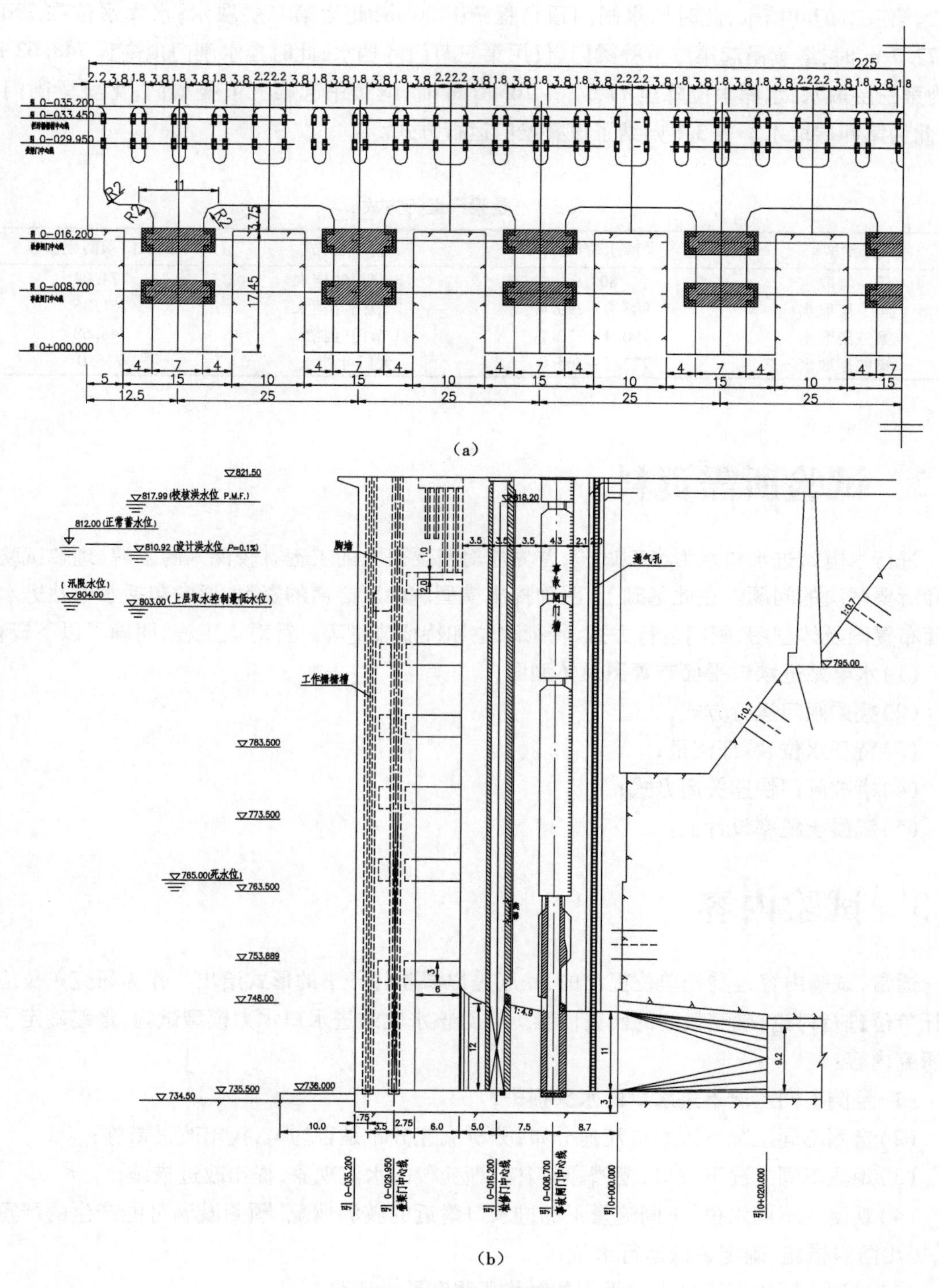

图 3-2　进水口体型图

(a)横剖面图　(b)纵剖面图

第二、第三节门叶挡水,此时挡水闸门顶高程 761. 36 m,此为第二层取水;水库水位在 790. 4 ~777. 7 m 时,继续吊起第二节叠梁门,仅用第三节门叶挡水,此时挡水闸门顶高程 748. 68 m,此为第三层取水;水库水位降至 777. 7 ~765. 0 m 时,继续吊起第三节叠梁门,无叠梁闸门挡水,此为第四层取水。表 3-1 归纳了该叠梁门运行方式。

表 3-1 叠梁门运行方式

取水方案	库水位(m)	叠梁门方式	挡水门顶高程(m)
第一层取水	803. 0	3 节门叶挡水	774. 04
第一层取水	803. 0 ~ 790. 4	2 节门叶挡水	761. 36
第三层取水	790. 4 ~ 777. 7	1 节门叶挡水	748. 68
第四层取水	777. 7 ~ 765. 0	无门叶挡水	736. 0

3. 2 试验所需资料

进行水电站进水口水力模型试验,首先应对所要研究的工程有较深入的了解,理解试验目的和所要解决的问题。在此基础上,明确提出模型试验所必需的资料,通常包括水电站进水口平面布置图及体型图、闸门运行方式、特征水位和特征流量等。针对该工程,明确了以下资料:

(1)水电站进水口平面布置图及体型图;

(2)叠梁闸门运行方式;

(3)特征水位、特征流量;

(4)事故闸门快速关闭方式;

(5)混凝土糙率设计值。

3. 3 试验内容

通常,试验内容是委托单位提出的,一般是以试验任务书的形式给出。作为研究单位应与委托单位进行讨论,确定最终的研究内容。针对该水电站进水口水力模型试验,最终确定了以下研究内容:

(1)量测不同工况下进水口的水头损失;

(2)量测不同工况下进水口流速分布,分析流速分布是否均匀,提出改进措施;

(3)观测不同工况下进口、栅槽、闸门槽、渐变段的水流现象,提出改进措施;

(4)观测在不同水位、不同流量下的进水口附近的漩涡情况,预测漩涡可能产生的严重程度,提出防涡措施,确定最低运行水位;

(5)量测不同工况下进水口沿程的时均压强和脉动压强;

(6)量测事故闸门快速关闭引起的进水口压强变化、通气孔中水位波动以及风速等。

3.4 模型设计与制作

水电站进水口的水流运动主要受重力作用的控制，模型按重力相似准则设计，采用正态模型，保证水流流态与几何边界条件的相似。

3.4.1 模型比尺

综合试验要求和模型管道选材及试验场地情况等，模型几何比尺（原型量/模型量）选取 $\lambda_l=39.15$，模型相应水力要素的比尺关系及模型比尺列于表3-2。

表3-2　各物理量的比尺关系及模型比尺

相似准则	物理量	比尺关系	模型比尺
重力相似准则	长度	λ_l	39.15
	速度	$\lambda_v=\lambda_l^{0.5}$	6.26
	流量	$\lambda_Q=\lambda_l^{2.5}$	9 590.24
	压强	$\lambda_p=\lambda_\rho\lambda_l$	39.15
	糙率	$\lambda_n=\lambda_l^{1/6}$	1.84
	时间	$\lambda_t=\lambda_l^{0.5}$	6.26

3.4.2 漩涡模拟

应当指出，若对进水口漩涡进行模型试验研究，则在模型设计时应特别考虑。此时模型设计应同时满足漩涡运动与流速分布的相似。若做到模型与原型的严格相似，通过流体力学运动方程推导可知，必须考虑反映重力作用的弗劳德数（*Fr*），反映黏滞力作用的雷诺数（*Re*），反映表面张力作用的韦伯数（*We*），反映环流作用的环流强度参数（*Nr*）和相对淹没深度（*s/d*）以及几何边界条件这六个制约因素的影响。然而，由于某些参数之间的要求本身又是相互矛盾的，模型将无法同时满足。

原型中，雷诺数 *Re* 和韦伯数 *We* 都足够大，黏性力和表面张力对环流与漩涡产生所起的阻滞作用可略去不计。模型中，因黏性力和表面张力对环流与漩涡的作用相对增加，所以在进行模型设计时，应尽量使雷诺数 *Re* 和韦伯数 *We* 超过一定的临界值，使黏性力和表面张力的影响处于次要地位，尽量减小模型比尺的影响。目前，通用的临界雷诺数 *Re* 和韦伯数 *We* 如下。

（1）Anwar H O 等[3]提出，模型雷诺数 *Re* 应满足

$$Re=Q/\nu s>3\times10^4 \tag{3-1}$$

式中：Q 为流量；ν 为液体运动黏滞系数；s 为孔口中心淹没深度。

（2）Jain A K 等[4]提出，模型韦伯数 *We* 应满足

$$We=\rho v^2 d/\sigma\geqslant120 \tag{3-2}$$

式中：v 为孔口平均流速；ρ 为液体密度；d 为孔口高度；σ 为液体表面张力系数。

高学平等[5]专门进行了侧式进水口漩涡系列模型试验研究，结果表明，按弗劳德准则设计的模型，当模型进口雷诺数 $Re = Q/\nu s \geqslant 3.4 \times 10^4$ 时（s 为进口中心淹没深度），可不考虑模型比尺效应，与 Anwar H O 等[3]的结果接近。

因此，首先按上述要求计算模型的雷诺数和韦伯数。表 3-3 为进水口模型水流的雷诺数 Re 和韦伯数 We，模型第四层取水时各水位运行的 Re 和 We 均满足上述临界值的要求。因此，认为模型中黏性力和表面张力的影响处于次要地位，可以忽略模型比尺的影响，模型观测的结果可以反映原型情况。第一层、第二层和第三层取水时水流自叠梁门顶流入进水口，类似于堰流，将不发生漩涡。当然，以上只是根据目前通常采用的做法进行初步判断，还应通过试验进一步观测。

表 3-3　模型水流的雷诺数(Re)和韦伯数(We)

工况		原型值					模型值	
		库水位(m)	孔口中心淹没深度 s(m)	孔口高度 d(m)	设计流量 Q(m^3/s)	进口平均流速 v(m/s)	Re($\times 10^4$)	We
第四层取水	最高水位取水	777.7	35.7	12.0	393.0	4.68	3.95	2 324.84
	最低水位取水	765.0	23.0	12.0	393.0	4.68	6.13	2 324.84

注：水温 15 ℃，运动黏滞系数 $\nu = 1.139 \times 10^{-6}\ m^2/s$；表面张力系数 $\sigma = 0.0735$ N/m；密度 $\rho = 999.1\ kg/m^3$。

对于不满足模型雷诺数 Re 和韦伯数 We 临界值的情况，按目前通用的方法，为消除模型比尺因素的影响，在进行试验时，可用加大流量的办法对漩涡运动进行补充观察。

Hecker G E[6]发表了收集到的漩涡形成的模型试验和原型观测比较的综述，基本的结论是：对于表面凹陷和微弱漩涡按重力相似模拟的模型可以忽略比尺效应，而对于发生空气核心漩涡的模型，则可检测到一些比尺效应。为克服这种比尺效应，在模型中可以采用加大流量的方法。Hecker G E[7]通过分析 Bear Swamp 抽水蓄能电站上库开敞式圆形竖井进水口的模型和原型资料指出，对于 1∶50 的按重力相似模拟的模型，流量增加 2.0～2.5 倍将能很好地模拟原型漩涡。

一般来说，试验时加大几倍的流量，应视模型大小等决定，大模型的加大流量倍数小些，小模型的加大流量倍数则大些，加大流量倍数后的模型雷诺数 Re 和韦伯数 We 满足相应临界值的要求即可。例如：作者曾进行的某进水口水力模型试验，加大模型流量至 2.6 倍设计流量，模型 Re 及 We 满足相应临界值的要求[8]；对另一进水口水力模型试验，加大模型流量至 1.5 倍设计流量，模型 Re 及 We 满足相应临界值的要求。

3.4.3　模型制作

该电站进水口共 9 台机组，对应 9 个进水口。分析试验内容，本模型模拟 4#、5#、6#三台机组的三个进水口，包括拦污栅槽、叠梁闸门、检修闸门、事故闸门及通气孔、收缩段、部分引水管段等。进水口模型上游为水库段，长 7.0 m，其中包括观测进水口前水流现象的观测段，观测段长 1.0 m,高 2.0 m,由厚 2 cm 的整块透明有机玻璃制作。水库段上游设平水段,设置稳水装置和格栅。模型由高平水塔供水,采用下游量水堰量水。模型全长 20 m、宽 2.5 m、高 2 m。图 3-3 为模型布置图,图 3-4 为模型照片。

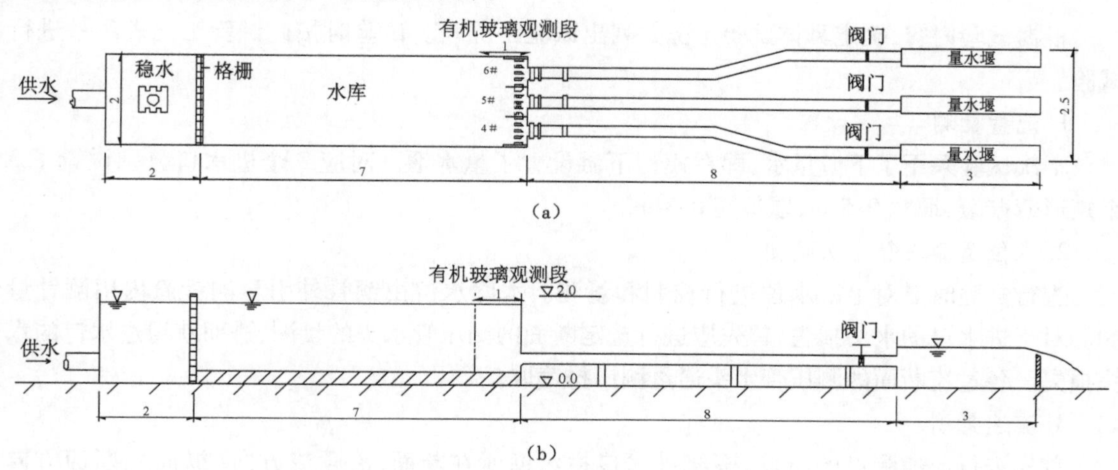

图 3-3 模型布置图(单位 m)

(a)平面图 (b)剖面图

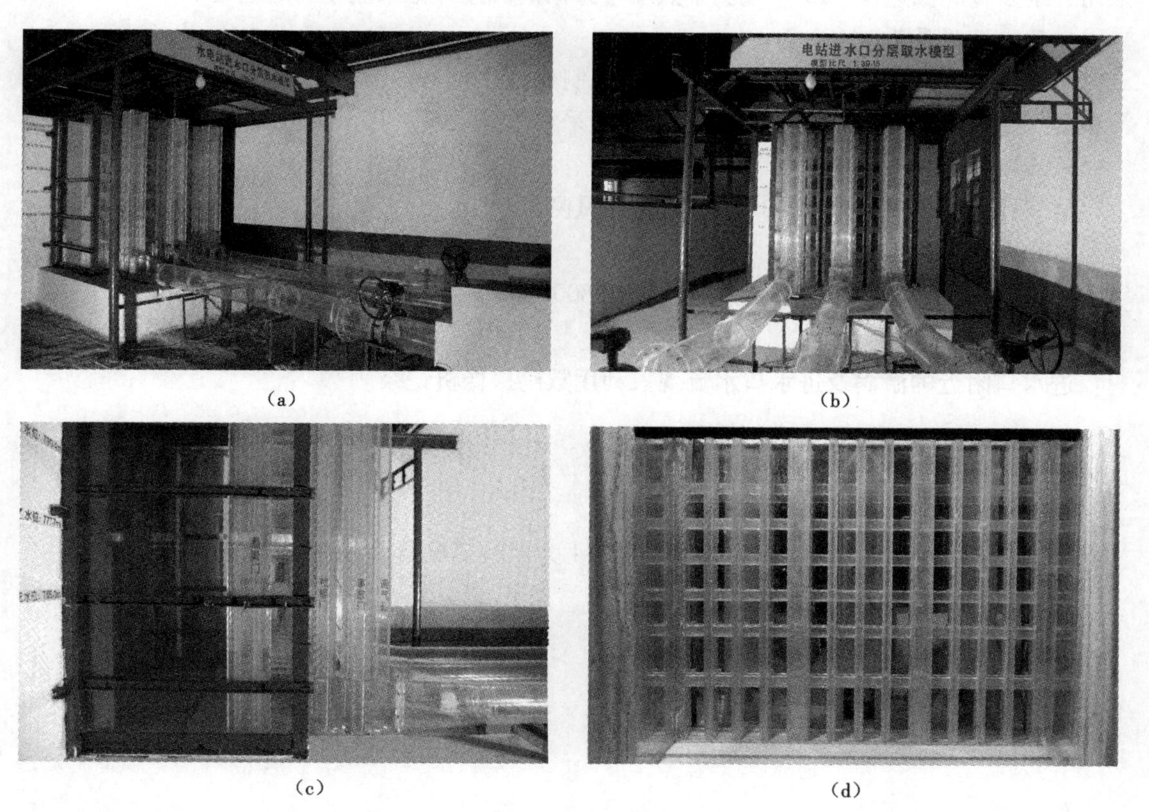

图 3-4 模型照片

(a)模型全貌 (b)模型下游立视图 (c)模型侧视图 (d)模型上游立视图

3.5 试验方法

根据试验内容,确定具体试验工况并列出试验工况表。试验时按此试验工况表逐一进行试验。

1. 流量量测

本次试验采用了下游量水,即在模型下游设置了量水堰。对应3个进水口分别设置了3个矩形薄壁堰,堰宽0.5 m,堰板高0.3 m。

2. 水位及测压管水头量测

进行试验时需对上游水位进行控制和量测。水库水位由铜管外引至测针筒内用测针量测。对于进水口的水头损失,首先应进行选定断面的测压管水头的量测,进而获得进水口的水头损失。各过流断面的测压管水头通过测压排读取。

3. 流速量测

首先进行流速测点的布设,围绕进水口拦污栅所在断面,沿顺流方向(纵向)、断面方向(横向)、水深方向提前选定测点。进水口的流速分布采用ZLY-1型智能流速仪量测。同时采用三维多普勒流速仪(ADV)量测某点三个方向的流速并记录流速历时过程。

4. 动水压强量测

模型设计时沿进水口选定测点位置,模型制作时在选好的测点安装压力传感器。进水口沿程动水压强,采用压力传感器及DJ800数据采集系统记录。

5. 通气孔内通气风速量测

通气孔内通气风速采用热球式电风速计量测。

6. 通气孔内水面波动量测

通气孔内水面波动由波高传感器通过DJ800数据采集系统记录。

7. 漩涡观测

进水口附近的漩涡及进水口水流现象利用数码摄像机记录。

3.6 试验成果

根据试验内容,确定具体试验工况。表3-4为试验工况及量测内容。

表 3-4　试验工况及量测内容

工况		水位(m)	水头损失	流速分布	漩涡	压强	水位波动	通气量风速
正常运行	第一层取水	812.0	√	√	√	√		
		803.0	√	√	√	√		
	第二层取水	803.0	√	√	√	√		
		790.4	√	√	√	√		
	第三层取水	790.4	√	√	√	√		
		777.7	√	√	√	√		
	第四层取水	777.7	√	√	√	√		
		765.0	√	√	√	√		
事故门快速关闭	第一层取水	803.0				√	√	√
	第二层取水	790.4				√	√	√
	第三层取水	777.7				√	√	√
	第四层取水	765.0				√	√	√

3.6.1　进水口水头损失

进水口水头损失主要是局部阻力损失，其水头损失的大小是衡量进水口水力设计和水流条件优劣的重要指标。

本试验的进水口水头损失是通过量测库水位 ∇_0(断面 0 - 0)和引水管断面 1 - 1 的测压管水位 ∇_1 以及相应的过流流量得出。这里的引水管断面 1 - 1 是指引水管收缩段下游 73.6 m(8 倍管径)的断面，如图 3-5 所示。

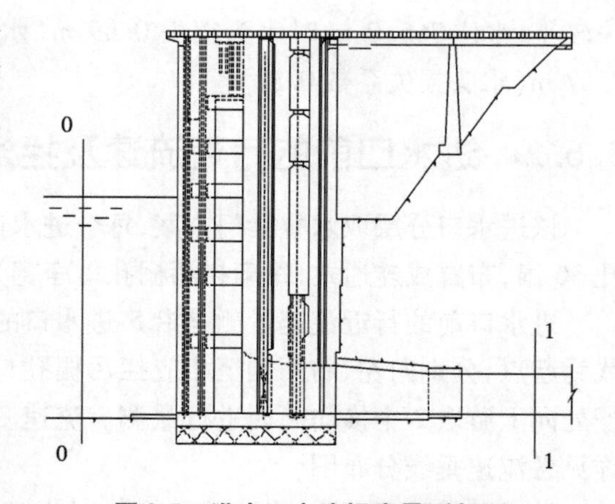

图 3-5　进水口水头损失量测断面

进水口水头损失

$$h_{0-1} = \nabla_0 - \nabla_1 - \alpha v_1^2/2g \tag{3-3}$$

相应水头损失系数

$$\xi = 2gh_{0-1}/v_1^2 \tag{3-4}$$

式中：h_{0-1} 代表自断面 0 - 0 至断面 1 - 1 的水头损失；∇_0 为水库的测压管水位；∇_1 为引水管断面的测压管水位；v_1 为引水管断面的平均流速；α 为动能修正系数。

表 3-5 是进水口水头损失的试验结果。试验结果表明：随着叠梁门挡水高度的增加，水头损失有所增加；同一层叠梁门取水，水位高时的水头损失稍大于水位低时的水头损失；第一层取水、第二层取水和第三层取水时，水流过叠梁门顶部，由垂向流动转向水平流动进入进口，因而较第四层取水的水头损失增加。

表 3-5 进水口水头损失的试验结果

试验工况	测压管水位(cm)		引水管平均流速 v		流速水头 $v^2/2g$		进水口水头损失 h_{0-1}		水头损失系数
	∇_0	∇_1	模型(cm/s)	原型(m/s)	模型(cm)	原型(m)	模型(cm)	原型(m)	
第一层取水水位 803.0 m	121.7	112.2	94.35	5.91	4.54	1.78	4.96	1.94	1.09
第二层取水水位 803.0 m	121.8	113.1	94.35	5.91	4.54	1.78	4.16	1.63	0.92
第二层取水水位 790.4 m	89.5	81	94.35	5.91	4.54	1.78	3.9	1.53	0.86
第三层取水水位 790.4 m	89.6	81.3	94.35	5.91	4.54	1.78	3.76	1.47	0.83
第三层取水水位 777.7 m	57.2	49.1	94.35	5.91	4.54	1.78	3.56	1.39	0.78
第四层取水水位 777.7 m	57.3	51.2	94.35	5.91	4.54	1.78	1.46	0.57	0.32
第四层取水水位 765.0 m	24.7	18.9	94.35	5.91	4.54	1.78	1.26	0.49	0.28

注：∇_0为上游水库的测压管水位；∇_1为引水管断面的测压管水位。

第一层取水，水位 803.0 m 时进水口水头损失 1.94 m(水头损失系数 1.09)；第二层取水，水位 803.0 m 时进水口水头损失 1.63 m(水头损失系数 0.92)，水位 790.4 m 时进水口水头损失 1.53 m(水头损失系数 0.86)；第三层取水，水位 790.4 m 时水头损失 1.47 m(水头损失系数 0.83)，水位 777.7 m 时水头损失 1.39 m(水头损失系数 0.78)；第四层取水，进水口水头损失较小，水位 765.0 m 时水头损失 0.49 m(水头损失系数 0.28)，水位 777.7 m 时水头损失 0.57 m(水头损失系数 0.32)。

3.6.2 进水口前的行近流速及拦污栅处流速

该进水口分层取水叠梁门方案，每个进水口前沿设 4 扇垂直式拦污栅，9 个取水口共设 36 孔 36 扇，布置成连通式，每扇拦污栅孔口净宽 3.8 m。

进水口前的行近流速量测是沿 5#进水口的 4 扇拦污栅孔口的中线(命名以 5#进水口中心线为起点，分别向左、右两侧至相应拦污栅孔口中线的距离表示)进行的；沿流向方向自拦污栅处向上游取 2 个横向断面进行量测。流速测点布置如图 3-6 所示，沿水深各点的具体位置详见各流速垂线分布图。

针对各层叠梁门取水的不同工况，试验对进水口前的流速进行了量测。图 3-7 至图 3-10 给出了在各层叠梁门取水工况的进水口前的流速分布图。

第四层(底层，无叠梁门)取水时，进水口前流速沿水深分布是进水口底至进水口高度范围流速较大，上部流速较小，说明所取水体大部分为底部进水口高度范围内的水体；随着量测断面距拦污栅距离(向上游)的增大，流速减小；水位 765.0 m 时最大流速 0.80 m/s，水位 777.7 m时最大流速 0.78 m/s，如图 3-7 所示。进水口前流速沿横向分布是沿进水口中线对称，中间两扇拦污栅孔口前的流速较大，两侧的拦污栅孔口前的流速较小。

叠梁门取水时，进水口前流速沿水深分布是自叠梁门顶至以上约 20 m 范围流速较大，其

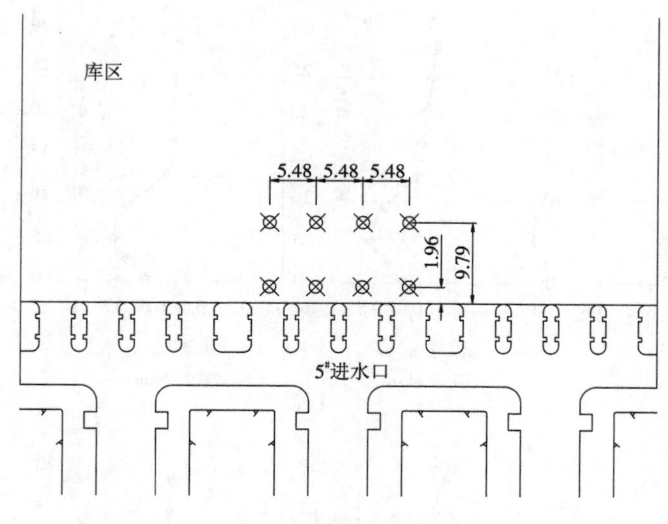

注：（1）⊠为流速测点位置；（2）单位m

图 3-6 流速测点布置图

上和下范围流速逐渐减小，沿水深分布近似抛物线，说明各层叠梁门取水时，所取的水体大部分为叠梁门上部水体，但仍有部分下层水体随取水口流入下游。第三层取水，水位 777.7 m 时最大流速为 0.65 m/s，水位 790.4 m 时最大流速为 0.58 m/s；第二层取水，水位 790.4 m 时最大流速为 0.57 m/s，水位 803.0 m 时最大流速为 0.55 m/s；第一层取水，水位 803.0 m 时最大流速为 0.60 m/s。距进水口较远的断面，进水口前流速沿横向分布是沿进水口中线对称，中间流速大而两侧流速小；靠近进水口断面，由于叠梁门的影响，4 个拦污栅孔口的流速基本相同，如图 3-8 至图 3-10 所示。

进水口前行近流速沿水深的分布，部分地表征了库内不同层水体流入进水口的情况。

3.6.3 进水口最低运行水位

进水口最低运行水位是指当水库水位低于该水位时，进水口可能产生对工程有害的吸气漩涡。

影响进水口漩涡形成的主要因素有：行近流速的大小；行近流速分布是否均匀、对称；有无环流；淹没深度的大小；进水口本身的轮廓尺寸及结构形式，如拦污栅和闸门结构、渐变段的形状和尺寸、分水墩和防护墙等。

Gordon J L(1970)[9] 根据 29 个水电站进水口的原型观测资料分析结果认为，在一定的边界条件下，漩涡的形成与进水口的流速、尺寸和淹没深度有关，即与弗劳德数 Fr 有关，不出现吸气漩涡的临界淹没深度 s_c 建议按下式确定：

$$s_c = Cvd^{1/2} \tag{3-5}$$

式中：s_c 为自进水口顶部起算的临界淹没深度；d 为进水口高度；v 为进水口平均流速；C 为系数，对称进流时取 0.55，不对称进流时取 0.73。

按式(3-5)，对于该进水口，当第四层取水时，进水口高度 12 m，进水口平均流速 $v = Q/A$

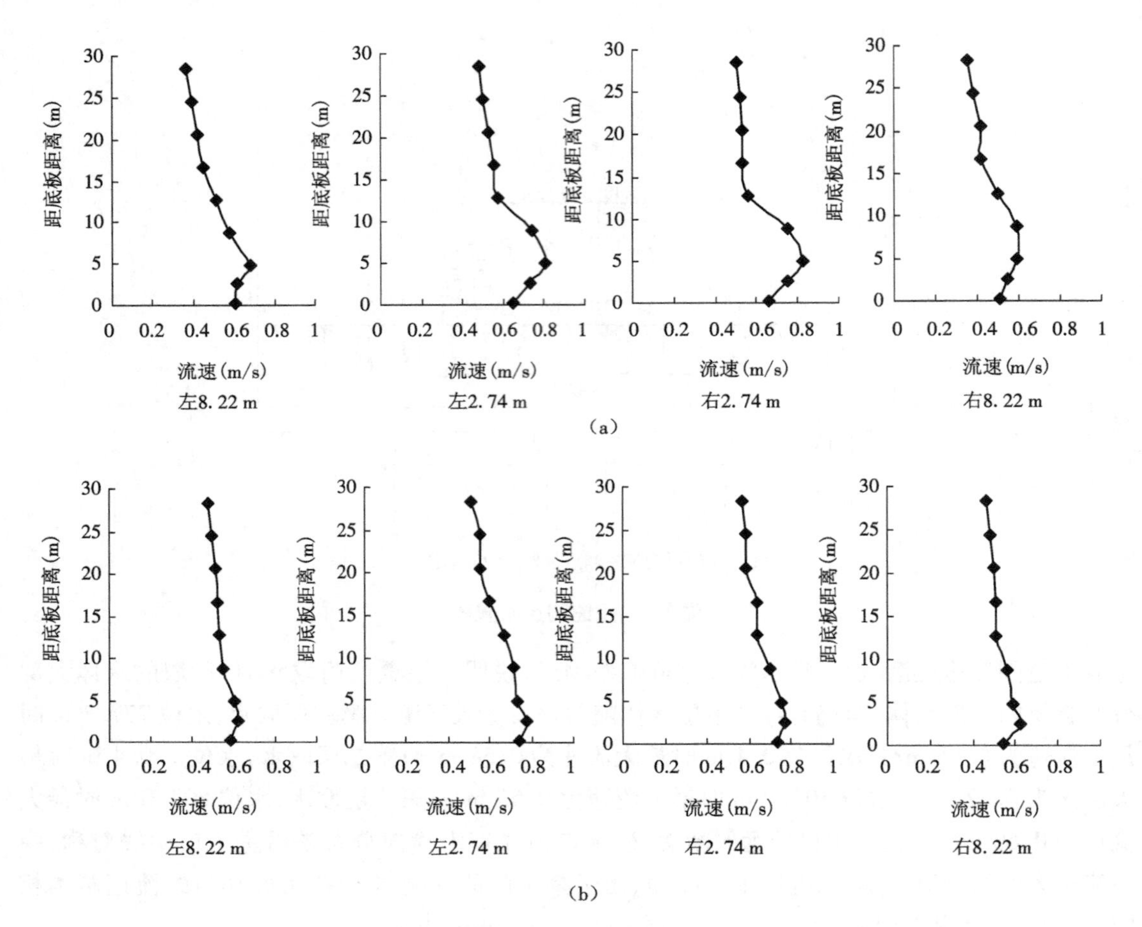

图 3-7 进水口前流速分布(第四层取水,水位 765.0 m)

(a)距拦污栅 1.96 m (b)距拦污栅 9.79 m

$=393/(7\times12)=4.68$ m/s,则临界淹没深度 $s_c=0.55\times4.68\times12^{1/2}=8.92$ m。死水位 765.0 m 第四层取水时,进水口的淹没深度 17 m,满足临界淹没深度的要求;水位 777.7 m 第四层取水时,进水口的淹没深度 29.7 m,满足临界淹没深度的要求。据此初步判定,水位 765.0 m 和水位 777.7 m 第四层取水时,进水口将不会产生有害的吸气漩涡。

文献[10]推荐了进水口安全淹没标准,即进水口不出现漩涡的弗劳德数和相对淹没深度应满足:

$$Fr=v/\sqrt{gd}\leqslant0.5,s/d>0.7 \tag{3-6}$$

式中:s 为进水口顶部以上的淹没深度;v 为进水口平均流速;g 为重力加速度;d 为进水口高度。

按式(3-6),对该进水口是否产生漩涡进行了初步判断(表 3-6),结果表明,水位 765.0 m 和水位 777.7 m 第四层取水时,进水口将不会出现漩涡。

上述两种经验判别方法表明,水位 765.0 m 和水位 777.7 m 第四层取水时,进水口将不会出现有害的吸气漩涡。当然,上述判断只是初步判断,是否产生有害漩涡应通过模型试验来进

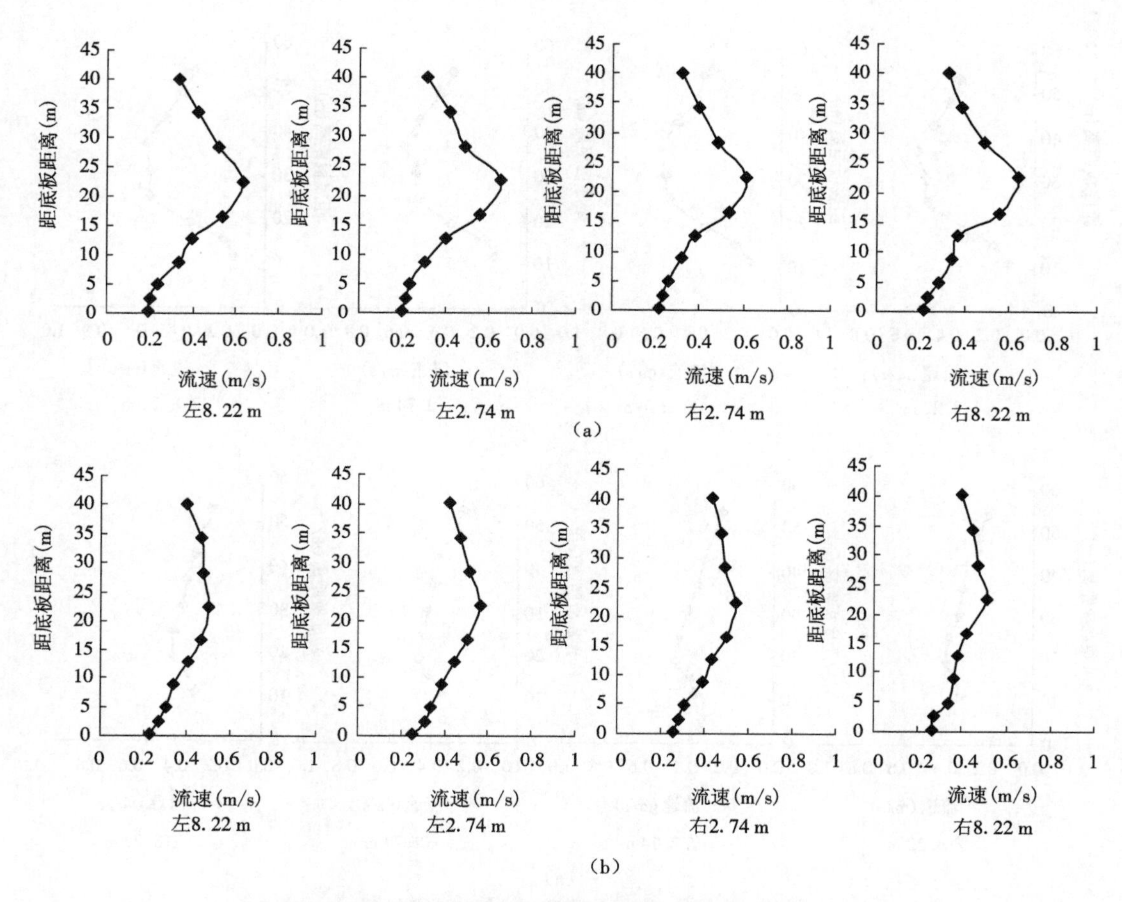

图3-8　进水口前流速分布(第三层取水,水位777.7 m)

(a)距拦污栅1.96 m　(b)距拦污栅9.79 m

一步验证。

试验观测了水位765.0 m和水位777.7 m第四层取水时进水口附近的漩涡情况,进水口附近的水面比较平稳,没有观测到明显漩涡。试验结果表明,第四层取水在765.0 ~777.7 m水位之间运行时,进水口将不会产生有害的吸气漩涡。

表3-6　进水口漩涡初步判别

取水口	库水位 ∇(m)	孔口高度 d(m)	孔口顶部淹没深度 s(m)	流量 Q(m^3/s)	孔口平均流速 v(m/s)	Fr	s/d	有无漩涡
第四层取水	765.0	12.0	17.0	393.0	4.68	0.43	1.42	无
	777.7	12.0	29.7	393.0	4.68	0.43	2.47	无

3.6.4　进水口压强

各层取水工况下,对5#进水口沿程各测点的压强进行了量测。压力传感器的布置如图

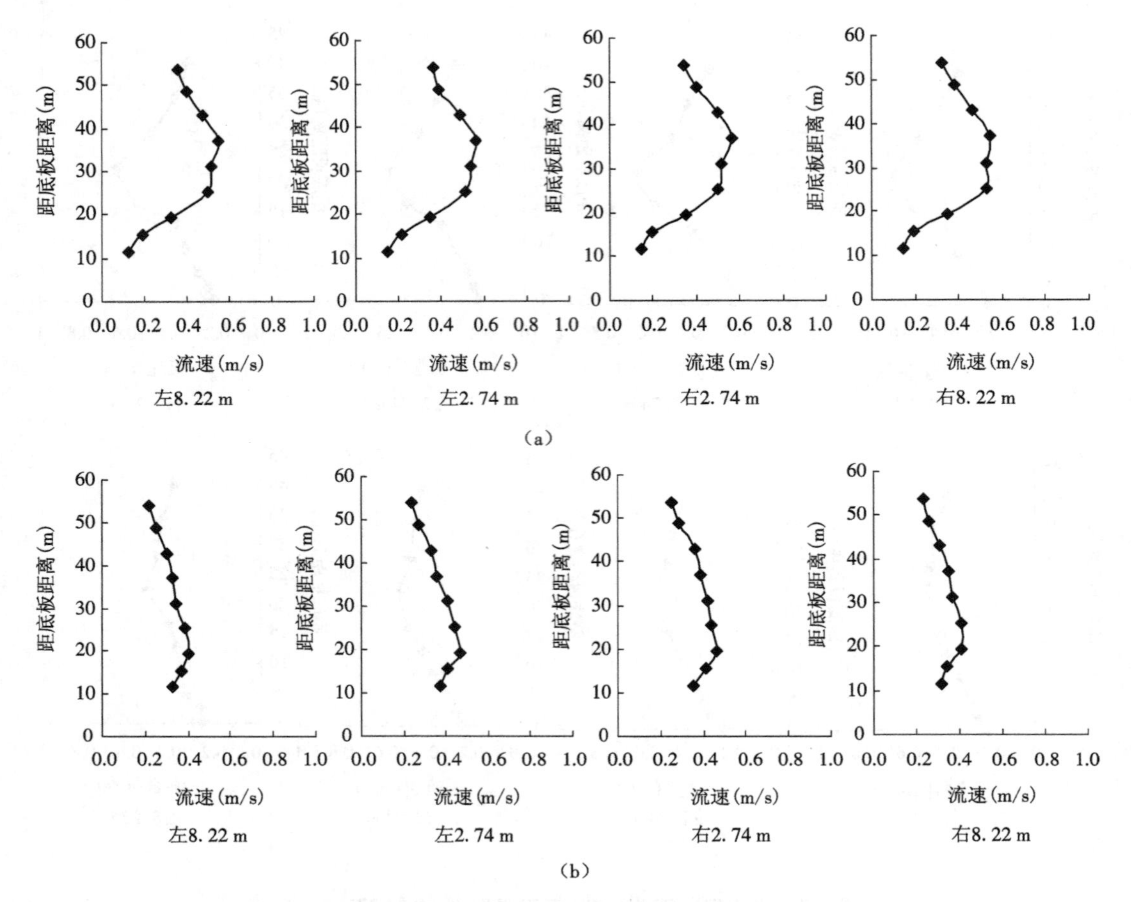

图 3-9 进水口前流速分布(第二层取水,水位 790.4 m)

(a)距拦污栅 1.96 m (b)距拦污栅 9.79 m

3-11 所示。图中,1# ~4#测点位于叠梁门下游底板上,6# ~8#测点位于远离叠梁门的底板上,9# ~11#测点位于进口顶部,12# ~15#测点位于进口上部竖直挡水段。同时,量测了各测点的测压管水位。

试验中对各测点压强进行了记录,对量测数据进行了分析,以表的形式列出了各工况下进水口各测点的时均压强和测压管水位,绘制了各工况下进水口沿程测压管水位的变化。

图 3-12 和图 3-13 为不同水位运行时 5#进水口部分测点的压强试验结果。图 3-14 为进水口底板测点的测压管水位变化。图 3-15 为进水口不同高程测点的测压管水位变化。

试验结果表明,在各工况下进水口各测点压强比较稳定,各点测压管水位沿水流方向逐渐减小;比较叠梁门下游底板上 1# ~4#测点和远离叠梁门的底板上 6# ~8#测点的试验结果,各测点的测压管水位及压强没有明显变化,说明在各工况下运行时叠梁门后底板基本没有受到经叠梁门水流的冲击。

3.6.5 事故门快速关闭引起水位波动、压强变化及通气量

发电机组运行时一旦发生故障,事故闸门将按预定的时间快速关闭,此时事故门下游引水

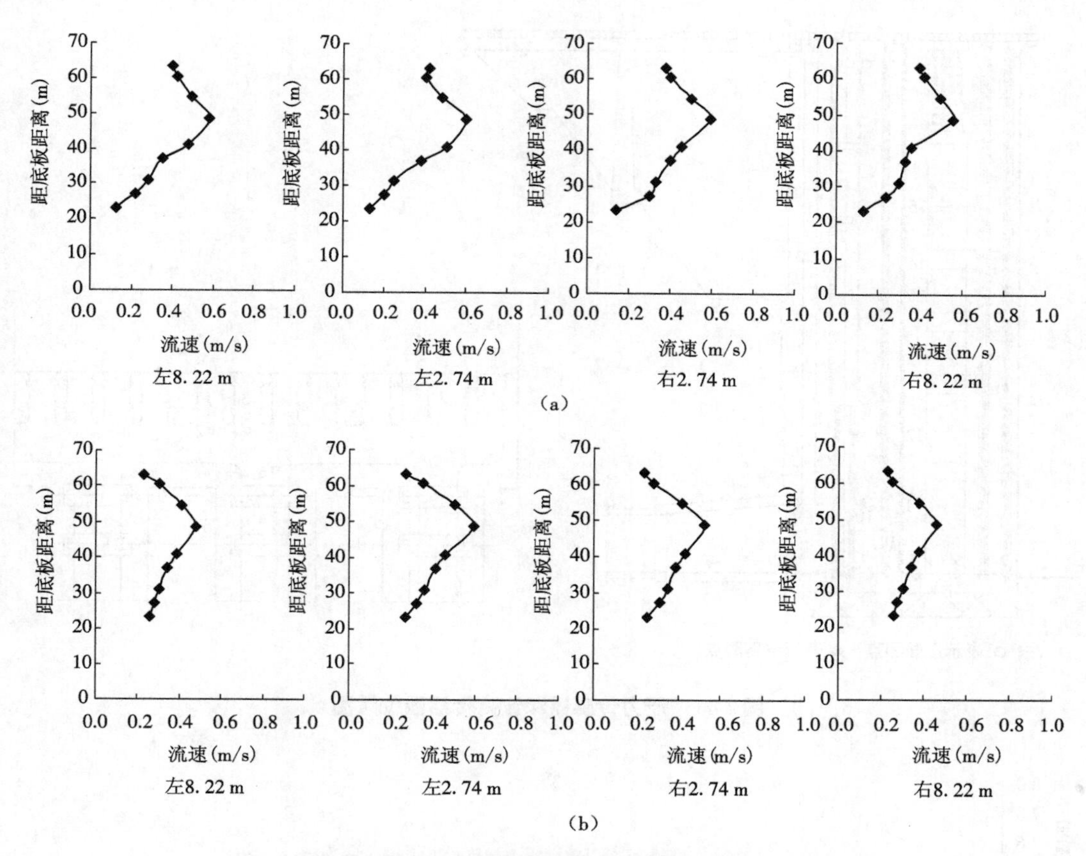

图 3-10　进水口前流速分布(第一层取水,水位 803.0 m)

(a)距拦污栅 1.96 m　(b)距拦污栅 9.79 m

管内的水流在惯性的作用下继续向下游运动,闸门后的压强急剧下降,若不能及时、充分通气,事故闸门后将可能产生有害的负压。

分别对水位 765.0 m 第四层取水、水位 777.7 m 第三层取水、水位 790.4 m 第二层取水和水位 803.0 m 第一层取水四种工况进行了快速关闭事故闸门的试验,量测了进水口的压强变化和通气孔内的水位波动及通气量。各测点位置参见图 3-11。

(1)试验对各工况快速关闭事故闸门时进水口的压强变化进行了量测。每一种工况,首先量测并记录正常运行情况下各测点的压强,进而获得各测点的时均压强;试验中快速关闭事故闸门时各测点的压强是在视时均压强为零的基础上量测并记录的,以便获得压强上升值和下降值;各测点最大压强和最小压强(均为相对压强)是时均压强与压强上升值和下降值之和。表 3-8 给出了 5#进水口正常运行情况下快速关闭事故闸门引起的各测点压强变化。表中显示,叠梁门取水工况快速关闭事故门引起的压强变化大于无叠梁门(底层)取水的压强变化,压强变化最大值为 +3.4 m 水柱,发生在事故闸门上游底板位置(7#测点)。1#、2#、3#、4#测点处压强没有出现突然的变化,位于检修闸门和事故闸门之间底板(7#测点)的压强先减小后增大。图 3-16 给出了部分测点的压强变化历时(模型值)。从图中看出,由于通气孔的通气作用,事故闸门下游测点(8#、9#)处没有出现负压。

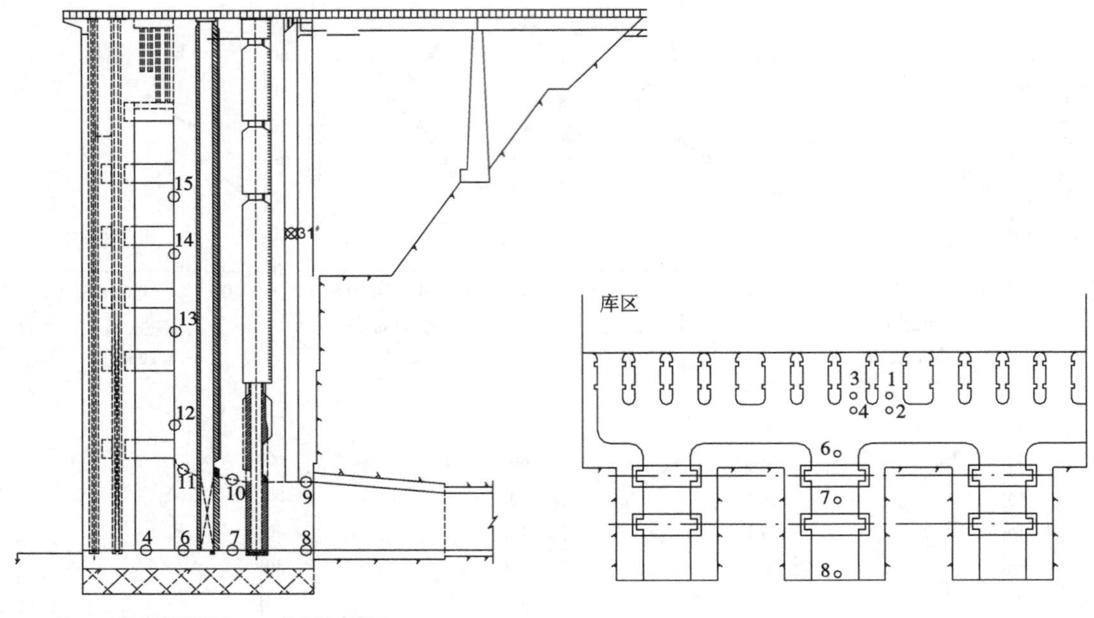

图 3-11 压力传感器和波高传感器位置图

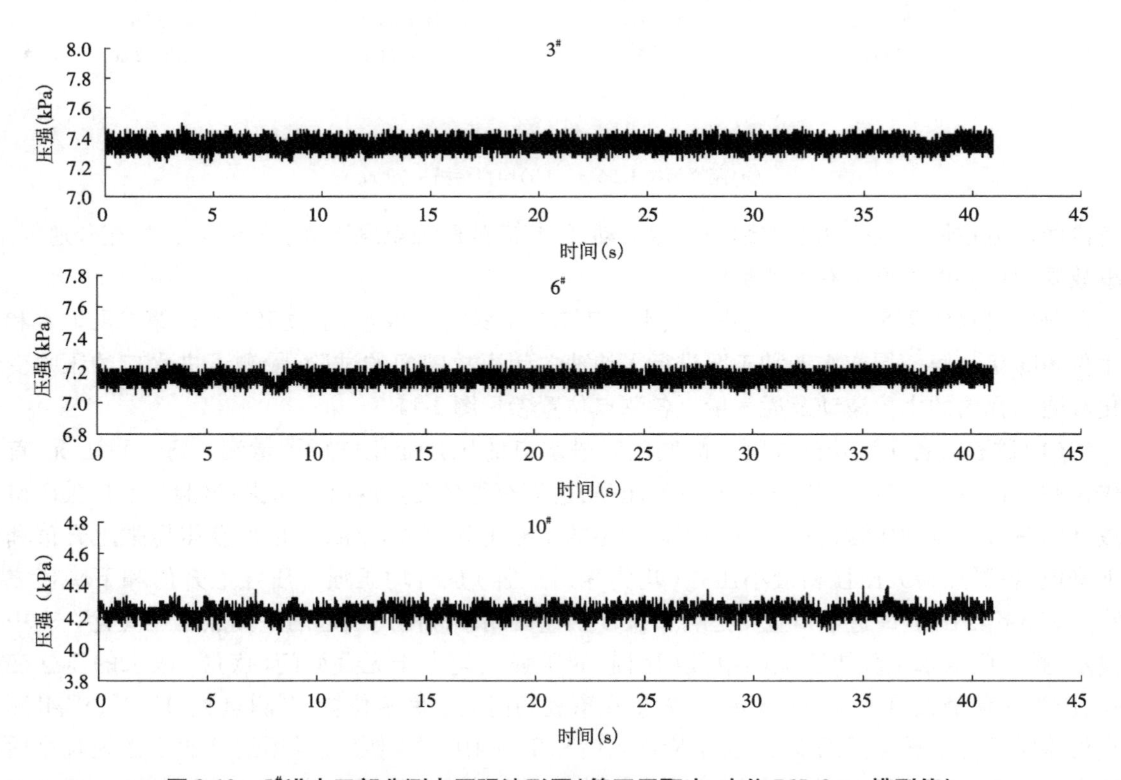

图 3-12 5#进水口部分测点压强波形图(第四层取水，水位 765.0 m，模型值)

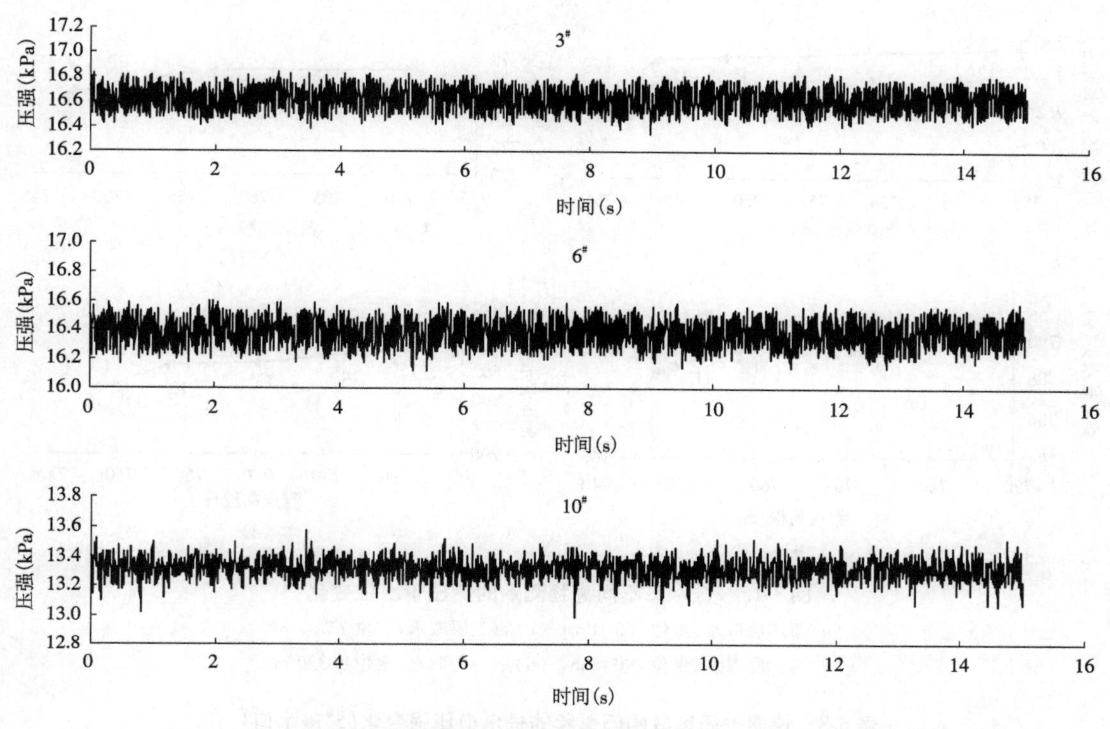

图 3-13　5#进水口部分测点压强波形图(第一层取水,水位 803.0 m,模型值)

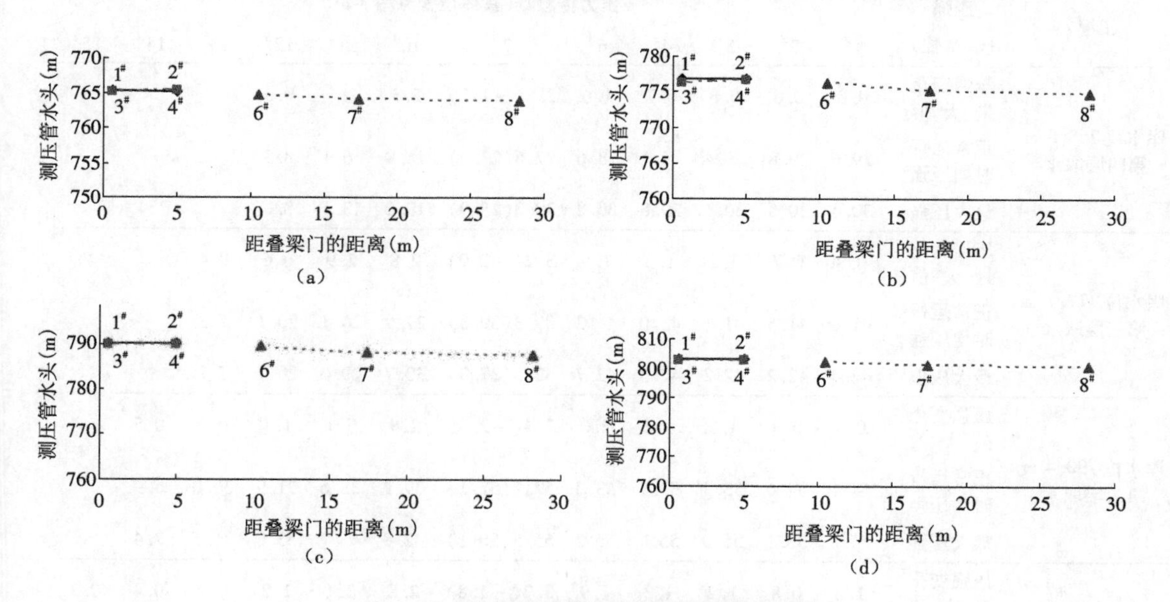

图 3-14　进水口底板各测点的测压管水位变化

(a)第四层取水,水位 765.0 m　(b)第三层取水,水位 777.7 m

(c)第二层取水,水位 790.4 m　(d)第一层取水,水位 803.0 m

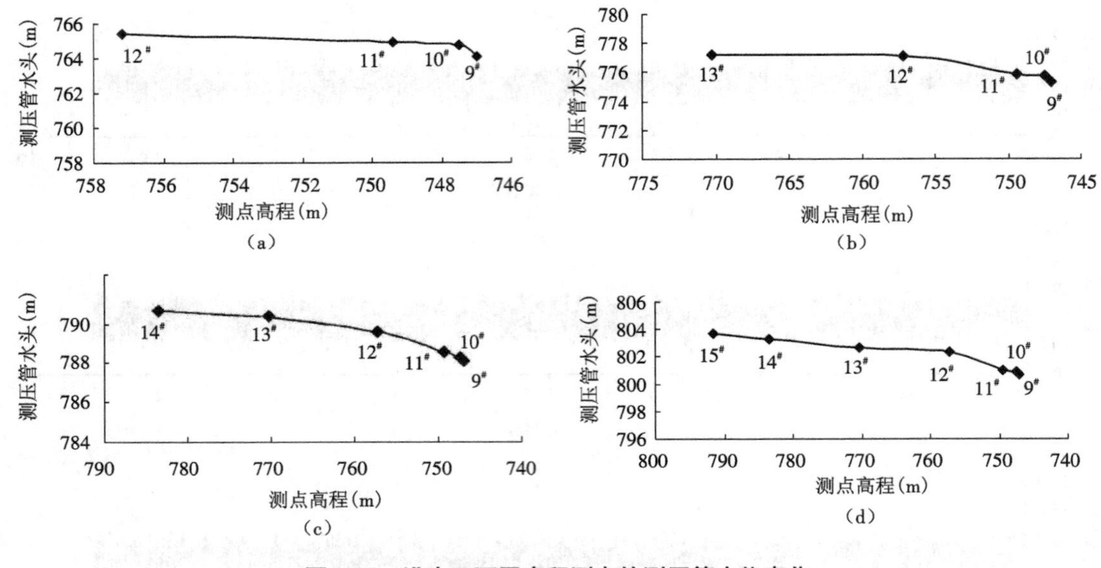

图 3-15 进水口不同高程测点的测压管水位变化

(a)第四层取水,水位 765. 0 m (b)第三层取水,水位 777. 7 m

(c)第二层取水,水位 790. 4 m (d)第一层取水,水位 803. 0 m

表 3-8 快速关闭事故闸门引起的进水口压强变化(5#进水口)

工况	压强(m 水柱)	压力传感器(具体位置见图 3-11)											
		1#	2#	3#	4#	6#	7#	10#	11#	12#	13#	14#	15#
库水位 765. 0 m 第四层取水	压强变化最大值	0. 8	0. 6	0. 8	0. 7	1. 6	2. 8(-1. 7)	2. 3	2. 0	0. 3			
	正常运行时均压强	29. 6	29. 8	29. 4	29. 1	28. 6	27. 6(27. 6)	16. 9	16. 1	8. 3			
	最大压强	30. 4	30. 5	30. 1	29. 8	30. 2	30. 3(25. 9)	19. 2	18. 1	8. 6			
库水位 777. 7 m 第三层取水	压强变化最大值	0. 8	0. 7	1. 2	1. 2	1. 5	3. 2(-2. 0)	2. 8	2. 9	0. 6	0. 4		
	正常运行时均压强	41. 6	41. 5	41. 1	41. 0	41. 2	39. 3(39. 3)	27. 9	26. 1	20. 1	7. 3		
	最大压强	42. 4	42. 2	42. 2	42. 3	42. 7	42. 5(37. 3)	30. 7	29. 0	20. 7	7. 7		
库水位 790. 4 m 第二层取水	压强变化最大值	0. 6	0. 5	1. 2	1. 2	2. 0	3. 4(-2. 0)	2. 9	3. 1	1. 1	0. 6	0. 5	
	正常运行时均压强	54. 1	54. 6	53. 9	53. 8	53. 3	52. 1(52. 1)	39. 9	38. 6	31. 9	36. 0	6. 9	
	最大压强	54. 8	55. 1	55. 0	55. 0	55. 2	55. 5(50. 1)	42. 8	41. 7	33. 0	36. 5	7. 4	
库水位 803. 0 m 第一层取水	压强变化最大值	1. 2	0. 8	1. 2	1. 3	1. 9	3. 2(-1. 8)	2. 8	3. 1	1. 2	0. 9	0. 4	0. 3
	正常运行时均压强	66. 3	66. 3	66. 4	65. 9	65. 4	64. 1(64. 1)	53. 4	51. 4	43. 6	32. 0	19. 8	11. 2
	最大压强	67. 5	67. 0	67. 6	67. 2	67. 3	67. 4(62. 3)	56. 2	54. 5	44. 8	33. 0	20. 3	11. 6

注:压强变化值均为瞬时压强与时均压强的差值,其中 7#测点的压强变化为先减小后增大,“ + ”值表示最大增加值,“ - ”值表示最大减小值。

(2)量测了事故闸门后通气孔内的水位波动。试验结果表明,在事故闸门关闭过程中,通气孔中的水位开始下降较慢,后半阶段下降较快。

(3)量测了事故闸门后通气孔内的通气量。试验结果表明,在关闭事故闸门过程中前60 s(原型)通气风速很小,在60~120 s内通气风速增加很快,最大通气风速为7.50 m/s(原型),远小于通气孔允许风速的极限值$[v_a]=40$ m/s[11],其中最大风速几乎发生在关闭闸门过程的末端。

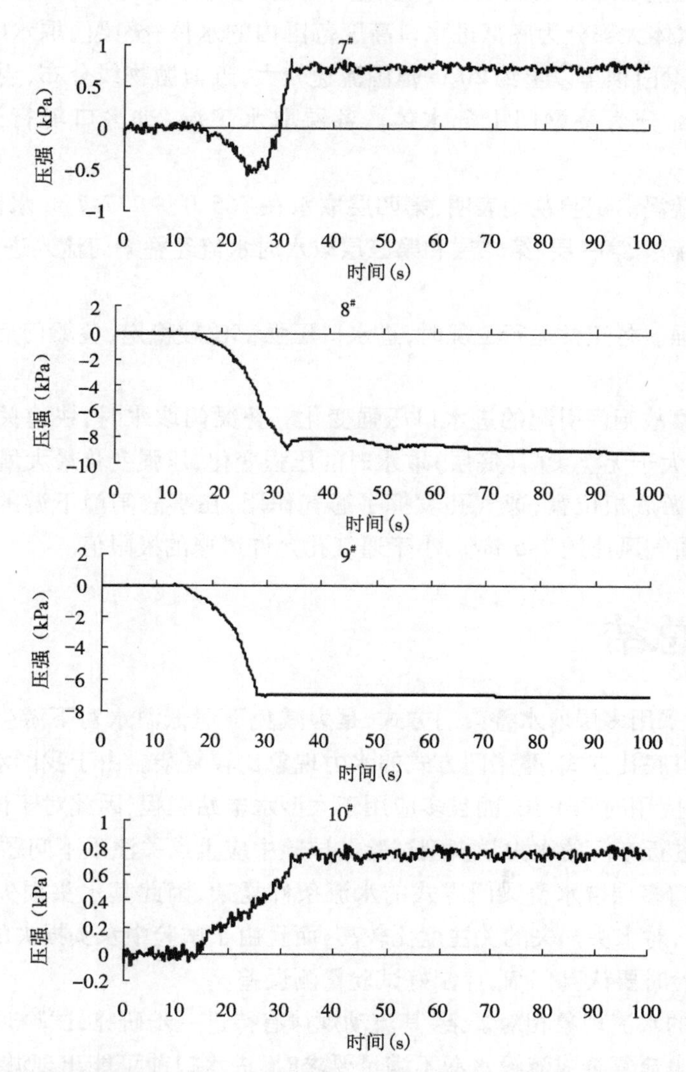

图3-16 事故闸门快速关闭引起的进水口压强变化(5#进水口,第三层取水,水位777.7 m,模型值)

3.6.6 试验成果总结

在完成各项试验内容后,应对试验成果进行归纳总结,得出结论性的成果并提出建议。针对该工程,分析上述试验成果并得出以下结论。

(1)进水口水头损失及水头损失系数。水位765.0 m第四层(底层,无叠梁门)取水时,进水口水头损失0.49 m(水头损失系数0.28,下同);水位777.7 m第三层取水时,进水口水头损失1.39 m(0.78);水位790.4 m第二层取水时,进水口水头损失1.53 m(0.86);水位803.0 m第一层取水时,进水口水头损失1.94 m(1.09)。同一层叠梁门取水,水位高时水头损失稍大;不同层取水时,随着叠梁门挡水高度的增加,水头损失有所增加。

(2)进水口前流速分布。第四层取水时,进水口前流速沿水深分布是进水口高度范围流速较大,说明所取水体大部分为底部进水口高度范围内的水体;叠梁门取水时,进水口前流速沿水深分布是自叠梁门顶至以上约20 m范围流速较大,近似抛物线分布,说明各层叠梁门取水时,所取水体大部分为叠梁门上部水体。各层取水工况,进水口前行近流速最大值为0.55~0.80 m/s。

(3)进水口前漩涡。试验观测表明,第四层取水在765.0 ~777.7 m水位运行时,进水口将不会产生有害漩涡。第一层、第二层和第三层取水时水流经叠梁门流入进水口,不会发生漩涡。

(4)进水口压强。各正常运行工况时,进水口压强都比较稳定,叠梁门后底板未受到经叠梁门水流的冲击。

(5)快速关闭事故闸门引起的进水口压强变化。叠梁门取水时,快速关闭事故闸门引起的进水口压强变化大于无叠梁门(底层)取水时的压强变化,压强变化最大值为+3.4 m水柱,发生在事故闸门上游底板位置;通气孔发挥了通气作用,在事故闸门下游的测点没有出现负压;通气孔内最大通气风速约7.5 m/s,小于通气孔允许风速的极限值。

3.7 本章总结

水电站进水口采用多层取水叠梁门方式,是为减免下泄低温水对下游生态环境影响的措施,较传统的进水口底孔方式,叠梁门方式的水力现象比较复杂。由于我国水电站进水口多层取水叠梁门方式的应用时间不长,而且多应用于大型水电站工程,因此对于该类水电站进水口的设计,通常需要进行专门的水力学模型试验。试验中应重点关注以下问题。

(1)由于进水口多层取水叠梁门方式的水流条件复杂,因此其水头损失较传统的进水口底孔方式要大得多,对水头损失的关注度比较高,而且由于试验中水头损失的量测要求精度很高,因此在进行试验时要认真仔细,控制好试验量测误差。

(2)叠梁门后的水流现象相对复杂,其流动规律有待进一步研究,试验时应仔细观测。

(3)当进水口来流复杂或淹没水深不满足要求时,进水口前可能出现漩涡,甚至出现有害的吸气漩涡,除按经验公式判别外,应通过进水口水力模型试验进行观测,这也是与其他局部模型试验的不同之处。

第4章 进/出水口双向水流模型试验

进/出水口是抽水蓄能电站输水系统的重要组成部分，进水口和出水口是合一的，进流时称为进水口，出流时称为出水口，水流呈复杂的双向流动。进/出水口可分为侧式和竖井式两种基本形式。侧式进/出水口，水流沿接近水平方向流动，流向一般不发生剧烈变化。侧式进/出水口沿进流方向主要由防涡梁段、调整段、扩散段、渐变段等部分组成。竖井式进/出水口，输水道与库底垂直连接，水流的进/出在短距离内经过两个90°的转折，流向变化剧烈。竖井式进/出水口沿进流方向主要由盖板、分流孔、扩散段、竖直段、弯道段、渐变段等部分组成。

进/出水口是抽水蓄能电站的咽喉，控制着进出流的水力条件，其设计的好坏直接关系到电站的安全和经济效益。通常，对于设计中的抽水蓄能电站进/出水口，应通过水力模型试验研究其水力特性，优化体型设计，使其满足设计和工程运行要求。本章所讲的进/出水口双向水流模型试验与第3章所讲的进水口水力模型试验的最大区别体现在双向水流上，进/出水口的体型应满足双向水流的要求，关注进/出水口水头损失、各孔口拦污栅断面流速分布、流量分配等。下面以某抽水蓄能电站侧式进/出水口为例，说明该类模型试验的研究方法，包括试验所需资料、研究内容、模型设计与制作、试验方法、试验成果等，最后对该类试验进行总结，指出试验过程中应注意的问题。

4.1 工程概况

某抽水蓄能电站，装机容量1 800 MW，装设6台单机容量为300 MW的立轴、单级、混流可逆式水泵水轮机组，电站采用地下厂房，为中部布置方式，引水、尾水均采用一洞两机方式。该枢纽为一等工程，主要建筑物为一级建筑物，由上水库、下水库、水道系统和地下厂房系统及开关站等部分组成。这里仅介绍上水库侧式进/出水口。

上水库正常蓄水位1 505.0 m，死水位1 460.0 m，坝顶高程1 510.3 m，采用钢筋混凝土面板堆石坝坝型。上水库进/出水口采用侧式进/出水口，3个进/出水口体型相同，并列布置，其中心线间距均为27.2 m，中心线方位角为NE 56°。进/出水口底板高程1 444 m。进/出水口与上水库库底由明渠相连，明渠段沿发电水流方向依次为引渠段、反坡段、连接段，全程207 m。

上水库进/出水口沿发电水流方向依次为防涡梁段、调整段、扩散段，全长64 m。防涡梁段长11 m，顶部共设4道防涡梁，断面尺寸1.2 m×2.0 m，梁间距1.2 m。每个进/出水口设3个分流墩，将进/出水口分成4孔，孔口尺寸5 m×10 m(宽×高)，每孔净宽5 m，分流墩宽度1.4 m，分流墩墩头迎水面为圆弧曲线。调整段长15 m，底板高程1 444.0 m，水平布置。每个调整段内由3个分流墩分成4个流道，每个流道净空5.0 m×10.0 m(宽×高)，边墩厚1.5 m，分流墩厚 1.4 m，顶板、底板厚 1.5 m。调整段与防涡梁段结合为一体，在二者结合处设置 4 扇一字排列的拦污栅。扩散段长 38.0 m，平面为双向对称扩散，总水平扩散角 25.5°，立面为单向扩散，顶板扩散角 4.51°。扩散段起点净空 5.0 m×10.0 m（宽×高），末端净空 7.0 m×7.0 m（宽×高），边墩、顶板、底板、分流墩尺寸同调整段。每个扩散段内由 3 个分流墩分成 4 个流道，每个流道的扩散角均小于 10°。混凝土衬砌糙率，$n_{max}=0.016$，$n=0.014$，$n_{min}=0.012$；钢板衬砌糙率 $n=0.012$。

水轮机最大水头/流量为 458.9 m/73.9 m^3/s，最小水头/流量为 385.9 m/76.9 m^3/s，额定水头/流量为 425.0 m/80.7 m^3/s。水泵最大扬程/流量为 470.0 m/55.6 m^3/s，最小扬程/流量为 403.0 m/71.4 m^3/s。

图 4-1 为上水库进/出水口布置图，图 4-2 为上水库进/出水口体型图。

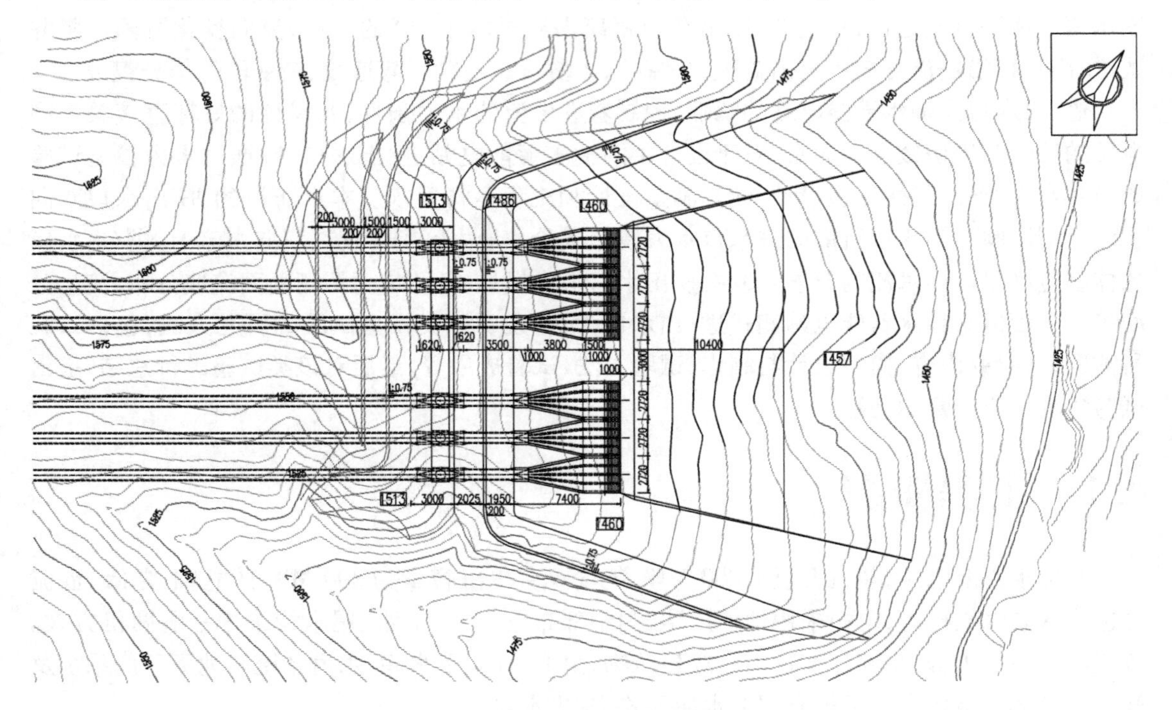

图 4-1　上水库进/出水口布置图

4.2 试验所需资料

进行进/出水口水力模型试验，首先应深入了解所要研究的工程，理解试验目的和解决的问题。在此基础上，明确提出模型试验所必需的资料，通常包括水库枢纽平面布置图、进/出水口平面布置图及体型图、特征水位和特征流量等。针对该工程，明确了以下资料：

(1)水库枢纽平面布置图；

(2)进/出水口平面布置图及体型图；

(3)特征水位、特征流量；

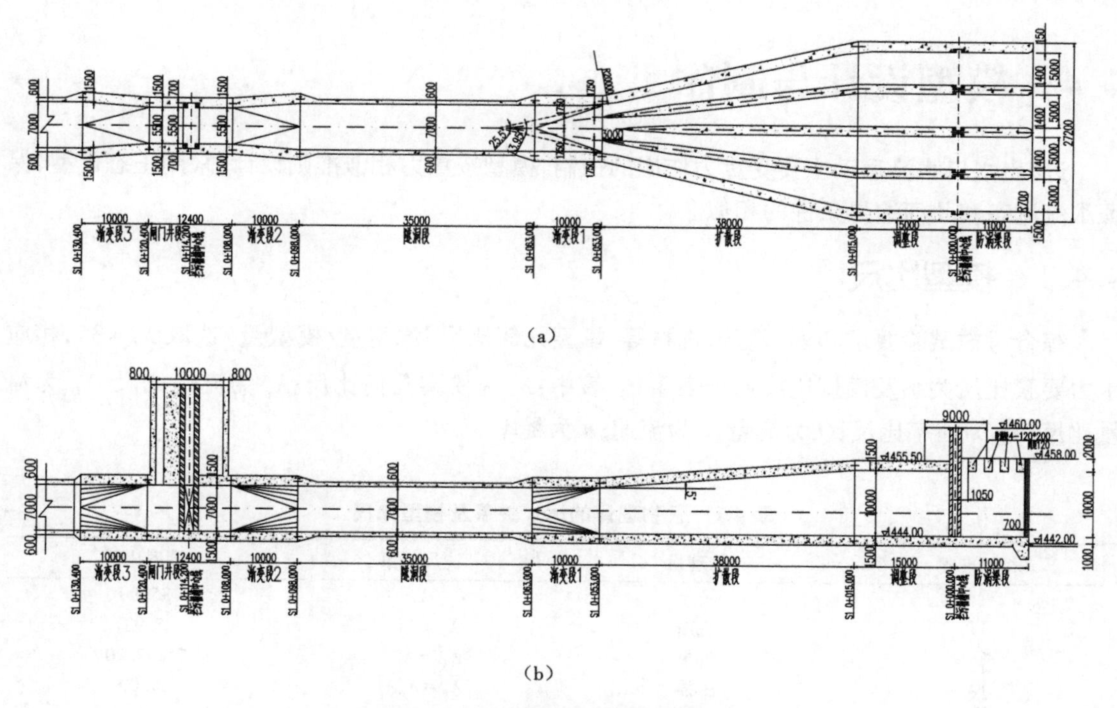

图 4-2 上水库进/出水口体型图

(a)平面图 (b)剖面图

(4)混凝土糙率设计值。

4.3 试验内容

从水力学的角度，抽水蓄能电站进/出水口应满足下述要求。

(1)进流时，流态稳定，拦污栅断面水流均匀，不产生有害漩涡，尤其吸气漩涡。

(2)出流时，水流扩散均匀，各孔流量分配合理，各孔间流量相差不宜大于10%[12]；拦污栅断面流速分布均匀，各孔流速不均匀系数(过栅最大流速与过栅平均流速的比值)应小于2，宜小于1.6，且不产生反向流速。

(3)各种工况下水流进/出时水头损失均较小。

(4)各种工况下库内水流流态良好，水面波动小。

针对该进/出水口水力模型试验，最终确定了以下试验内容：

(1)各工况下进/出水口的水头损失及水头损失系数，其中进/出水口和隧洞段(含闸门井)分开测试；

(2)各工况下进/出水口的流速分布(重点拦污栅部位)及各孔口流量分配；

(3)各工况下引水明渠的流速分布；

(4)各工况下进/出水口附近的环流和漩涡观测；

(5)依据试验成果，优化进/出水口体型，推荐进/出水口体型；

(6)对推荐的进/出水口体型进行全面试验，提出研究成果。

4.4 模型设计与制作

进/出水口水流运动主要受重力作用的控制,模型按重力相似准则设计,采用正态模型,保证水流流态和几何边界条件的相似。

4.4.1 模型比尺

综合考虑试验要求和模型管道选材等,模型几何比尺(原型量/模型量)选取 $\lambda_l=35$,相应水力要素比尺关系及模型比尺列于表4-1。表中:λ_l 为模型几何比尺;λ_v 为流速比尺;λ_Q 为流量比尺;λ_n 为糙率比尺;Q 为流量;v 为流速;n 为糙率。

表4-1 各物理量的比尺关系及模型比尺

相似准则	物理量	比尺关系	模型比尺
重力相似准则	长度	λ_l	35.00
	流速	$\lambda_v=\lambda_l^{1/2}$	5.92
	流量	$\lambda_Q=\lambda_l^{5/2}$	7 247.20
	压强	$\lambda_p=\lambda_\rho\lambda_l$	35.00
	糙率	$\lambda_n=\lambda_l^{1/6}$	1.81
	时间	$\lambda_t=\lambda_l^{1/2}$	5.92

4.4.2 漩涡模拟

该类试验应对漩涡进行观测,因此在模型设计时应特别考虑。模型设计应同时满足漩涡运动与流速分布相似。若做到模型与原型的严格相似,通过流体力学运动方程推导可知,必须考虑反映重力作用的弗劳德数(Fr)、反映黏滞力作用的雷诺数(Re)、反映表面张力作用的韦伯数(We)、反映环流作用的环流强度参数(Nr)、相对淹没深度(s/d)以及几何边界条件这六个制约因素的影响。然而,由于某些参数之间的要求本身又是相互矛盾的,因此模型将无法同时满足。

原型中,因雷诺数 Re 和韦伯数 We 都足够大,黏性力和表面张力对环流与漩涡的阻滞作用可忽略不计。但是,模型中因黏性力和表面张力对环流与漩涡的作用相对增大,所以在模型设计时,尽量使雷诺数 Re 和韦伯数 We 超过一定的临界值,使黏性力和表面张力的影响处于次要位置,以此避免缩尺影响。

对于水力模型设计而言,当模型临界雷诺数 Re 和韦伯数 We 达到一定的数值后,则认为模型比尺影响相对较小。下面的模型雷诺数 Re 和韦伯数 We 是目前水力模型设计通常采用的临界值。

Anwar H O 等[3]提出模型雷诺数 Re 应满足:

$$Re=Q/\nu s>3\times10^4 \tag{4-1}$$

式中:Q 为流量;ν 为运动黏滞系数;s 为孔口中心淹没深度。

Jain A K 等[4]提出模型韦伯数 We 应满足：

$$We = \rho v^2 d/\sigma \geqslant 120 \tag{4-2}$$

式中：v 为孔口平均流速；ρ 为液体密度；d 为孔口高度；σ 为液体表面张力系数。

高学平等[5]专门进行了侧式进水口漩涡系列模型试验研究，结果表明，按弗劳德准则设计的模型，当模型进口雷诺数 $Re = Q/\nu s \geqslant 3.4\times10^4$ 时，s 为进口中心淹没深度，可不考虑模型比尺效应，与 Anwar H O 等[3]的结果接近。

因此，首先按上述标准进行初步判定。该进/出水口模型水流在发电工况下的雷诺数 Re 和韦伯数 We 列于表 4-2。表中显示，部分工况的 We 小于临界值的要求。

对于不满足模型雷诺数 Re 和韦伯数 We 临界值的情况，按目前通用的方法，为消除模型比尺的影响，在进行试验时，采用加大流量的办法对漩涡运动进行补充观察。

Hecker G E[6]发表了收集到的漩涡形成的模型试验和原型观测比较的综述，基本的结论是，对于表面凹陷和微弱漩涡按重力相似模拟的模型可以忽略比尺效应，而对于发生空气核心漩涡的模型，则存在缩尺效应。为克服这种缩尺效应，在模型中可以采用加大流量的方法。Hecker G E[7]通过分析 Bear Swamp 抽水蓄能电站上水库开敞式圆形竖井进水口的模型和原型资料指出，对于 1:50 的按重力相似模拟的模型，流量增加 2.0 ~ 2.5 倍将能很好地模拟原型漩涡。

一般来说，试验时加大几倍的流量，应视模型大小等决定，大模型的加大流量倍数小些，小模型的加大流量倍数则大些，加大倍数流量后的模型 Re 和 We 满足相应临界值的要求即可。例如：作者曾进行的某进水口水力模型试验，加大模型流量至 2.6 倍额定流量，模型 Re 及 We 才满足相应临界值的要求[8]；对另一进水口水力模型试验，加大模型流量至 1.5 倍额定流量，模型 Re 及 We 才满足相应临界值的要求。

表 4-2 为死水位双机发电工况进/出水口的原型和模型的雷诺数 Re 和韦伯数 We。由表 4-1 可知，死水位双机发电工况（额定流量 $2\times80.7\ m^3/s$）的韦伯数 We 不满足临界条件，流量加大到 1.5 倍额定流量（流量 $1.5\times2\times80.7\ m^3/s$）时 Re 和 We 均满足临界条件。因此，死水位双机发电工况的漩涡观测，试验时应将流量加大至 1.5 倍额定流量（流量 $1.5\times80.7\times2\ m^3/s$）进行观测。

表 4-2　死水位（1 460 m）双机发电工况进/出水口原型和模型雷诺数 Re 及韦伯数 We

工况		流量 Q(m^3/s)	进口平均流速 v(m/s)	孔口高度 d(m)	孔口中心淹没深度 s(m)	$Re=\frac{Q}{\nu s}(10^4)$	$We=\frac{\rho v^2 d}{\sigma}$
原型	额定流量	161.4	0.807	10	11		
	1.5 倍额定流量	242.1	1.211	10	11		
模型	额定流量	0.022 3	0.136	0.286	0.314	6.22（满足）	72.27（不满足）
	1.5 倍额定流量	0.033 4	0.205	0.286	0.314	9.33（满足）	162.60（满足）

注：水温 15 ℃，运动黏滞系数 $\nu = 1.139\times10^{-6}\ m^3/s$；表面张力系数 $\sigma = 0.073\ 5\ N/m$；密度 $\rho = 999.1\ kg/m^3$。

4.4.3 模型制作

模型范围：模型模拟部分引水隧洞（长 110 m，包括引水事故闸门井）、进/出水口、全部引水明渠及部分上水库（开挖边线外 200 m）。

模型制作：库区按实际地形模拟，采用水泥砂浆抹面。进/出水口及水道系统等均采用有机玻璃加工制作。混凝土糙率 0.012 ~ 0.016，要求模型糙率 n_m = 0.006 6 ~ 0.008 8，有机玻璃糙率为 0.007 ~ 0.008，采用有机玻璃制作进/出水口及水道系统满足要求。模型全长 24 m、宽 13.5 m、高 2 m。模型布置如图 4-3 所示，图 4-4 为模型照片。

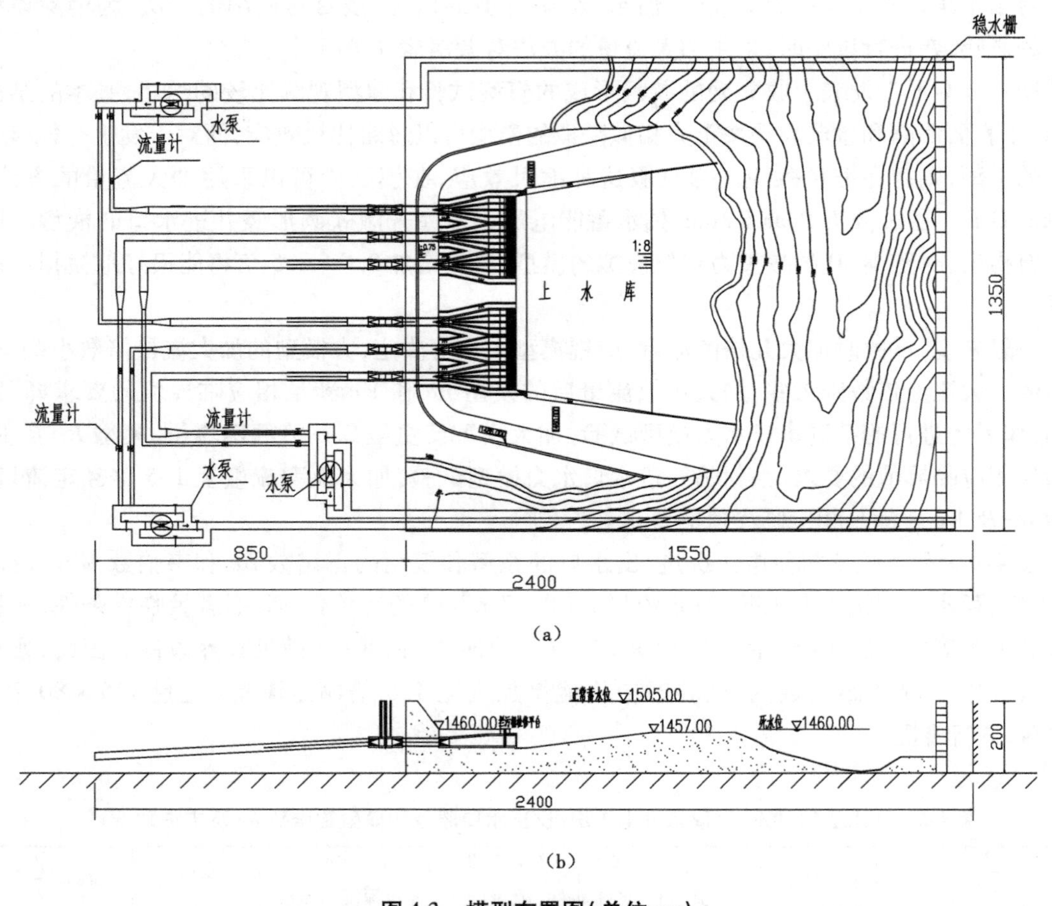

图 4-3 模型布置图（单位 cm）

（a）平面图 （b）剖面图

为满足进/出水口双向水流的要求，模型系统可视实验室条件采用不同的方法实现。一种方法可将水库抬高至一定高度，进流时靠库内水面与地面出口之间的水头差自由流出，出流时利用高平水塔向水库供水。该类方法，进流时利用地面量水堰量测流量，出流时通过安装于自高平水塔的供水管路的电磁流量计量测。至于水库抬起多高，这取决于模型比尺，作者在进行某抽水蓄能电站进/出水口双向水流试验时，水库建在了高 3 m 的平台上。另一种方法是水库建在地面，水库尾部设置稳流及进/出流系统，并利用管路及管道泵与进/出水口模型联通，通过循环水库水体实现进/出水口双向水流的要求，整个循环过程水库水位保持不变。该类方法通过安装在管路中的电磁流量计量测流量。

图4-4　进/出水口模型照片

4.5　试验方法

根据试验内容，确定具体试验工况并列出试验工况表。对于上水库进/出水口而言，出流为抽水工况，进流为发电工况。试验时对抽水工况和发电工况分别进行量测。试验过程进行录像和照相。

抽水工况试验建议如下。

(1)进/出水口水头损失量测。在进/出水口各典型断面设测压管量测测压管水头，结合断面平均流速，得出水头损失及水头损失系数，给出水头损失与流速水头的关系曲线。

(2)典型断面流速分布量测。利用 ADV 三维流速仪量测进/出水口断面的流速分布，关注反向流速和流速不均匀系数，结合断面面积得出 4 个孔口的流量，从流速分布和流量分配分析研究进/出水口体型的合理性。

(3)引水明渠流速量测及流态观测。利用多点智能流速仪及 ADV 三维流速仪量测引水明渠处水流的流速分布，观测是否有环流等现象，利用 PTV 记录库区表面流速场。通过对试验数据的分析，提出对引水明渠断面形式及尺寸的评价及优化建议。

发电工况试验如下。

(1)进/出水口水头损失量测。在进/出水口各典型断面设测压管量测测压管水头，结合断面平均流速，得出水头损失及水头损失系数，给出水头损失与流速水头的关系曲线。

(2)典型断面流速分布量测。利用 ADV 三维流速仪量测进/出水口断面的流速分布，结合断面面积得出 4 个孔口的流量，从流速和流量方面分析进/出水口体型的合理性。

(3)引水明渠流速量测及流态观测。利用多点智能流速仪及 ADV 三维流速仪量测引水明渠处水流的流速分布，观测是否有环流等现象，利用 PTV 记录库区表面流速场。分析试验数据，对引水明渠断面形式及尺寸进行评价，提出优化建议。

(4)发电工况。观测进/出水口处表面流态，关注进流时是否发生漩涡，观测漩涡大小、深度，观察吸气漩涡是否进入进/出水口。

试验分析及优化建议如下。

整理和分析发电工况和抽水工况的试验成果。根据试验成果，分析扩散段扩散角、分流墩在首部的位置与间距、调整段长度、防涡梁布置等对流量分配、流速分布、水头损失的影响，提出修改意见，进行体型优化试验。

根据对环流及漩涡观测成果的整理，分析判断漩涡的危害，提出进/出水口的防涡建议及防涡梁布置的优化意见，进行优化试验。

4.6 试验成果

首先对委托方提供的设计方案进行试验研究。设计方案的进/出水口的布置和体型详见图4-1和图4-2。为方便分析,对进/出水口进行编号,如图4-5所示。

对设计方案的试验,主要是发现问题,为优化体型提供方向,因此该试验阶段仅针对死水位进行研究,具体试验工况列于表4-3。

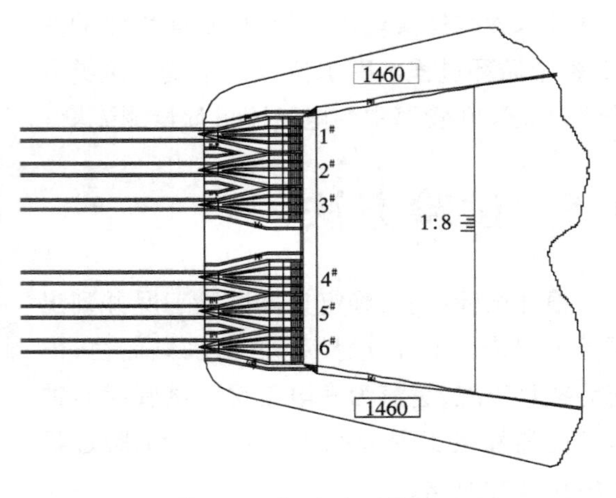

图4-5 进/出水口编号

表4-3 试验工况及测试内容

工况	各进/出水口机组运行台数	进/出水口					引水明渠		备注
		水头损失	流速分布	流量分配	流态	漩涡	流速分布	环流及流态	
发电工况	1# ~ 6# 双机运行	√	√	√	√	√	√	√	单机流量 76.9 m^3/s
	1# ~ 6# 单机运行	√	√	√	√	√	√	√	
	1#和3#单机、2#和5#双机、4#和6#停机	√	√	√	√	√	√	√	
抽水工况	1# ~ 6# 双机运行	√	√	√	√		√	√	单机流量 71.4 m^3/s
	1# ~ 6# 单机运行	√	√	√	√		√	√	
	1#和3#单机、2#和5#双机、4#和6#停机	√	√	√	√		√	√	
加大流量漩涡观测	发电工况,1# ~ 6# 均双机运行,加大流量(1.5 ~ 2.5倍)					√			单机流量 80.7 m^3/s

4.6.1 进/出水口的水头损失

进/出水口的水头损失的测试段自进/出水口前缘至事故闸门井下游侧渐变段,依次为进/出水口前缘、防涡梁段、拦污栅、调整段、扩散段、渐变段Ⅰ、隧洞段、渐变段Ⅱ、闸门井、渐变段Ⅲ。

试验量测了进/出水口水头损失,同时量测了隧洞段水头损失。进/出水口水头损失是指进/出水口前缘至渐变段Ⅰ末端间的水头损失;隧洞段水头损失是指进/出水口渐变段Ⅰ末端至闸门井渐变段Ⅲ末端间的水头损失。图4-6为测压孔布置,图中D为隧洞直径。

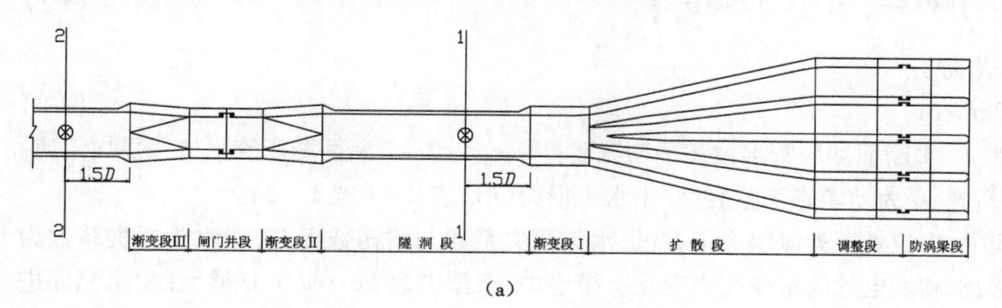

(a)

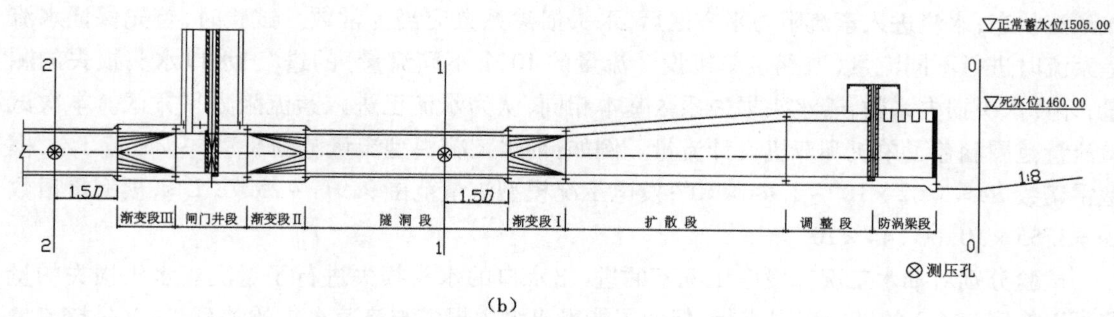

(b)

图4-6　进/出水口水头损失测压孔布置

(a)平面图　(b)剖面图

1.进/出水口水头损失

进/出水口水头损失通过测量库水位和设在距渐变段Ⅰ末端(靠隧洞侧)1.5D处(1-1断面)的测压管水位以及相应的过流流量后经计算推求。

抽水工况水头损失:

$$h_{1-0}=\nabla_1+\alpha v^2/2g-\nabla_0 \tag{4-3}$$

发电工况水头损失:

$$h_{0-1}=\nabla_0-\nabla_1-\alpha c^2/2g \tag{4-4}$$

水头损失系数:

$$\xi=2gh_f/\alpha v^2 \tag{4-5}$$

式中:ξ为水头损失系数;h_f为水头损失(f代表1-0或0-1);∇_0为库水位测压管水位;∇_1为隧洞断面测压管水位;v为隧洞平均流速;α为动能修正系数。

2.隧洞段水头损失

隧洞段水头损失通过测量进/出水口渐变段Ⅰ末端1.5D处(1-1断面)和闸门井渐变段Ⅲ末端1.5D处(2-2断面)的测压管水位以及相应的过流流量后经计算推求。

抽水工况水头损失:

$$h_{2-1}=\left(\nabla_2+\frac{\alpha_2 v_2^2}{2g}\right)-\left(\nabla_1+\frac{\alpha_1 v_1^2}{2g}\right) \tag{4-6}$$

发电工况水头损失:

$$h_{1-2}=\left(\nabla_1+\frac{\alpha_1 v_1^2}{2g}\right)-\left(\nabla_2+\frac{\alpha_2 v_2^2}{2g}\right) \quad (4\text{-}7)$$

水头损失系数：

$$\xi=2gh_f/\alpha v^2 \quad (4\text{-}8)$$

式中：∇_1、v_1 为 1－1 断面测压管水位和平均流速；∇_2、v_2 为 2－2 断面测压管水位和平均流速；v 为隧洞平均流速；α 为动能修正系数；h_f 为水头损失（f 代表 2－1 或 1－2）。

实际工程中，水流处于紊流阻力平方区，水头损失系数与雷诺数无关，即水头损失系数为常数，它不随抽水和发电的流量变化而变化。模型中，当雷诺数 $Re=vd/\nu$ 足够大时，水流即进入紊流状态，水流进入紊流阻力平方区后，水头损失系数应当为常数。试验时，首先保证水流呈紊流时进行不同流量（取涵盖单机设计流量的 10 个不同流量）的进/出水口水头损失的测量，计算水头损失系数，若水头损失系数基本相同，认为水流已进入紊流阻力平方区。本次试验流量范围涵盖了单机和双机设计流量。例如：抽水工况模型流量范围 8.96 ～25.77 L/s，模型雷诺数 $Re=5.02\times10^4\sim1.44\times10^5$；发电工况模型流量范围 9.91 ～25.78 L/s，模型雷诺数 $Re=5.55\times10^4\sim1.44\times10^5$。

试验分别对抽水工况和发电工况下的进/出水口的水头损失进行了量测。水头损失的量测可以按照表 4-2 的试验工况进行，但为了能得出水头损失与流速水头的关系，通常是按流量增加或减少的顺序依次测出相应的水头损失。当然，流量变化范围应涵盖单机和双机设计流量。应当指出，水头损失的量测必须认真仔细，因为测压管水位读数的精确程度对水头损失系数影响较大。

发电工况，变化不同流量进行量测，得到进/出水口水头损失和隧洞段水头损失。限于篇幅，这里仅给出进/出水口水头损失的试验结果（表 4-4），并绘制水头损失与流速水头的关系（图 4-7（a））。进/出水口水头损失系数 $\xi=0.21$。

表 4-4　发电工况进/出水口水头损失

进/出水口编号	模型				原型				水头损失系数 ξ
	流量（L / s）	隧洞流速 v(cm/s)	流速水头 $v^2/2g$(cm)	水头损失 h_w(cm)	流量（m^3/s）	隧洞流速 v(m/s)	流速水头 $v^2/2g$(m)	水头损失 h_w(m)	
1#	10.00	31.83	0.52	0.11	72.47	1.88	0.18	0.04	0.22
	13.43	42.75	0.93	0.21	97.33	2.53	0.33	0.07	0.23
	16.15	51.40	1.35	0.28	117.04	3.04	0.47	0.10	0.21
	18.47	58.79	1.76	0.41	133.86	3.48	0.62	0.14	0.23
	20.53	65.35	2.18	0.51	148.79	3.87	0.76	0.18	0.23
	22.40	71.30	2.59	0.56	162.34	4.22	0.91	0.19	0.21
	24.13	76.80	3.01	0.58	174.87	4.55	1.05	0.20	0.19
	25.75	81.95	3.43	0.70	186.62	4.85	1.20	0.24	0.20

续表

进/出水口编号	模型				原型				水头损失系数ξ
	流量(L/s)	隧洞流速v(cm/s)	流速水头$v^2/2g$(cm)	水头损失h_w(cm)	流量(m^3/s)	隧洞流速v(m/s)	流速水头$v^2/2g$(m)	水头损失h_w(m)	
3#	9.91	31.54	0.51	0.10	71.82	1.87	0.18	0.04	0.20
	13.74	43.73	0.98	0.20	99.58	2.59	0.34	0.07	0.21
	15.83	50.40	1.30	0.25	114.72	2.98	0.45	0.09	0.20
	18.46	58.76	1.76	0.33	133.78	3.48	0.62	0.11	0.19
	20.51	65.30	2.18	0.43	148.64	3.87	0.76	0.15	0.20
	22.25	70.82	2.56	0.54	161.25	4.19	0.90	0.19	0.21
	23.67	75.33	2.90	0.60	171.54	4.46	1.01	0.21	0.21
	25.38	80.80	3.33	0.78	183.93	4.78	1.17	0.27	0.23
4#	10.22	32.54	0.54	0.11	74.07	1.93	0.19	0.04	0.20
	13.53	43.06	0.95	0.20	98.05	2.55	0.33	0.07	0.22
	15.96	50.81	1.32	0.28	115.67	3.01	0.46	0.10	0.21
	18.32	58.32	1.74	0.40	132.77	3.45	0.61	0.14	0.23
	20.41	64.97	2.15	0.41	147.92	3.85	0.75	0.14	0.19
	22.19	70.63	2.55	0.55	160.82	4.18	0.89	0.19	0.22
	23.88	76.01	2.95	0.65	173.06	4.50	1.03	0.23	0.22
	25.62	81.56	3.39	0.71	185.67	4.83	1.19	0.25	0.21
6#	10.24	32.58	0.54	0.12	74.21	1.93	0.19	0.04	0.23
	13.40	42.65	0.93	0.21	97.11	2.52	0.32	0.07	0.23
	16.25	51.72	1.36	0.27	117.77	3.06	0.48	0.09	0.19
	18.34	58.39	1.74	0.38	132.91	3.46	0.61	0.13	0.22
	20.43	65.04	2.16	0.42	148.06	3.85	0.76	0.15	0.20
	22.33	71.08	2.58	0.57	161.83	4.21	0.9	0.20	0.22
	24.09	76.69	3.00	0.68	174.59	4.54	1.05	0.24	0.23
	25.78	82.06	3.44	0.79	186.83	4.86	1.20	0.28	0.23
进/出水口水头损失系数平均值									0.21

抽水工况，变化不同流量进行量测，得到进/出水口水头损失和隧洞段水头损失。限于篇幅，这里仅给出进/出水口水头损失的试验结果（试验结果表类似发电工况表4-3，为节省篇幅这里略），并绘制水头损失与流速水头的关系（图4-7(b)）。进/出水口水头损失系数$\xi=0.34$。

试验表明，该进/出水口水头损失系数，抽水工况（出流）为0.34，发电工况（进流）为0.21。表4-5列出了国内曾进行过模型试验的侧式进/出水口水头损失系数，表中主要数据取自文献[12]和[13]。通过比较发现，本工程进/出水口水头损失系数与类似进/出水口水头损失系数基本相近。例如：天荒坪抽水蓄能电站上水库进/出水口水头损失系数，抽水工况（出

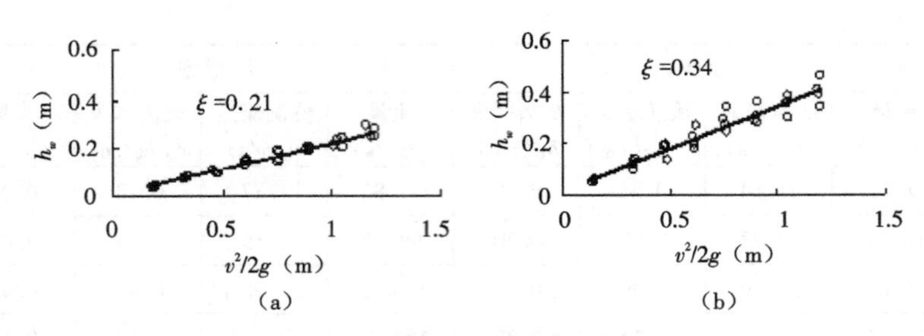

图 4-7　进/出水口水头损失与流速水头关系

(a)发电工况　(b)抽水工况

流)为 0.33,发电工况(进流)为 0.25;板桥峪抽水蓄能电站上水库进/出水口水头损失系数,抽水工况(出流)为 0.341,发电工况(进流)为 0.199;西龙池抽水蓄能电站下水库进/出水口水头损失系数,发电工况(出流)为 0.33,抽水工况(进流)为 0.23。

表 4-5　若干抽水蓄能电站进/出水口水头损失系数

进/出水口位置	电站名称	进/出水口形式	水头损失系数	
			进流	出流
上水库	天荒坪	侧式	0.25	0.33
	宜兴	侧式	0.184	0.476
	板桥峪	侧式	0.199	0.341
	沙河	侧式	0.184	0.419
	宝泉	侧式	0.21	0.33
	本项目	侧式	0.21	0.34
下水库	十三陵	侧式	0.26	0.33
	天荒坪	侧式	0.31	0.43
	宜兴	侧式	0.15	0.43
	西龙池	侧式	0.23	0.33
	丰宁	侧式	0.19	0.28

4.6.2　进/出水口流速分布

在拦污栅槽断面量测进/出水口断面流速分布。流速测点是在各分孔(例如,1#引水洞对应的1#进/出水口,4 个分孔分别标记为 1－1、1－2、1－3、1－4)拦污栅槽断面沿垂线布置,同一分孔沿左、中、右布置 3 条垂线,以便研究同一分孔流速沿横向的变化(例如,1－1 分孔对应的 3 条垂线分别标记为 1－1 左、1－1 中、1－1 右),如图 4-8(a)所示。各垂线上从分孔底部至顶部设置 6 个测点,各测点的具体位置如图 4-8(b)所示。

进/出水口断面流速分布的量测按照表 4-3 的试验工况进行。发电工况,依次进行了 1#～6#双机运行,1#～6#单机运行,1#和 3#单机、2#和 5#双机、4#和 6#停机等各进/出水口机组组合工

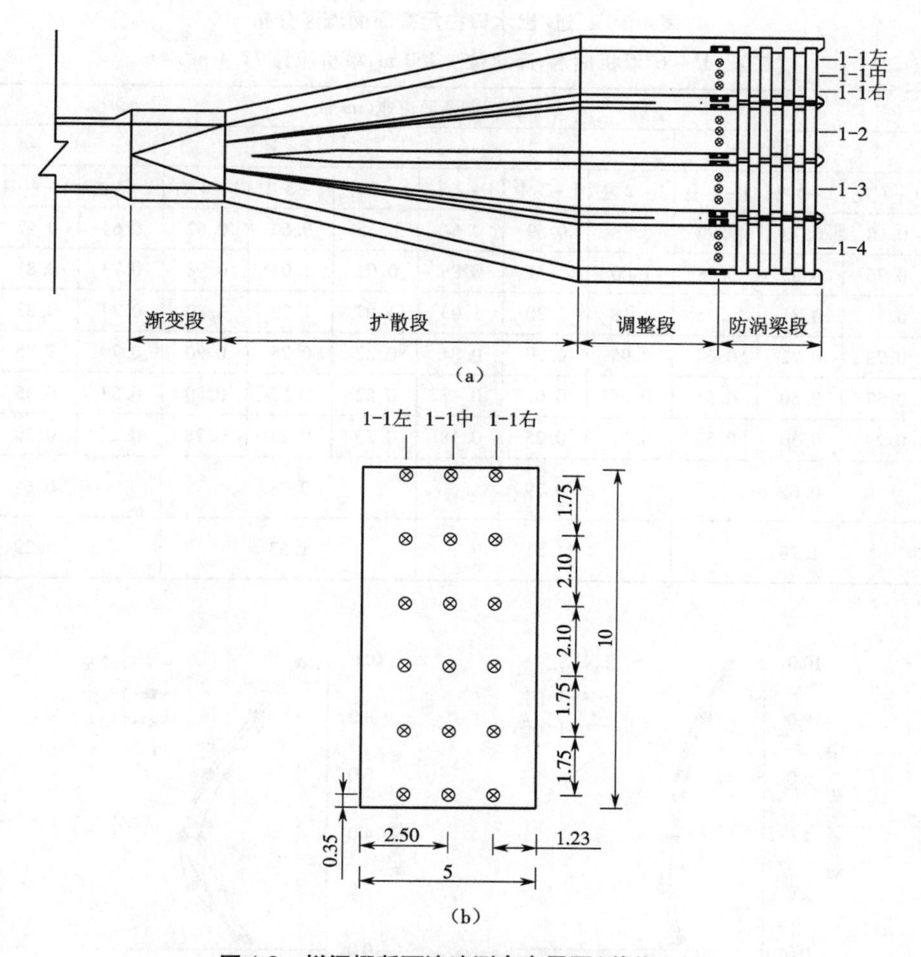

图 4-8　拦污栅断面流速测点布置图(单位 m)

(a)测点平面布置图　(b)各孔道断面测点(竖向为孔高方向,横向为孔宽方向)

况的试验。抽水工况,依次进行了 1# ~6# 双机运行,1# ~6# 单机运行,1# 和 3# 单机、2# 和 5# 双机、4# 和 6# 停机等各进/出水口机组组合工况的试验。

下面以抽水工况双机运行和发电工况双机运行的试验结果为例进行说明,其余工况试验结果的分析与此相同。

4.6.2.1　抽水工况双机运行

表 4-6 为 1# 进/出水口双机抽水工况下进/出水口流速测量结果,图 4-9 为相应进/出水口各分孔的断面流速分布。其余 2# ~6# 进/出水口流速测量结果和各分孔的断面流速分布与之类似,这里不再赘述。

表 4-6 1#进/出水口拦污栅断面流速分布

(工况:1# ~6#双机抽水,库水位 1 460 m,单机流量 71.4 m^3/s)

测点距底板高度(m)	拦污栅断面流速(m/s)											
	1-1			1-2			1-3			1-4		
	1-1左	1-1中	1-1右	1-2左	1-2中	1-2右	1-3左	1-3中	1-3右	1-4左	1-4中	1-4右
0.35	0.68	0.73	0.72	0.73	0.69	0.64	0.55	0.60	0.62	0.64	0.67	0.66
2.10	0.76	0.83	0.78	1.00	1.11	0.86	0.92	1.04	0.98	0.73	0.81	0.77
3.85	0.75	0.81	0.75	1.18	1.20	1.03	1.07	1.23	1.20	0.74	0.83	0.82
5.95	0.73	0.72	0.64	0.95	0.99	0.84	0.82	0.96	0.90	0.70	0.75	0.69
8.05	0.57	0.50	0.51	0.56	0.62	0.47	0.52	0.57	0.50	0.53	0.55	0.50
9.80	0.29	0.30	0.32	0.21	0.25	0.18	0.29	0.28	0.28	0.26	0.30	0.22
加权平均值	0.65			0.79			0.78			0.64		
流速不均匀系数	1.28			1.51			1.57			1.29		

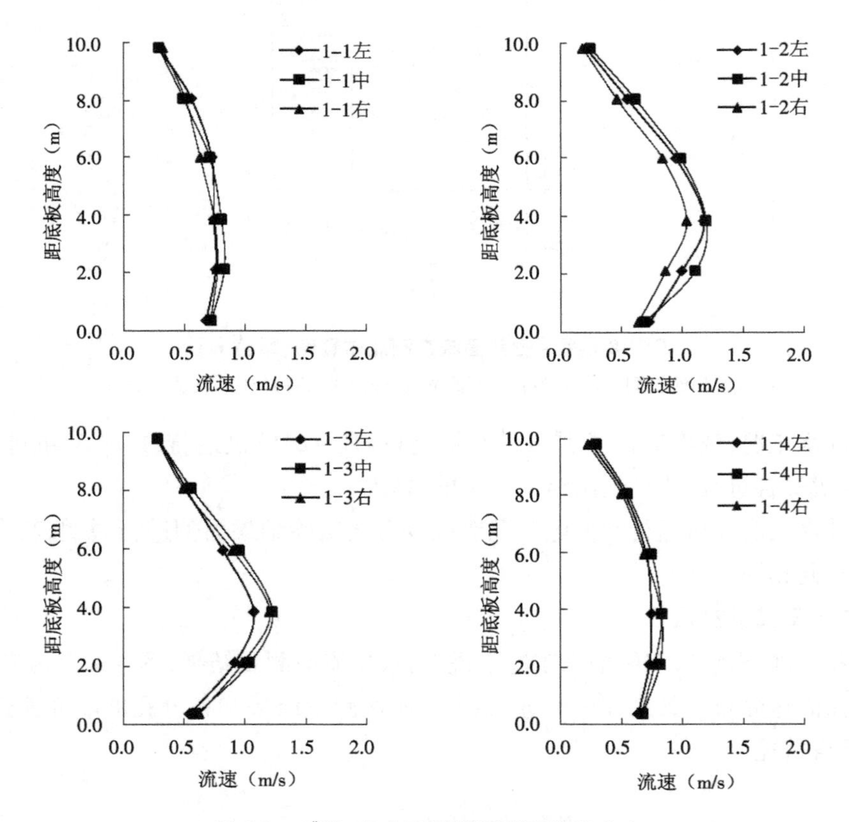

图 4-9 1#进/出水口拦污栅断面流速分布

(工况:1# ~6#双机抽水,库水位 1 460 m,单机流量 71.4 m^3/s)

试验结果表明,进/出水口出流时,各分孔流速分布较均匀,各分孔平均流速 0.64 ~

0.79 m/s(各分孔平均流速理想值0.71 m/s),最大流速1.23 m/s,各分孔流速不均匀系数(过栅最大流速与过栅平均流速的比值)1.28～1.57。同一分孔左、中、右三垂线上流速分布基本相同。

4.6.2.2 发电工况双机运行

表4-7为1#进/出水口双机发电工况下进/出水口流速测量结果,图4-10为相应进/出水口各分孔的断面流速分布。其余2#～6#进/出水口流速测量结果和各分孔的断面流速分布与之类似,这里不再赘述。

表4-7 1#进/出水口拦污栅断面流速分布

(工况:1#～6#双机发电,库水位1 460 m,单机流量76.9 m^3/s)

测点距底板高度(m)	拦污栅断面流速(m/s)											
	1-1			1-2			1-3			1-4		
	1-1左	1-1中	1-1右	1-2左	1-2中	1-2右	1-3左	1-3中	1-3右	1-4左	1-4中	1-4右
0.35	1.09	0.89	0.79	0.79	0.67	0.49	0.93	0.55	0.38	1.02	0.68	0.68
2.10	1.15	0.92	0.82	0.92	0.75	0.64	1.04	0.74	0.59	1.15	0.93	0.84
3.85	1.20	0.96	0.86	1.04	0.87	0.74	1.11	0.98	0.94	1.26	1.17	0.98
5.95	1.08	0.94	0.99	0.79	0.66	0.71	0.86	0.72	0.83	1.13	1.02	0.83
8.05	0.56	0.71	0.79	0.37	0.35	0.47	0.30	0.37	0.38	0.79	0.68	0.62
9.80	0.31	0.19	0.20	0.22	0.17	0.20	0.10	0.21	0.09	0.20	0.23	0.08
加权平均值	0.85			0.64			0.66			0.85		
流速不均匀系数	1.41			1.63			1.67			1.49		

试验结果表明,进/出水口进流时,各分孔流速分布较均匀,各分孔平均流速0.64～0.85 m/s(各分孔平均流速理想值应为0.77 m/s),最大流速1.26 m/s,各分孔流速不均匀系数(过栅最大流速与过栅平均流速的比值)1.41～1.67。同一分孔左、中、右三垂线上流速分布基本相同。

4.6.3 进/出水口流量分配

进/出水口流量分配按照表4-3的试验工况进行。发电工况,依次进行了1#～6#双机运行,1#～6#单机运行,1#和3#单机、2#和5#双机、4#和6#停机等各进/出水口机组组合工况的试验。抽水工况,依次进行了1#～6#双机运行,1#～6#单机运行,1#和3#单机、2#和5#双机、4#和6#停机等各进/出水口机组组合工况的试验。

下面以抽水工况双机运行和发电工况双机运行的试验结果为例进行说明,其余工况试验结果的分析与此相同。

4.6.3.1 抽水工况双机运行

根据实测各分孔垂线流速分布,计算各分孔流量。试验结果表明,死水位1 460 m,抽水工

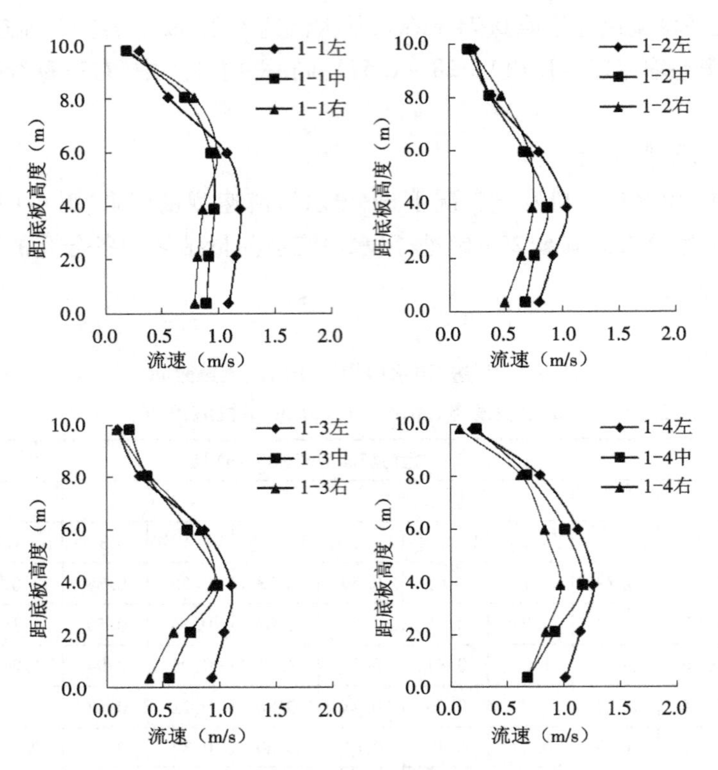

图 4-10　1#进/出水口拦污栅断面流速分布
（工况：1# ~6#双机发电，库水位 1 460 m，单机流量 76.9 m^3/s）

况双机运行，各分孔流量分配在 21.91% ~27.85% 之间（理想分流比 25%），中间分孔流量略大于两侧分孔流量，详见表 4-8 和图 4-11。

表 4-8　进/出水口流量分配（双机抽水，库水位 1 460 m，单机流量 71.4 m^3/s）

1#进/出水口(%)		2#进/出水口(%)		3#进/出水口(%)		4#进/出水口(%)		5#进/出水口(%)		6#进/出水口(%)	
1-1	22.69	2-1	22.83	3-1	22.92	4-1	23.05	5-1	22.37	6-1	23.09
1-2	27.57	2-2	27.85	3-2	26.60	4-2	27.82	5-2	27.62	6-2	26.96
1-3	27.30	2-3	27.24	3-3	27.38	4-3	27.22	5-3	27.58	6-3	27.67
1-4	22.44	2-4	22.08	3-4	23.10	4-4	21.91	5-4	22.43	6-4	22.27

4.6.3.2　发电工况双机运行

根据实测各分孔垂线流速分布，计算各分孔流量。试验结果表明，死水位 1 460 m，发电工况双机运行，各分孔流量分配在 21.00% ~28.47% 之间（理想分流比 25%），中间分孔流量略小于两侧分孔流量，详见表 4-9 和图 4-12。

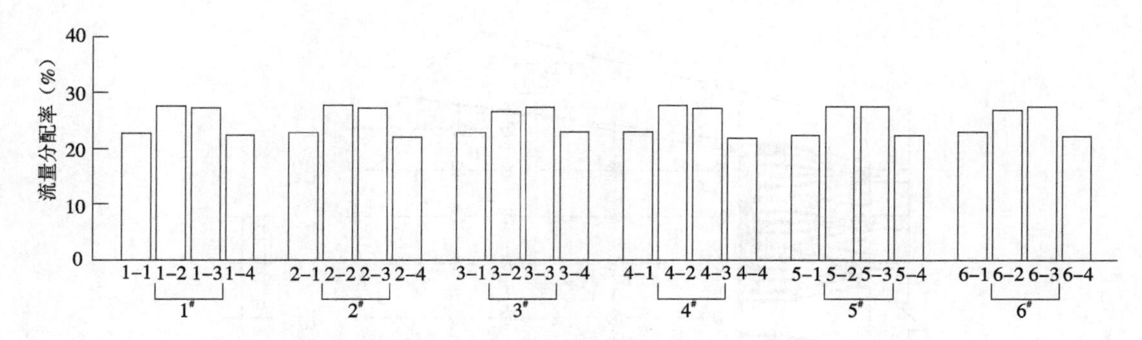

图4-11　进/出水口流量分配（双机抽水，库水位1 460 m，单机流量71.4 m^3/s）

表4-9　进/出水口流量分配（双机发电，库水位1 460 m，单机流量76.9 m^3/s）

1#进/出水口（%）		2#进/出水口（%）		3#进/出水口（%）		4#进/出水口（%）		5#进/出水口（%）		6#进/出水口（%）	
1－1	28.32	2－1	27.84	3－1	27.08	4－1	27.49	5－1	26.49	6－1	28.04
1－2	21.25	2－2	21.26	3－2	22.58	4－2	22.45	5－2	22.10	6－2	21.00
1－3	22.14	2－3	22.63	3－3	23.57	4－3	23.17	5－3	22.95	6－3	22.92
1－4	28.29	2－4	28.27	3－4	26.77	4－4	26.89	5－4	28.47	6－4	28.04

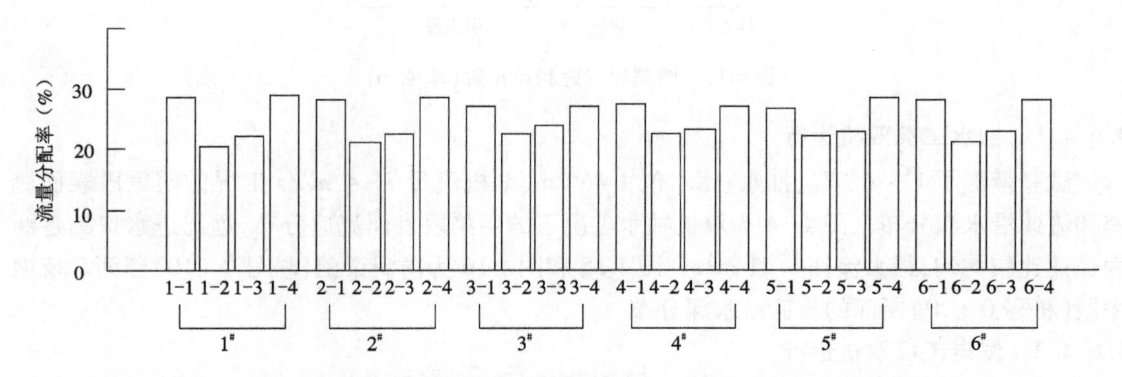

图4-12　进/出水口流量分配（双机发电，库水位1 460 m，单机流量76.9 m^3/s）

4.6.4　明渠段流速分布

明渠段沿发电水流方向依次为引渠段、反坡段、连接段。明渠段207 m，其中连接段10 m、反坡段104 m、引渠段93 m。明渠段流速测点布置如图4-13所示。

明渠段流速分布按照表4-3的试验工况进行。发电工况，依次进行了1#～6#双机运行，1#～6#单机运行，1#和3#单机、2#和5#双机、4#和6#停机等各进/出水口机组组合工况的试验。抽水工况，依次进行了1#～6#双机运行，1#～6#单机运行，1#和3#单机、2#和5#双机、4#和6#停机等各进/出水口机组组合工况的试验。

下面以抽水工况双机运行和发电工况双机运行的试验结果为例进行说明，其余工况试验结果的分析与此相同。

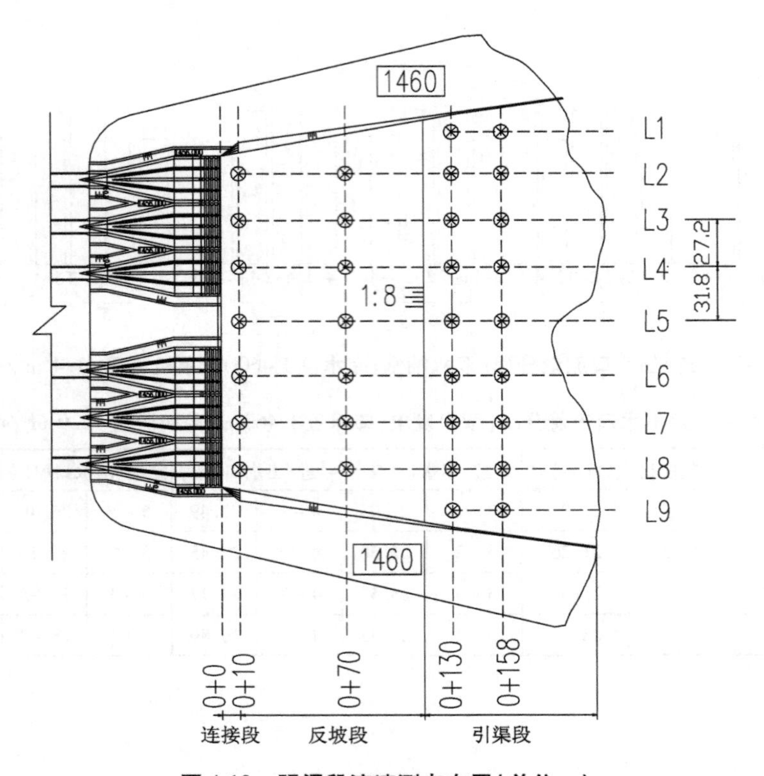

图 4-13 明渠段流速测点布置(单位 m)

4.6.4.1 **抽水工况双机运行**

试验量测了 1# ~6#双机抽水、库水位 1 460 m、单机流量 71.4 m^3/s 工况的明渠段表面流速和流速沿水深分布。图 4-14 为双机抽水工况下的明渠段表面流速分布,远离进水口的各断面流速比较均匀,最大流速 1.21 m/s。图 4-15 和图 4-16 为防涡梁前(桩号 0+10)断面和反坡中段(桩号 0+70)断面的流速沿水深分布。

4.6.4.2 **发电工况双机运行**

试验量测了 1# ~6#双机发电、库水位 1 460 m、单机流量 76.9 m^3/s 工况的明渠段表面流速和流速沿水深分布。图 4-17 为双机发电工况下的明渠段表面流速分布,远离进水口的各断面流速比较均匀,最大流速 1.81 m/s,最小流速 -0.36 m/s。在死水位、1# ~6#双机发电工况下,进/出水口前缘左右两岸各形成一范围较大的环流区域,环流范围至进/出水口前约 80 m,如图 4-18 所示。图 4-19 和图 4-20 为防涡梁前(桩号 0+10)断面和反坡中段(桩号 0+70)断面的流速沿水深分布。

4.6.5 进水口漩涡

4.6.5.1 **漩涡分类**

根据漩涡发展程度,自由表面漩涡可分为若干类型。目前,工程上大多采用美国麻省沃森斯特(Worcester)综合研究所阿登(Alden)实验室的分类法,将漩涡分为 6 种类型(表 4-10)。

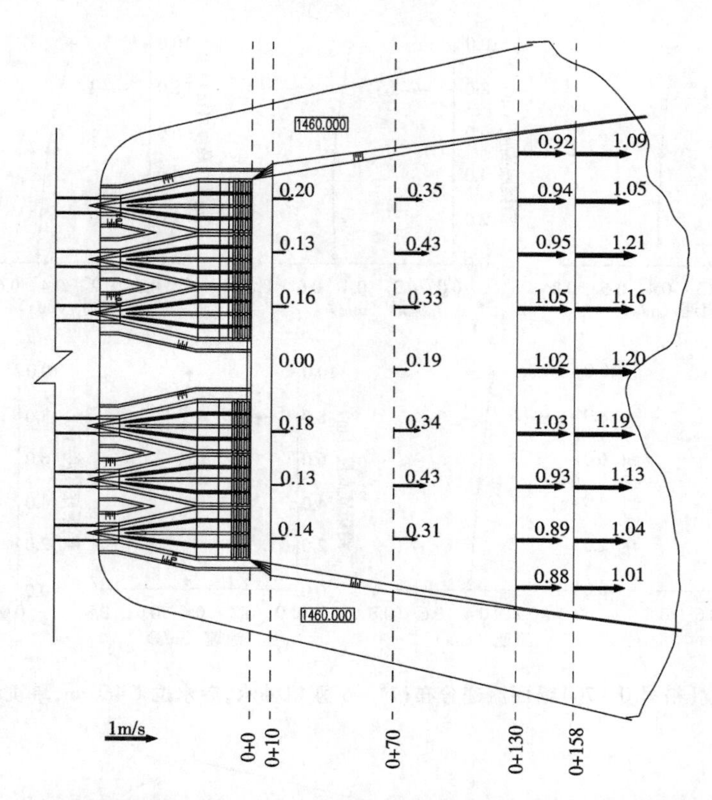

图4-14 明渠段表面流速分布(1# ~6#双机抽水,库水位1 460 m,单机流量71.4 m^3/s)

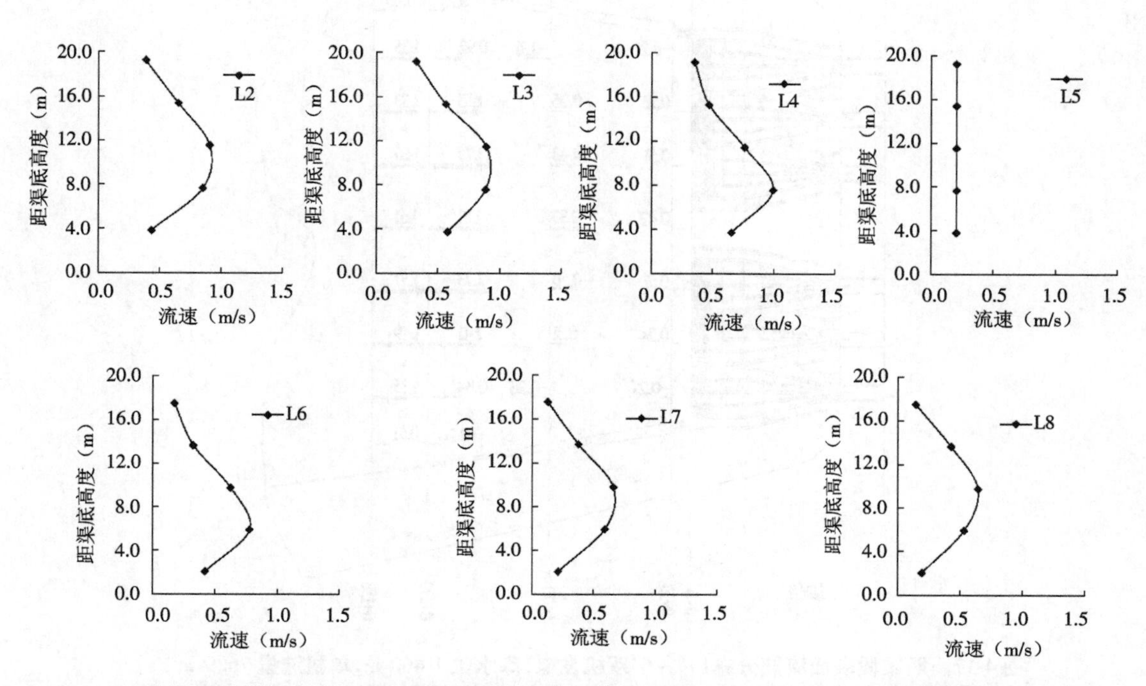

图4-15 防涡梁前(桩号0+10)断面流速分布(1# ~6#双机抽水,库水位1 460 m,单机流量71.4 m^3/s)

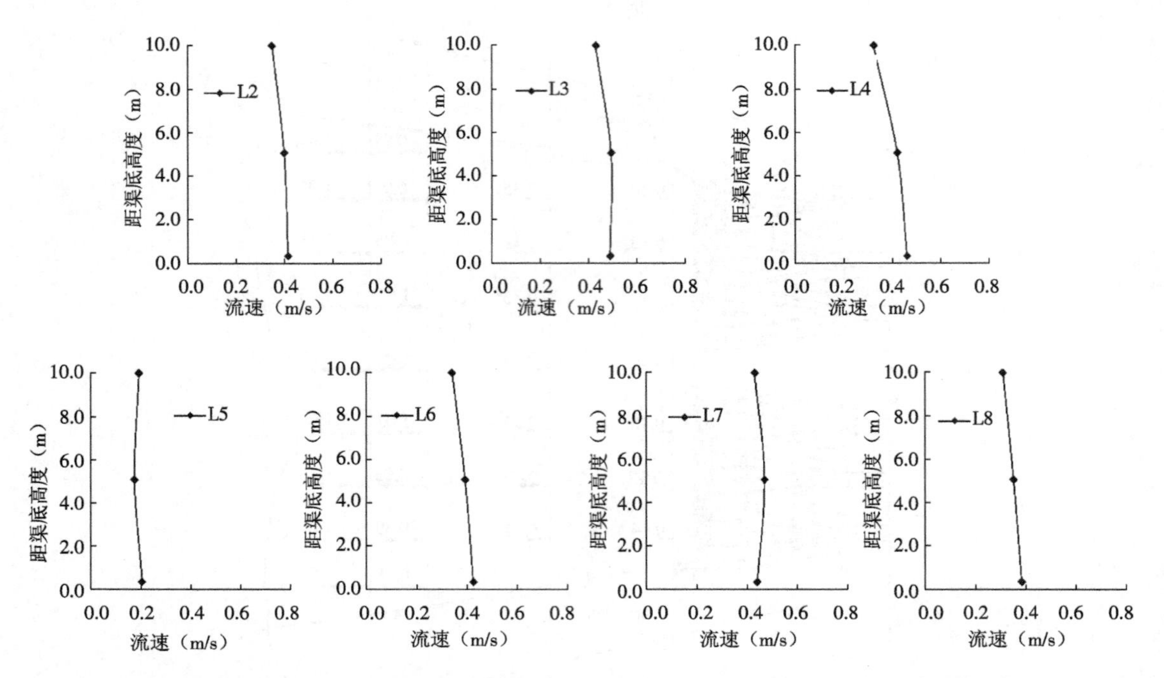

图 4-16 反坡中段(桩号 0 + 70)断面流速分布($1^{\#}\sim6^{\#}$双机抽水,库水位 1 460 m,单机流量 71.4 m^3/s)

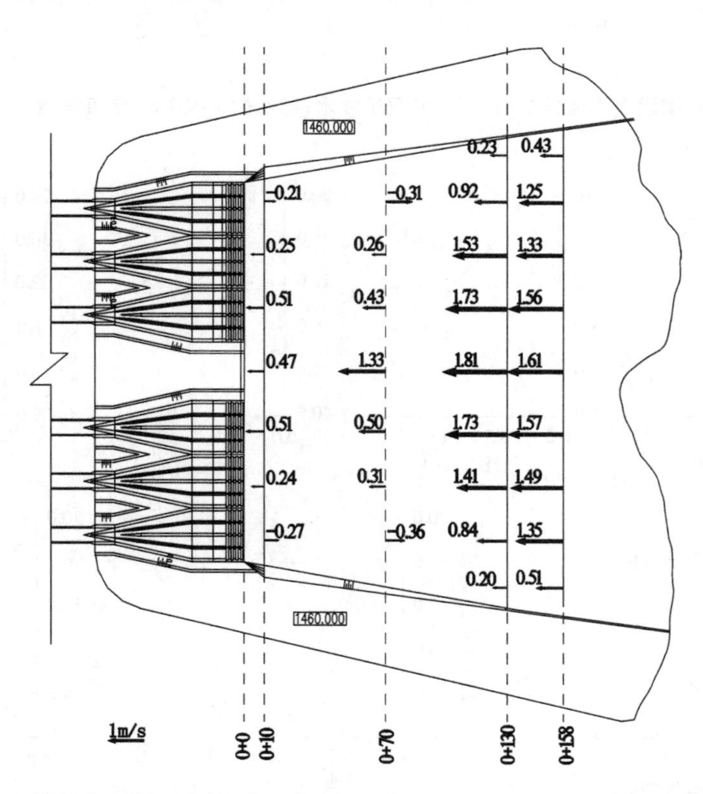

图 4-17 明渠段表面流速分布($1^{\#}\sim6^{\#}$双机发电,库水位 1 460 m,单机流量 76.9 m^3/s)

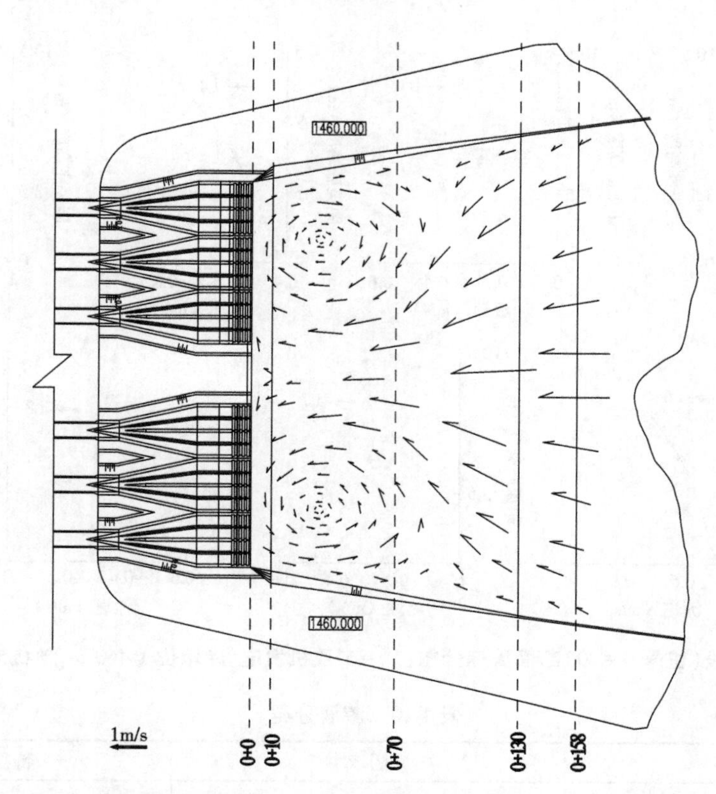

图 4-18　进/出水口前水面流态（1# ~6#双机发电，库水位 1 460 m，单机流量 76.9 m³/s）

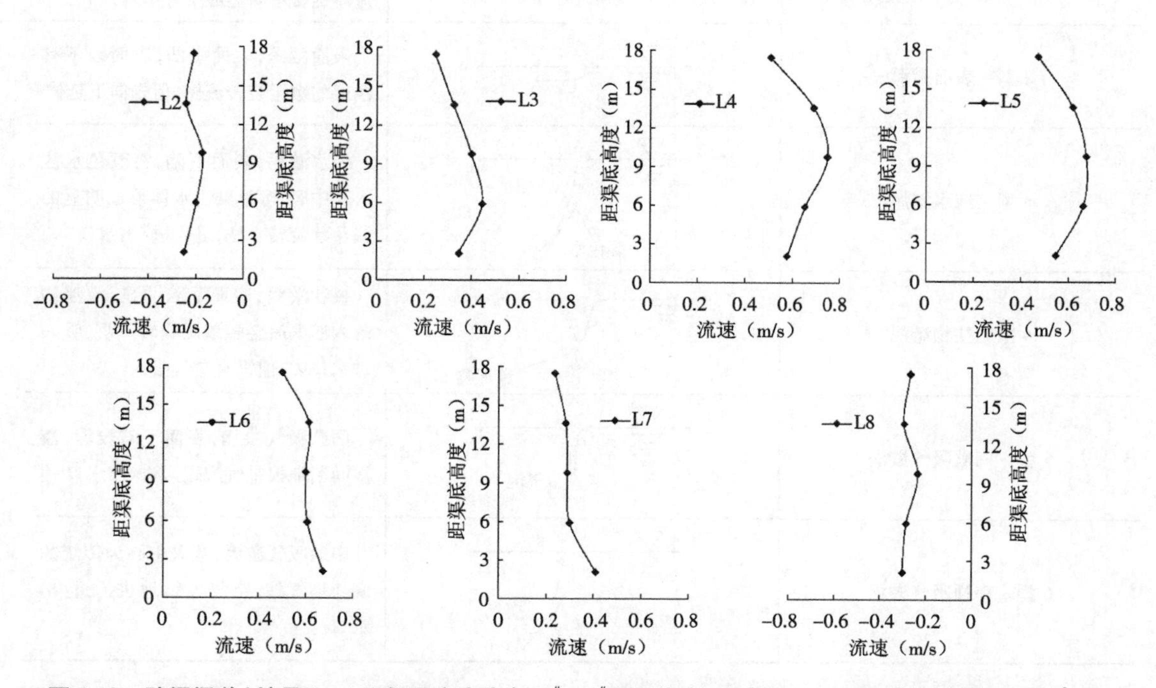

图 4-19　防涡梁前（桩号 0+10）断面流速分布（1# ~6#双机发电，库水位 1 460 m，单机流量 76.9 m³/s）

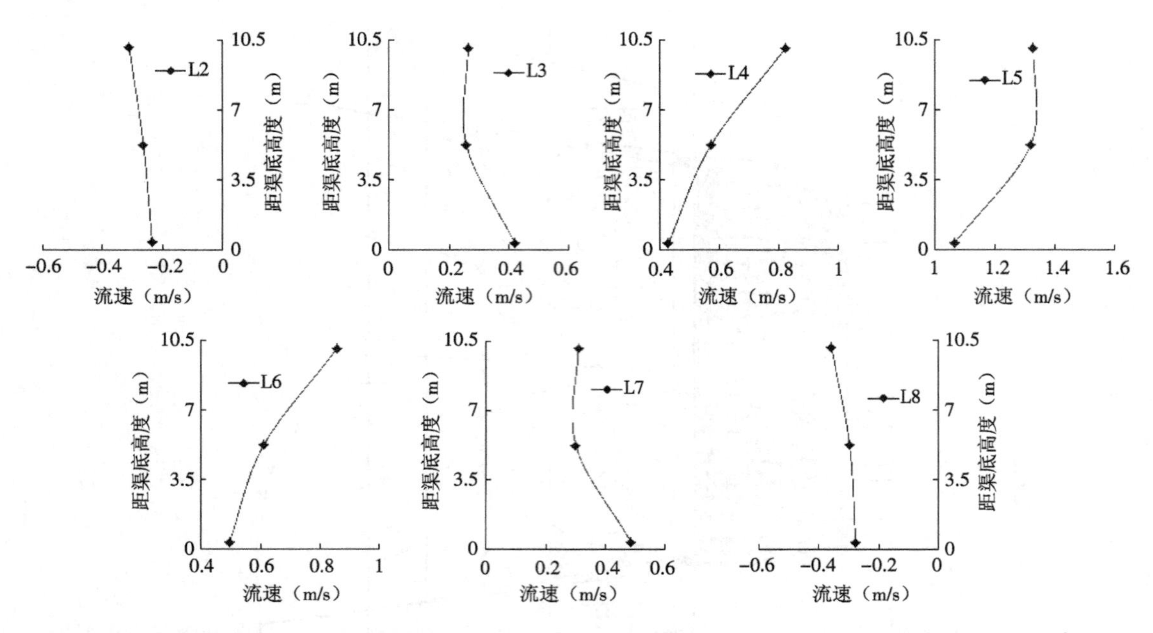

图 4-20 反坡中段(桩号 0+70)断面流速分布($1^{\#}$ ~ $6^{\#}$双机发电,库水位 1 460 m,单机流量 76.9 m^3/s)

表 4-10 漩涡分类

类型	图示	特征描述
1 型 - 表面涡纹		表面涡纹,表面不下凹,表面以下流体旋转不明显或十分微弱
2 型 - 表面微涡		表面微涡,表面微凹,表面以下有浅层的缓慢旋转流体,但未向下延伸
3 型 - 纯水漩涡	颜色水	纯水漩涡,表面下陷,将颜色水注入其中时,可见染色水体形成明显的漏斗状旋转水柱,进入进/出水口
4 型 - 挟物漩涡	漂浮物	挟物漩涡,表面下陷明显,漂浮物落入漩涡后会随漩涡旋转下沉,吸入进水口内,但没有空气吸入
5 型 - 间歇吸气漩涡	气泡	间歇吸气漩涡,表面下陷较深,漩涡间断地挟带气泡进入进/出水口
6 型 - 串通吸气漩涡	空气	串通吸气漩涡,漩涡中心为传统的漏斗形气柱,空气连续地进入进/出水口

表中各类漩涡的影响是不同的。1 型和 2 型近于无漩涡,不会引起危害,是允许存在的;3

型和4型称为弱漩涡，它对机组和建筑物会产生一定作用，但一般危害不严重，实际中应尽量避免出现；5型和6型属于强漩涡，电站进水口是不允许出现的，否则将产生较严重的后果。

4.6.5.2　进水口漩涡经验判别

Gordon J L[9]根据29个水电站进水口的原型观测资料分析结果认为，在一定的边界条件下，漩涡的形成与进口的流速、尺寸和淹没深度有关，即与弗劳德数 Fr 有关，建议不出现吸气漩涡的临界淹没深度 s_c 按下式确定：

$$s_c = Cvd^{1/2} \tag{4-9}$$

式中：s_c 为从孔口顶部计算的临界淹没深度；d 为孔口高度；v 为孔口流速；C 为系数，对称进水时取0.55，不对称进水时取0.73。

该进/出水口的孔口临界淹没深度 $s_c = Cvd^{1/2} = 0.55 \times 3.29 \times 7^{1/2} = 4.79$ m。该进/出水口，正常水位1 505 m时孔口中心淹没深度56 m，死水位1 460 m时孔口中心淹没深度11 m，均大于孔口临界淹没深度4.79 m。因此，进水口将不会产生有害的吸气漩涡。

Pennino B J等[14]总结了13个侧式和井式进水口的模型试验成果，将试验资料表示为相对淹没深度 s/d 与 Fr 的关系，认为当满足式(4-10)时，有害漩涡出现的可能性不大。

$$Fr = v/\sqrt{gs} < 0.23, s/d > 0.5 \tag{4-10}$$

式中：s 为进水口中心线以上的淹没深度；v 为进口流速；g 为重力加速度；d 为孔口实际高度。

按式(4-10)，进/出水口是否产生有害漩涡的判别列于表4-11。例如，死水位1 460 m，双机抽水流量 2×80.7 m^3/s，进水口面积 $4 \times (10\ \text{m} \times 5\ \text{m})$，孔口平均流速 $v = 1.009$ m/s，孔口高度10 m，孔口中心淹没深度 $s = 11$ m，则模型 $Fr = 0.078 < 0.23$，$s/d = 1.1 > 0.5$。因此，有害漩涡出现的可能性不大。

上述两种经验判别方法表明，该进/出水口不会产生有害漩涡。对这一判别要通过模拟试验来进一步验证。

表4-11　进水口进流漩涡判别

流量 Q(双机)(m^3/s)	孔口平均流速 v(m/s)	孔口高度 d(m)	库水位 ∇(m)	孔口中心淹没深度 s(m)	Fr	s/d	有无有害漩涡
2×80.7	1.009	10	正常水位1 505	56	0.035<0.23	5.6>0.5	无
			死水位1 460	11	0.078<0.23	1.1>0.5	无

4.6.5.3　进水口漩涡模拟试验

试验观察了进/出水口双机发电时，在死水位各流量条件下，水面漩涡的发生和发展情况。

在4.4模型设计与制作的“漩涡模拟”一节计算了模型雷诺数 Re 和韦伯数 We(表4-2)。当 Re 及 We 不满足相应临界值的要求时，为消除模型缩尺因素的影响，试验时可用加大流量的办法对漩涡运动进行补充观察。由表4-2可知，本模型死水位时加大1.5倍流量，Re 及 We 均满足相应临界值的要求。

死水位1 460 m，双机发电运行(额定流量 2×80.7 m^3/s)，在某些进水口拦污栅水面产生表面微涡;将流量增至1.5倍额定流量(流量1.5×2×80.7 m^3/s),在某些进水口拦污栅水面产生挟物漩涡。漩涡描述详见表4-12。因此,根据表4-11并结合试验观测结果,当死水位双机发电运行时,进/出水口可能产生有害漩涡。

此外,试验还进行了自死水位1 460.0 m逐渐升高水位,观察各流量条件下水面漩涡的情况。随着水位的升高,进水口拦污栅水面的漩涡逐渐变弱。当水位升至1 461.0 m双机发电(额定流量2×80.7 m^3/s)时只产生表面涡纹,将流量增至1.5倍额定流量(流量1.5×2×80.7 m^3/s)时只产生表面微涡。当水位升至1 462.0 m时,各流量条件下均未产生漩涡。因此,根据表4-11并结合试验观测结果,当水位升至1 461.0 m及以上,双机发电运行,进/出水口将不产生有害漩涡。

表4-12 进/出水口双机发电漩涡试验描述

特征水位	流量(m^3/s)	漩涡描述
死水位(1 460 m)	额定流量(2×80.7)	1#进/出水口的1-1分孔,2#进/出水口的4个分孔,5#进/出水口的4个分孔,6#进/出水口的6-1分孔,进水口拦污栅断面处水面产生表面微涡;1#进/出水口的1-2、1-3、1-4分孔,3#进/出水口的3-1分孔,4#进/出水口的4-4分孔,6#进/出水口的6-2、6-3、6-4分孔,进水口拦污栅断面处水面产生表面涡纹;其余各分孔未产生漩涡
	1.5倍额定流量(1.5×2×80.7)	1#进/出水口的1-1分孔,2#进/出水口的2-1、2-2、2-3分孔,5#进/出水口的5-1、5-3、5-4分孔,6#进/出水口的6-4分孔,拦污栅断面处水面产生挟物漩涡;1#进/出水口的1-2、1-3、1-4分孔,2#进/出水口的2-4分孔,5#进/出水口的5-2分孔,6#进/出水口的6-1、6-2、6-3分孔,拦污栅断面处水面产生纯水漩涡;3#进/出水口的3-1、3-2分孔,4#进/出水口的4-3、4-4分孔,拦污栅断面处水面产生表面微涡;其余各分孔拦污栅断面处产生表面涡纹

4.6.6 体型优化研究

针对进/出水口设计方案进行试验后,分析试验成果,发现存在的问题,进行针对性的优化并进行试验,直至提出符合要求的进/出水口体型。

一般来说,对于侧式进/出水口,应根据试验结果暴露的问题,在调整段、扩散段和渐变段等部分进行优化。对于竖井式进/出水口,应在分流孔、扩散段、竖直段、弯道段和渐变段等部分进行优化。

在体型优化阶段,通常采用数值模拟手段和试验手段相结合的方法,即先进行数值模拟优化体型,再进行试验。或者,在进行进/出水口设计方案试验研究之前,首先进行数值模拟研究,若发现问题即进行优化,以数值模拟手段得出符合要求的进/出水口体型,最后进行试验研究。

本次试验表明,当死水位双机发电运行时,上述设计方案的进/出水口前库区有两个较大范围的环流区域,进/出水口可能产生有害漩涡。为解决这些问题,需要对设计方案进行优化。

为解决进出/水口前两个较大环流和拦污栅断面处有害漩涡等问题,优化方案1将第4防涡梁与拦污栅槽中心线间距由 1.9 m 减小至 1.05 m,并将明渠段扩宽,漩涡情况得到改善,但进/出水口前仍有较大范围环流。优化方案 2 在优化方案 1 的基础上,试验将 1 457 m 平台保留宽 5 m 坎,坎后高程降低至 1 454 m,漩涡和环流较原设计方案都得到明显改善。试验将优化方案 2 作为推荐方案,进行详细研究。

针对优化后的进出水口体型,进行了系统全面的试验研究,包括抽水工况、发电工况、死水位、正常蓄水位等的组合工况,试验项目与上述设计方案相同,这里不再赘述。

4.6.7 试验成果总结

在完成各项试验内容后,应对试验进行归纳总结,得出结论性的成果并提出建议。针对该进/出水口,通过对原设计方案进行优化,分析试验成果得出以下结论。

1. 进/出水口水头损失

该上水库进/出水口出流时(抽水工况)的水头损失系数为 0.34,进流时(发电工况)的水头损失系数为 0.21。

2. 进/出水口流速分布

抽水工况、死水位、进/出水口各分孔出流流速分布较均匀,双机运行时各分孔平均流速 0.63 ~0.81 m/s,最大流速为 1.25 m/s,各分孔流速不均匀系数为 1.21 ~1.60,单机运行时各分孔平均流速 0.31 ~0.40 m/s,最大流速为 0.61 m/s,各分孔流速不均匀系数为 1.20 ~1.54。同一分孔左、中、右三垂线上流速分布基本相同。不同机组组合运行、同一分孔的垂线流速分布基本相同,说明进/出水口间基本没有影响。正常蓄水位、进/出水口各分孔出流流速分布较均匀,双机运行时各分孔平均流速 0.49 ~0.62 m/s,最大流速为 0.89 m/s,各分孔流速不均匀系数为 1.17 ~1.50,单机运行时各分孔平均流速 0.27 ~0.34 m/s,最大流速为 0.47 m/s,各分孔流速不均匀系数为 1.16 ~1.43。同一分孔左、中、右三垂线上流速分布基本相同。

发电工况、死水位、进/出水口各分孔进流流速分布较均匀,双机运行时各分孔平均流速 0.66 ~0.88 m/s,最大流速为 1.12 m/s,各分孔流速不均匀系数为 1.18 ~1.35,单机运行时各分孔平均流速 0.35 ~0.45 m/s,最大流速为 0.59 m/s,各分孔流速不均匀系数为 1.16 ~1.36。同一分孔左、中、右三垂线上流速分布基本相同。不同机组组合运行、同一分孔的垂线流速分布基本相同,说明进/出水口间基本没有影响。正常蓄水位、进/出水口各分孔进流流速分布较均匀,双机运行时各分孔平均流速 0.63 ~0.82 m/s,最大流速为 1.02 m/s,各分孔流速不均匀系数为 1.19 ~1.29,单机运行时各分孔平均流速 0.32 ~0.43 m/s,最大流速为 0.53 m/s,各分孔流速不均匀系数为 1.16 ~1.25。同一分孔左、中、右三垂线上流速分布基本相同。

3. 各分孔流量分配

不同抽水工况,死水位各分孔流量分配在 21.93% ~27.83% 之间,正常蓄水位各分孔流量分配在 22.21% ~27.51% 之间,中间分孔流量略大于两侧分孔流量。

不同发电工况,死水位各分孔流量分配在 21.71% ~28.34% 之间,正常蓄水位各分孔流量分配在 21.86% ~28.31% 之间,中间分孔流量略小于两侧分孔流量。

4. 进/出水口与明渠流态

原设计方案,死水位 1# ~6# 设计流量双机发电时,进/出水口前出现两个较大范围的环流;

将流量增至1.5倍流量时，在某些进水口拦污栅水面产生有害漩涡。优化方案，将第4防涡梁与拦污栅槽中心线间距由1.9 m减至1.05 m，并将明渠段扩宽，将1 457 m平台保留宽5 m坎，坎后高程降低至1 454 m，死水位下1#～6#以设计流量双机发电时，进/出水口前水流平稳，无明显环流出现，流态较好；将流量增至1.5倍流量时，未出现有害漩涡。

5. 综述

优化方案，进流时，水流均匀进入各分孔，拦污栅处流速分布均匀，且不产生有害漩涡；出流时，各分孔水流均匀扩散，拦污栅处流速分布均匀，孔间流量分配合理，且不产生反向流速；库内水流流态好，水面平稳。

4.7 本章总结

水电站进/出水口具有双向流动的特点，需满足进流和出流的要求，对进/出水口体型要求高，通常需要进行专门的水力模型试验。

(1)进/出水口水头损失是重要的水力指标，试验量测数据对水头损失系数的结果影响很大，因此进行试验时要认真仔细，控制好试验量测误差。

(2)进/出水口各孔口的流速分布和流量分配也是试验关注的重点，各孔口拦污栅断面流速分布应均匀，应避免反向流速，流速不均匀系数尽量小于1.6；各孔口流量分配应尽量均匀，但满足相邻孔口流量相差10%的规范要求在实际中存在一定困难，在进/出水口体型优化方面还应进行专门的研究。

(3)当进水口来流复杂或淹没水深不满足要求时，进水口前可能出现漩涡，甚至出现有害的吸气漩涡，除按经验公式判别外，应通过进水口水力模型试验进行观测。

(4)本章以侧式进/出水口为例对该类水力模型的设计和试验方法进行了介绍，一般来说，侧式进/出水口水力模型可以建在实验室地面无需抬高模型，但对于竖井式进/出水口水力模型，因竖井式进出水口与库底相接，因此必须抬高模型水库，一般抬高2.5～3.0 m即能满足要求。而且，在模型制作上，相对于侧式进/出水口水力模型，竖井式进/出水口水力模型更复杂。

第5章 水电站引水尾水系统模型试验

水电站引水尾水系统主要由进水口、引水隧洞、水轮机、调压室、尾水隧洞、尾水渠等部分组成。水轮机改变负荷时,在一定时间内将在水电站引水尾水系统中引起水流的不恒定流动,即在引水隧洞和尾水隧洞发生惯性力和弹性力作用下的水体弹性振动——水击(水锤)现象,同时在调压室也会产生水面自由振荡。

水电站引水尾水系统模型试验,主要关注水轮机突甩负荷和突增负荷情况下的水击压强以及调压室水面波动幅值等。该类试验不同于水利枢纽水力模型试验、进水口水力模型试验等,由于水击波速很大,不能忽略水的压缩性,此时重力和弹性力同时起主导作用,因此在模型设计上应遵循重力相似准则,同时考虑模型材料的弹性相似。下面以某水电站工程为例,说明该类模型试验的研究方法,包括试验所需资料、研究内容、模型设计与制作、试验方法、试验成果等,最后对该类试验进行总结,指出试验过程中应注意的问题。

5.1 工程概况

某水电站工程,设9台机组,单机单管引水发电,最大工作水头215 m,最小工作水头152 m,额定水头187 m,单机额定引用流量393 m³/s,总引用流量3 537 m³/s。水库校核洪水位817.99 m,水库设计洪水位810.92 m,水库正常蓄水位812.0 m,水库死水位765.0 m。

该水电站引水尾水系统包括进水口、引水隧洞、水轮机、尾水支洞、调压室、尾水隧洞等。水电站进水口为岸塔式,进口底板高程736.0 m,孔口尺寸7 m×11 m(宽×高)。9条引水隧洞洞径均为9.2 m,接9台机组,机组下游尾水支洞150.666 m处设调压室,每3条尾水支洞共用1个直径为33 m的调压室,3个调压室与3条尾水隧洞相接,尾水隧洞内径18 m。引水隧洞钢衬段弹性模量 $E_s=2.06\times10^5$ MPa,引水隧洞混凝土衬砌段、尾水支洞和尾水隧洞的弹性模量 $E_c=2.8\times10^4$ MPa。水轮机按折线关闭规律关闭,关闭时间12 s。图5-1为该水电站引水尾水系统平面布置图。图5-2为引水尾水系统(进水口~2#引水隧洞~2#尾水支洞~1#尾水隧洞)剖面图。图5-3为尾水调压室布置图。

5.2 试验所需资料

进行水电站引水尾水系统模型试验,应深入了解所研究的工程,明确要解决的问题。在此基础上,明确提出模型试验所需资料,通常包括引水尾水系统平面布置图及剖面图、尾水调压室布置图、水轮机开启及关闭方式、特征流量和特征水位等。针对该水电站工程,明确了以下

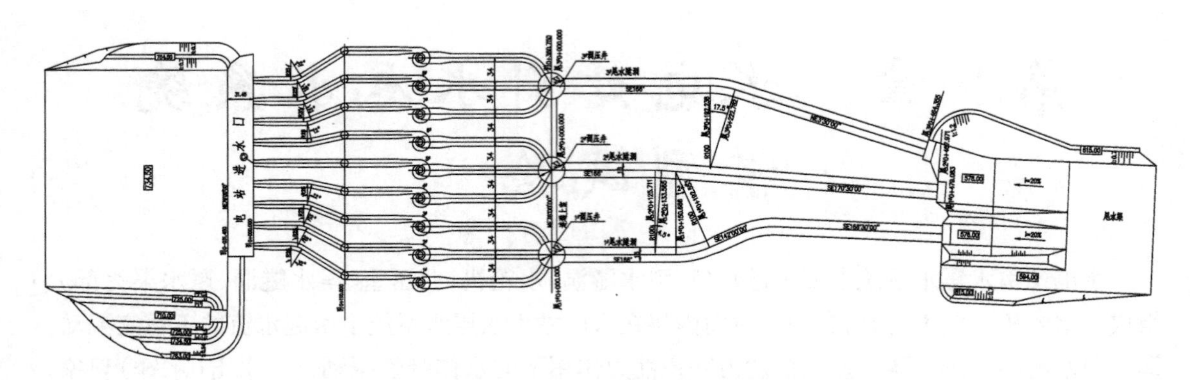

图 5-1 某水电站引水尾水系统平面布置图

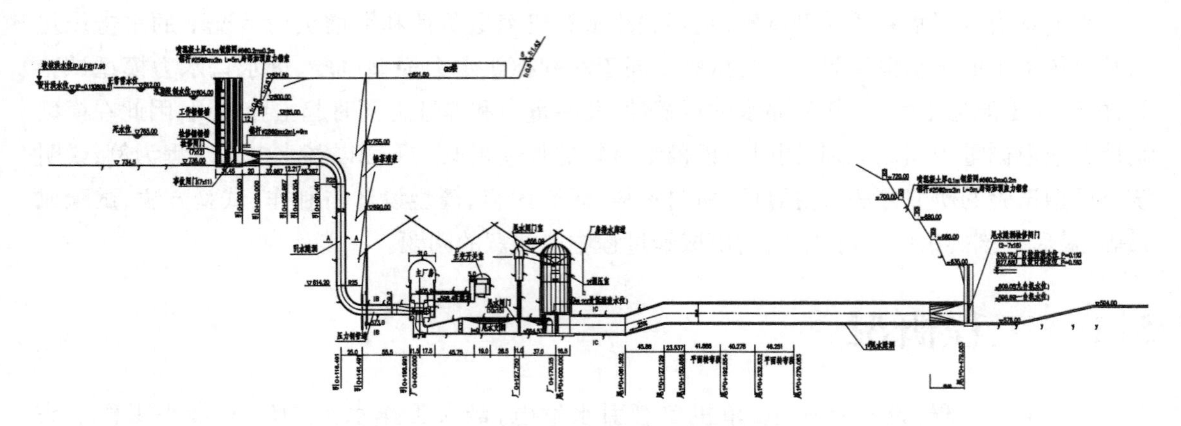

图 5-2 进水口~2#引水隧洞~2#尾水支洞~1#尾水隧洞剖面图

资料：

(1)水电站引水、尾水系统平面布置图、剖面图、特征尺寸；

(2)引水隧洞、尾水支洞、尾水隧洞的弹性模量；

(3)水轮机的形式、开启及关闭方式、运行方式；

(4)特征流量、特征水位；

(5)不同机组运行时水电站尾水水位；

(6)引水隧洞、尾水支洞、尾水隧洞的糙率设计值。

5.3 试验内容

引水尾水系统模型试验通常研究各种工况下机组突甩负荷和突增负荷时，引水尾水系统沿程各断面的最大/最小水击压强及其压强波动过程，以及调压室最大/最小涌浪高度、涌浪变化过程及其稳定时间等，提出改进措施。经与委托单位讨论，确定了以下内容。

(1)研究各工况的引水隧洞、尾水支洞、尾水隧洞沿程最大和最小压强及压强分布，以及隧洞沿程水击压强及变化过程，提出减小水击压强的措施。

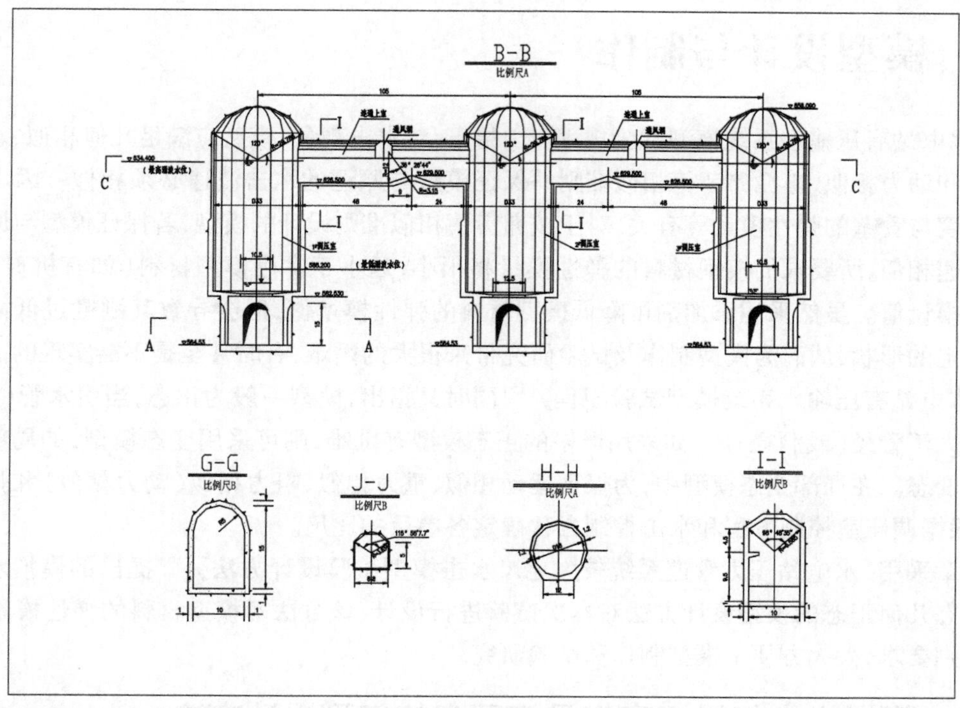

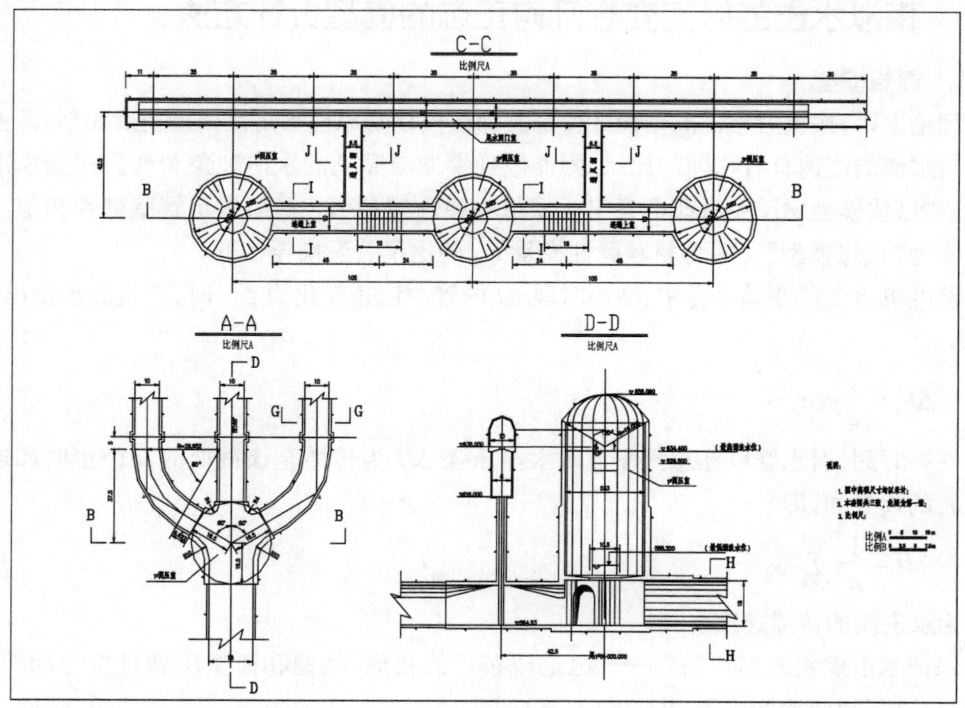

图 5-3　尾水调压室布置图

(2)研究各工况尾水调压室涌波过程,量测尾水调压室的最高、最低涌浪及波动过程,优化调压室布置形式。

5.4 模型设计与制作

《水电站有压输水系统模型试验规程》[15]指出，对水击现象，模型应满足几何相似、水流运动相似和动力相似，遵循弗劳德相似准则并保证模型与原型的水击波速必须相似。因水击波传播速度与管壁的弹性模量等有关，对于按弗劳德相似准则设计的模型，若保证模型与原型的水击波速相似，所要求的模型材料的弹性模量将很小，远小于常用模型材料（如有机玻璃等）的弹性模量值。虽然采用添加剂可降低模型材料的弹性模量值，但会导致其刚度过低而不能保持确定的形状，从而为模型制作及试验研究带来很大的困难，有时甚至是不能实现的。

《水电站有压输水系统模型试验规程》[15]同时又指出，模型一般为正态，当引水管（隧洞）长度远大于管径（或洞径）时，如采用严格的正态模型有困难，则可采用变态模型，如局部变态或时间变态。在局部变态模型中，为保证运动相似、重力相似、阻力相似（动力相似）和弹性相似，应根据调压室控制方程和水击控制方程确定各参量的比尺。

本章采用《水电站压力管道系统较大比尺水击模型试验设计方法》[16]提出的模拟水击的时间变态几何正态的模型设计方法对本次试验进行设计，该方法对模型材料的弹性模量 E 值没有特别要求，大大方便了模型制作和试验研究。

5.4.1 模拟水击的时间变态几何正态的模型设计方法

5.4.1.1 理想模型

从理论上讲，按重力相似准则设计模型并保证模型与原型水击波传播速度相似，即要求水击波速与水流的流速具有相同的比尺，则能做到模型与原型的水击现象相似。根据水击波速相似的要求，按模型比尺关系即可确定模型材料弹性模量 E_m，从而满足管壁弹性相似。这样的模型称为“理想模型”。模型材料弹性模量 E_m 的比尺关系推导如下。

取发电机组负荷变动过程中，微小时段 Δt 内管中流速变化为 Δv_i 时，产生的水击压强（水柱高）为

$$\Delta h_i = \frac{1}{g} c \Delta v_i \tag{5-1}$$

在任一时刻，引水管段任意截面上的水击压强 ΔH 为传播至该截面的 n 个正向和逆向水击压强波的代数和，即

$$\Delta H = \frac{1}{g} c \sum_{i=1}^{n} \Delta v_i \tag{5-2}$$

其中 c 为水击波的传播速度。

为保证水击现象的起始条件——恒定流条件的相似，模型和原型应满足重力相似准则。对式(5-2)进行相似比例代换，并考虑 $\lambda_g = 1$，有

$$\lambda_c = \lambda_l^{1/2} = \lambda_v \tag{5-3}$$

即要求水击波的传播速度 c 在重力相似的水力模型中与水流的流速应具有相同的比尺。

水击的传播速度取决于水和管壁的弹性模量及管道的尺度，对于圆形管道，已有理论计算

式[17]：

$$c=\sqrt{\frac{\frac{K}{\rho}}{1+\frac{K}{E}\frac{D}{\delta}}} \tag{5-4}$$

式中：K 和 E 为水和管壁的弹性模量；D 和 δ 为管的内径和壁厚。

由式(5-4)并考虑式(5-3)的要求，应有

$$\lambda_c^2=\frac{\left(1+\frac{KD_m}{E_m\delta_m}\right)}{\left(1+\frac{KD_p}{E_p\delta_p}\right)}=\lambda_l \quad 或 \quad E_m\delta_m=\frac{KD_p}{\lambda_l(\lambda_l-1)+\frac{\lambda_l^2KD_p}{E_p\delta_p}} \tag{5-5}$$

由上式可以确定在一定管壁厚度 δ_m 情况下原型和模型(分别用下标 p 和 m 表示)水击波传播速度相似所要求的模型弹性模量的 E_m 值。

然而，当模型几何比尺(原型量/模型量)较大时，“理想模型”所要求的 E_m 值均远小于常用模型材料(如有机玻璃)的 E 值。采用添加剂可降低有机玻璃的 E 值，但会导致其刚度过低而不能保持确定的形状，从而为模型制作及试验研究带来很大的困难，有时甚至是不能实现的。

5.4.1.2　时间变态模型

若所设计模型对模型材料的弹性模量 E 值没有特别要求，即不改变常用模型材料固有的弹性模量，将对模型制作及试验研究提供极大的方便。考虑到水击压强波是由于水流时均流速的瞬时变化产生，而水击压强波一旦发生就具有自己的传播规律，即只与水和管壁的弹性和管道的断面特性有关，而与时均流的运动无关。若利用现有模型材料(如有机玻璃管)制作模型，当选定壁厚，对于一定模型几何比尺，其弹性模量将与式(5-5)所要求的 E_m 有很大差别，因而，模型中的水击波速远大于“理想模型”所要求的水击波速。为保证模型与原型水击相似，或者按重力相似选取水击的时间比尺与时均流相同，采用改变长度比尺的“几何变态模型”；或者按长度比尺与时均流一致，采用改变水击时间比尺的“时间变态模型”。“几何变态模型”由于长度比尺的变化将引起水力阻力的不相似，本章仅对“时间变态模型”进行论述。

“时间变态模型”即采用几何比尺正态、时间比尺变态来模拟水击压力及其传播规律。设水击波在 $0 \sim t$ 时段内传播的距离为 l，于是

对于原型：

$$l_p=c_pt_p \tag{5-6}$$

对于理想模型(几何正态模型、管壁弹性相似)：

$$l_m=c_mt_m \tag{5-7}$$

对于时间变态模型(几何正态模型、管壁弹性不相似)：

$$l_m=c'_mt'_m \tag{5-8}$$

其中，c'_m 为常规有机玻璃管材弹性模量(本次 $E=3\ 500$ MPa)时的水击波传播速度。

对式(5-6)、(5-7)和(5-8)进行相似比例代换后，“时间变态模型”的时间比尺为

$$\lambda'_t = \frac{t_p}{t'_m} = \frac{\lambda_l}{\lambda'_c} \tag{5-9}$$

其中，$\lambda'_c = \frac{c_p}{c'_m}$为时间变态模型中水击波速比尺，当 $c'_m = c_m$ 时，$\lambda'_c = \lambda_c = \frac{c_p}{c_m}$，即理想模型的水击波速比尺，此时 $\lambda'_t = \lambda_t = \lambda_l^{1/2}$。

同样，对水击压强（水柱高），有

对于原型

$$\Delta H_p = \frac{1}{g} c_p \sum_{i=1}^{n} \Delta v_{pi} \tag{5-10}$$

对于理想模型

$$\Delta H_m = \frac{1}{g} c_m \sum_{i=1}^{n} \Delta v_{mi} \tag{5-11}$$

对于时间变态模型

$$\Delta H'_m = \frac{1}{g} c'_m \sum_{i=1}^{n} \Delta v'_{mi} \tag{5-12}$$

考虑到理想模型和时间变态模型的管径、流量和平均流速均相同，即 $D_m = D'_m$、$Q_m = Q'_m$ 以及 $v_m = v'_m$，在将阀门由完全开启（开启度 $\tau = 0$）至完全关闭（$\tau = 1$））的运作分为 n 个行程时，在理想模型和时间变态模型两个模型相应的行程中，管中速度的变化应是完全相同的，即 $\Delta v_{mi} = \Delta v'_{mi}$，只是每个行程在两个模型中所需的时间不同而已，即 $\Delta t_{mi} \neq \Delta t'_{mi}$。

对式(5-10)、(5-11)和(5-12)进行相似比例代换后，有

$$\lambda'_{\Delta H} = \lambda'_c \lambda_l^{1/2} \tag{5-13}$$

当 $c'_m = c_m$，$\lambda'_c = \lambda_c = \lambda_l^{1/2}$，则 $\lambda'_{\Delta H} = \lambda_{\Delta H} = \lambda_l$，恢复为理想模型。

在满足重力相似及流态相似的基础上，水力阻力的相似应满足管壁面糙率相似。据曼宁公式，满足糙率相似的比尺为

$$\lambda_n = \lambda_l^{1/6} \tag{5-14}$$

5.4.2 模型设计

按试验任务书的要求，本次试验进行包括引水、尾水及调压室的整个系统的模型试验，因引水隧洞直径 9.2 m 而尾水隧洞直径 18 m，若采用统一几何比尺建造整个引水尾水系统模型，模型引水隧洞和尾水隧洞同时采用成品有机玻璃管有困难，考虑到定制需要的时间较长，很难满足提交成果的规定时间。同时考虑了流量控制及量测、试验操作的便利性等。因此，设计了两套比尺接近的模型，一套专门进行引水系统试验，一套专门进行尾水系统试验。引水系统模型模拟 9 台机组，包括水库、引水隧洞、水轮机、部分尾水支洞等，但测试段是“水库—引水隧洞—水轮机”。尾水系统模型模拟 9 台机组，包括水库、引水隧洞、水轮机、尾水支洞、调压室、尾水隧洞、尾水池等，但测试段是“水轮机—尾水支洞—调压室—尾水隧洞—尾水池”。因两套模型的设计和试验方法相同，而尾水系统模型涵盖的内容更全面，这里仅介绍尾水系统模型试验。

根据上述推导的时间变态模型比尺关系，对该水电站尾水系统试验进行模型设计。

根据试验要求、场地及供水条件，选用内径 $D_m=0.2596$ m 的管材作为模型尾水隧洞，则确定模型几何比尺 $\lambda_l=69.33$。考虑水击波波速相似，模型尾水隧洞的弹性模量及壁厚应满足式(5-5)。经计算可知，若选定模型尾水隧洞壁厚 $\delta_m=0.008$ m，则要求模型尾水隧洞的弹性模量 $E_m=360$ MPa（该值远小于通常有机玻璃管的弹性模量 $E_m=3500$ MPa，模型制作难以实现，若按此弹性模量制作的模型即为理想模型）。因此，选用内径 $D_m=0.2596$ m 的有机玻璃管作为模型尾水隧洞，进行时间变态模型设计，尾水系统模型的比尺列于表5-1。

表5-1　尾水系统模型主要比尺

项目	比尺关系	比尺	备注
几何比尺	λ_l	69.33	选定
流速比尺	$\lambda_v=\lambda_l^{1/2}$	8.33	
流量比尺	$\lambda_Q=\lambda_l^{5/2}$	40 022.39	
水流自由振动的时间比尺	$\lambda_t=\lambda_l^{1/2}$	8.33	快速阀门启闭和水流自由振动频率的比尺
糙率比尺	$\lambda_n=\lambda_l^{1/6}$	2.03	
尾水支洞水击试验的时间比尺	$\lambda'_t=\dfrac{\lambda_l}{\lambda'_c}$	25.68	快速阀门启闭和水击波传播的时间比尺
水击波速比尺	$\lambda'_c=\dfrac{c_p}{c'_m}$	2.70	c_p 为原型计算的波速* c'_m 为模型计算的波速*
水击压强比尺	$\lambda'_{\Delta H}=\lambda'_c\lambda_l^{1/2}$	22.49	

*：$c_p=\sqrt{\dfrac{K/\rho}{1+\dfrac{K}{E_p}\dfrac{D_p}{\delta_p}}}=1045.17$ m/s 按原型数据计算；尾水支洞当量直径 $D_p=12.04$ m，尾水支洞和尾水隧洞 $E_p=2.8\times10^4$ MPa；$c'_m=\sqrt{\dfrac{K/\rho}{1+\dfrac{K}{E_m}\dfrac{D_m}{\delta_m}}}=386.69$ m/s 按实际采用的模型材料计算，模型壁厚 $\delta_m=0.008$ m，有机玻璃弹性模量 $E_m=3500$ MPa。

5.4.3　模型制作

模型模拟9台机组，包括水库、引水隧洞、水轮机、尾水支洞、调压室、尾水隧洞、尾水池等。严格的尾水系统模型测试段是“水轮机－尾水支洞－调压室－尾水隧洞－尾水池”。流量量测和控制放在引水隧洞段，采用经率定的孔板流量计量测流量，其下游安装阀门控制流量。利用可控快速阀门模拟水轮机折线关闭规律。引水隧洞、水轮机、尾水支洞、调压室、尾水隧洞等均用有机玻璃材料制作。尾水隧洞出口及尾水池按实际地形用水泥砂浆模拟，水库设稳水装置并控制水位，尾水池设尾门控制水位。

图5-5为尾水系统模型布置图。图5-6为尾水系统压力传感器及测压孔布置图。图5-7为模型试验照片。

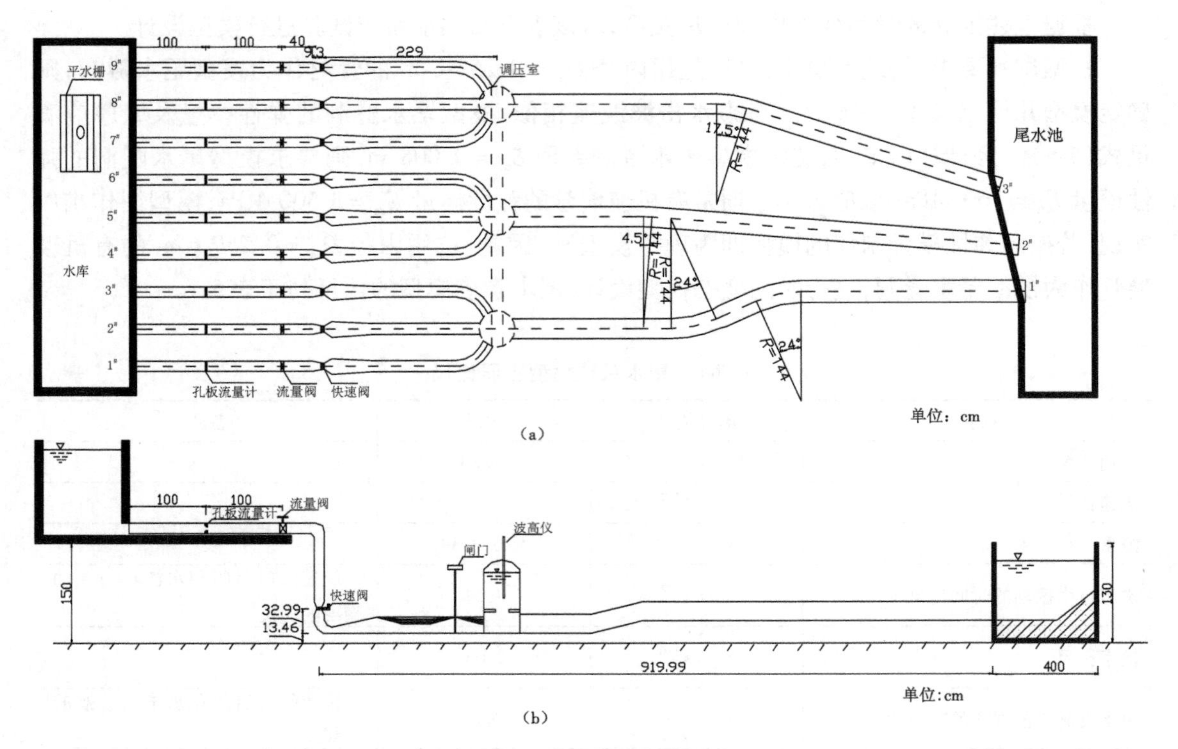

图 5-5　尾水系统模型布置图

(a)平面图　(b)剖面图

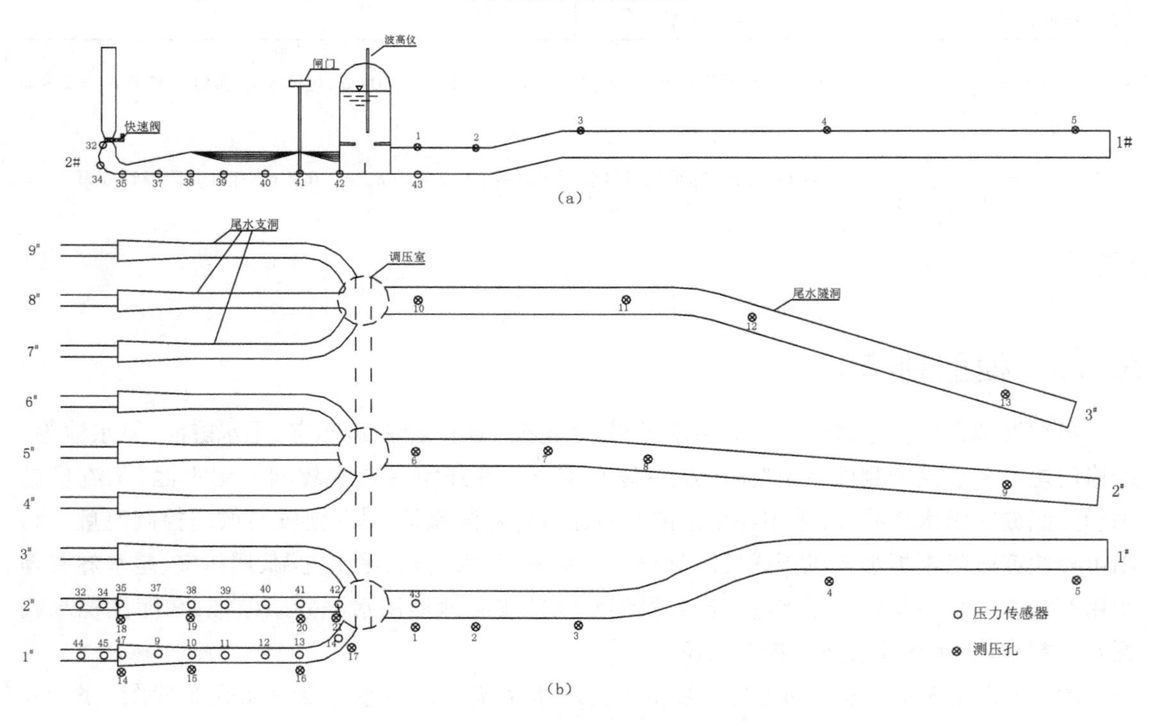

图 5-6　尾水系统压力传感器及测压孔布置图

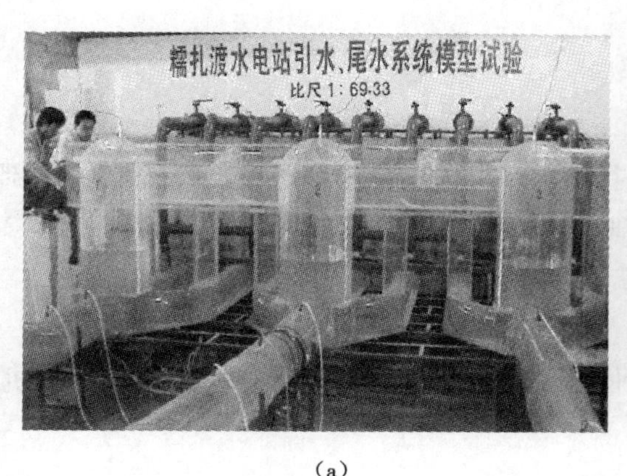

(a)

(b)

图5-7　模型试验照片

(a)1#、2#、3#调压室及尾水隧洞　(b)1#调压室及尾水闸门

5.5　试验方法

首先,根据试验内容,确定具体试验工况并列出试验工况表。试验时按此试验工况表逐一进行试验。

首先,调试水库水位、流量控制阀、尾水池水位,满足试验工况要求。

其次,对模拟水轮机的可控制快速阀进行调式,模拟符合水轮机要求的折线关闭规律,调试好后处于开启状态。快速阀的启闭时间通过设于尾水支洞进口的脉动压力传感器监控和记录,以便保证符合水轮机要求的折线关闭规律。

最后,进行正式试验。机组正常运行,水流稳定后,开始记录稳定水流的数据;待记录稳定水流数据后,操作快速阀,模拟水轮机突甩负荷或突增负荷,记录试验数据。

1. 水位量测

进行试验时需对上游库水位和下游尾水池水位进行控制和量测。水位由铜管外引至测针筒内用测针量测。

2. 流量量测

对于本次的尾水系统试验,流量量测放在非试验段的引水隧洞。考虑到孔板流量计的安装和量测上的方便,因此采用孔板流量计对流量进行量测。应当指出,孔板流量计应严格按理论要求进行设计,并进行率定以保证测量精度。

3. 压强量测

管路中水击压强采用压力传感器通过SG 2000水工数据采集仪及计算机自动量测。

4. 水面波动量测

调压室涌浪及波动过程采用波高传感器通过SG 2000水工数据采集仪及计算机自动记录。

5.6 试验成果

针对试验内容,按照试验方法,依次进行试验。根据试验任务书的要求,试验分两部分,一是尾水支洞及尾水隧洞的水击压强,二是调压室涌波,具体试验工况列于表5-2和表5-3。

5.6.1 尾水系统水击压强

尾水系统水击压强试验共进行了15种工况,包括突甩负荷以及突甩和突增负荷的叠加等工况,表5-2列出了具体试验工况。

表5-2 尾水系统水击压强试验工况

序号	工况描述
w1	同一调压室单元的1台机组正常工作时突甩全负荷(2#运行,突甩2#),尾水位598.69 m
w2	同一调压室单元的2台机组正常工作时突甩全负荷(1#、2#运行,突甩1#、2#),尾水位600.52 m
w3	同一调压室单元的2台机组正常工作时突甩全负荷(1#、3#运行,突甩1#、3#),尾水位600.52 m
w4	同一调压室单元的3台机组正常工作时突甩全负荷(1#、2#、3#运行,突甩1#、2#、3#),尾水位602.15 m
w5	9台机组正常运行时,突甩全负荷(1#~9#正常运行,突甩1#~9#),尾水位609.00 m
w6	同一调压室单元的2台机组正常运行,另一台机由空载增至最大开度,在最不利时刻3台机同时甩全负荷(1#、3#运行,增2#,同时甩1#、2#、3#),尾水位600.52 m
w7	同一调压室单元的3台机正常运行时突甩全部负荷,在最不利时刻1台机组增负荷(1#、2#、3#运行,突甩1#、2#、3#,增2#),尾水位602.15 m
w8	1#调压室单元的3台机正常运行时突甩全负荷,其他调压室单元机组停机(1#、2#、3#运行,突甩1#、2#、3#),尾水位627.68 m
w9	9台机组正常运行时,1#调压室单元3台机组突甩全负荷(1#~9#正常运行,突甩1#、2#、3#),尾水位627.68 m
w10	同一调压室单元的两台机组正常运行,另一台机由空载增至最大开度,在最不利时刻3台机同时甩全负荷(1#、3#运行,增2#,同时甩1#、2#、3#),尾水位627.68 m
w11	同一调压室单元的3台机正常运行时突甩全部负荷,在最不利时刻1台机组增负荷(1#、2#、3#运行,突甩1#、2#、3#,增2#),尾水位627.68 m
w12	1#调压室单元的3台机正常运行时突甩全负荷,其他调压室单元机组停机(1#、2#、3#运行,突甩1#、2#、3#),尾水位630.75 m
w13	9台机组正常运行时,1#调压室单元3台机组突甩全负荷(1#~9#正常运行,突甩1#、2#、3#),尾水位630.75 m
w14	同一调压室单元的2台机组正常运行,另一台机由空载增至最大开度,在最不利时刻3台机同时甩全负荷(1#、3#运行,增2#,同时甩1#、2#、3#),尾水位630.75 m
w15	同一调压室单元的3台机正常运行时突甩全部负荷,在最不利时刻1台机组增负荷(1#、2#、3#运行,突甩1#、2#、3#,增2#),尾水位630.75 m

每一工况,试验首先量测并记录机组正常运行稳定水流的各测点的脉动压强,进而获得时均流压强(相对压强);各测点水击压强是在视时均流压强为零的基础上量测并记录的,以便获得水击压强上升值(正水击压强)和水击压强下降值(负水击压强);各测点最大动水压强和最小动水压强(均为相对压强)是时均流压强和水击压强之和。各测点位置参见图5-6尾水系

统压力传感器及测压孔布置图。

当机组正常运行情况下突甩负荷,尾水支洞进口及肘型管处(测点32#及34#,其位置参见图5-6)产生最大负水击,肘型管处最大负水击压强约196 kPa(20 m水柱),约占额定发电水头187.00 m的10.7%,相应点最小动水压强为294.49 kPa(30.05 m水柱),未产生负压。

对于叠加工况,第一种叠加工况是,同一调压室单元的2台机组正常运行,另一台机由空载增至最大开度,在最不利时刻3台机同时甩全负荷(工况w6、w10、w14,尾水位不同);第二种叠加工况是,同一调压室单元的3台机正常运行时突甩全部负荷,在最不利时刻1台机组增负荷(工况w7、w11、w15,尾水位不同)。最大水击压强发生在尾水支洞进口及肘型管处(测点32#及34#,其位置参见图5-6)。第一种叠加工况的正水击压强大于第二种叠加工况的正水击压强,最大值约11 m水柱,约占额定发电水头187.0 m的5.9%;第二种叠加工况的负水击压强大于第一种叠加工况的负水击压强,最大值约19 m水柱,约占额定发电水头187.0 m的10.2%,相应点最小动水压强为32.97 m水柱,未产生负压。

各测点最大动水压强、最小动水压强是时均流压强与水击压强之和。试验结果表明,最小动水压强发生在低尾水位(598.69 m、600.52 m、602.15 m)的情况,如工况w1、w2、w4、w6和w7,最小动水压强约9 m水柱,发生在尾水支洞进口处(工况w2),但未产生负压。最大动水压强发生在高尾水位(校核洪水位630.75 m、设计洪水位627.68 m)的第二种叠加工况,如工况w11、w15,最大动水压强约90 m水柱,发生在尾水支洞肘型管处。

另外,分析调压室下游尾水隧洞入口处的43#测点(位置参见图5-6)的试验结果,其水击压强值较小,说明当突然甩负荷或增负荷时,调压室有效地阻断了水击向下游的传播。

这里仅给出部分工况的试验结果,目的是展示试验结果的表现形式,供研究者进行试验时参考。表5-3为尾水系统水击压强试验部分结果。图5-8为w9工况突甩全负荷时2#尾水支洞部分测点的水击压强波形图(模型值)。

表5-3　尾水系统水击压强试验部分结果(2#尾水支洞)

序号	压强		压力传感器号					
			32#	34#	35#	37#	38#	39#
w1	水击压强	最大上升值 ΔH_+(m)	1.84	-6.75	1.80	0.18	0.31	0.00
		最大下降值 ΔH_-(m)	-8.26	-16.03	-6.19	-5.87	-4.56	-3.10
	正常运行时均压强 H(m)		18.97	47.64	33.25	33.41	34.01	33.92
	总压强	最大动水压强 H_{max}(m)	20.81	40.89	35.05	33.59	34.32	33.92
		最小动水压强 H_{min}(m)	10.71	31.61	27.06	27.54	29.45	30.82
w2	水击压强	最大上升值 ΔH_+(m)	2.25	-7.42	-0.05	-0.70	-1.10	-1.06
		最大下降值 ΔH_-(m)	-11.19	-19.42	-9.01	-7.75	-6.72	-5.02
	正常运行时均压强 H(m)		20.67	49.47	34.73	35.04	35.79	35.53
	总压强	最大动水压强 H_{max}(m)	22.92	42.05	34.68	34.34	34.69	34.47
		最小动水压强 H_{min}(m)	9.48	30.05	25.72	27.29	29.07	31.52

续表

序号	压强		压力传感器号					
			32#	34#	35#	37#	38#	39#
w9	水击压强	最大上升值 ΔH_+(m)	1.80	-7.22	1.75		-0.22	-0.29
		最大下降值 ΔH_-(m)	-8.07	-17.02	-6.54		-5.48	-4.56
	正常运行时均压强 H(m)		52.66	79.95	62.35		64.49	64.37
	总压强	最大动水压强 H_{max}(m)	54.46	72.73	64.10		64.27	64.08
		最小动水压强 H_{min}(m)	44.59	62.93	55.81		59.01	59.81

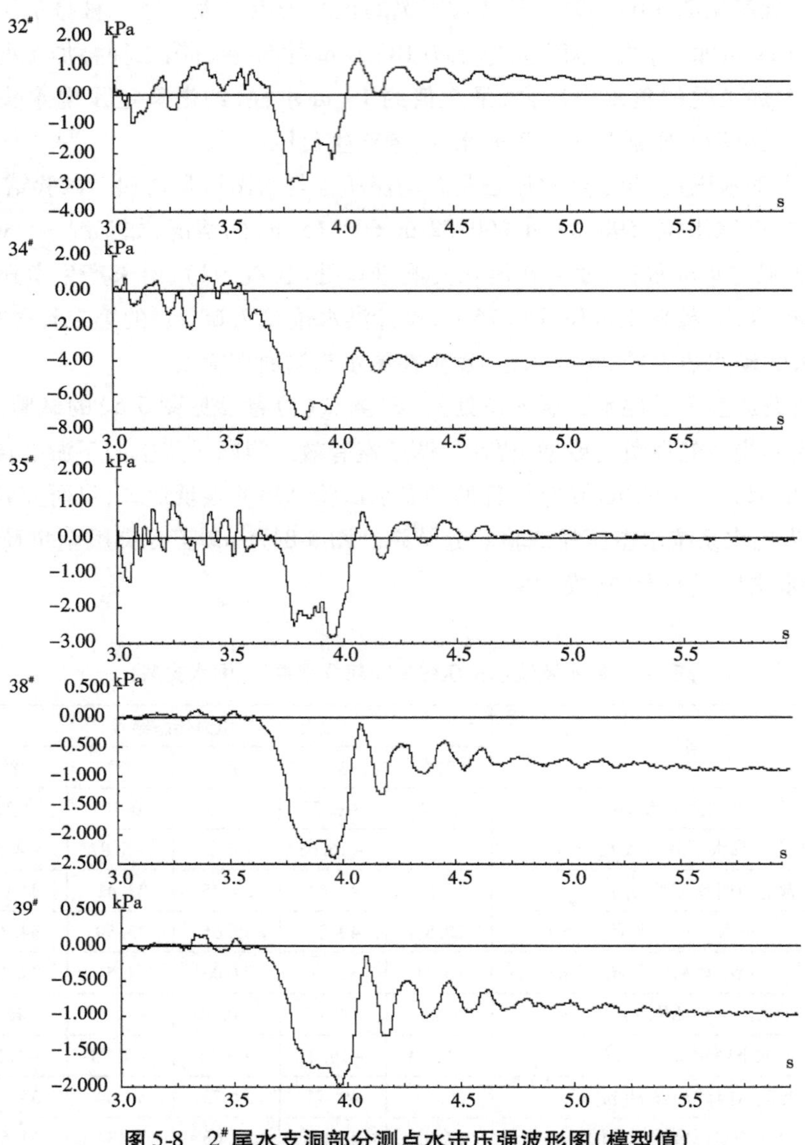

图 5-8 2#尾水支洞部分测点水击压强波形图(模型值)

(工况 w9:1#~9#正常运行时突甩 1#、2#、3#,尾水位 627.68 m)

5.6.2 调压室涌波

调压室涌波试验共进行了26种工况，包括突甩负荷、突增负荷以及突甩和突增负荷叠加等工况，表5-4列出了调压室涌波试验工况。

表5-4　调压室涌波试验工况

序号	工况描述
s1	9台机组正常运行时，突甩全负荷（1#～9#正常运行，突甩1#～9#）
s2	9台机组正常运行时，突甩2台机（1#～9#正常运行，突甩1#2#）
s3	9台机组正常运行时，突甩1台机（1#～9#正常运行，突甩2#）
s4	9台机组正常运行时，突甩1台机（1#～9#正常运行，突甩1#）
s5	8台机组正常运行时，另一台机由空载增至全负荷（2#～9#正常运行，增1#）
s6	8台机组正常运行时，另一台机由空载增至全负荷（1#、3#～9#正常运行，增2#）
s7	全部机组停机的情况下，1台机由空载增至全负荷（增1#）
s8	全部机组停机的情况下，1台机由空载增至全负荷（增2#）
s9	同一调压室单元的3台机组正常工作时突甩全负荷（1#、2#、3#运行，突甩1#、2#、3#）
s10	同一调压室单元的1台机组正常工作时突甩全负荷（1#运行，突甩1#）
s11	同一调压室单元的1台机组正常工作时突甩全负荷（2#运行，突甩2#）
s12	同一调压室单元的2台机组正常工作时突甩全负荷（1#、2#运行，突甩1#2#）
s13	同一调压室单元的2台机组正常运行，另一台机由空载增至最大开度，在最不利时刻3台机同时甩全负荷（1#、3#运行，增2#，同时甩1#、2#、3#）
s14	同一调压室单元的3台机正常运行时突甩全部负荷，在最不利时刻1台机组增负荷（1#、2#、3#运行，突甩1#、2#、3#，增2#）
s15	每个调压室单元中2台机正常运行，另一台机由空载增至全负荷（1#、3#、4#、6#、7#、9#运行，2#、5#、8#增）
s16	1#调压室单元的3台机正常运行时突甩全负荷，其他调压室单元机组停机（1#、2#、3#运行，突甩1#、2#、3#）
s17	9台机组正常运行时，1#调压室单元3台机组突甩全负荷（1#～9#正常运行，突甩1#、2#、3#）
s18	9台机组正常运行时，2#调压室单元3台机组突甩全负荷（1#～9#正常运行，突甩4#、5#、6#）
s19	同一调压室单元的2台机组正常运行，另一台机由空载增至最大开度，在最不利时刻3台机同时甩全负荷（1#、3#运行，增2#，同时甩1#、2#、3#）
s20	同一调压室单元的3台机正常运行时突甩全部负荷，在最不利时刻1台机组增负荷（1#、2#、3#运行，突甩1#、2#、3#，增2#）
s21	每个调压室单元中2台机正常运行，另一台机由空载增至全负荷（1#、3#、4#、6#、7#、9#运行，2#、5#、8#增）
s22	1#调压室单元的3台机正常运行时突甩全负荷，其他调压室单元机组停机（1#、2#、3#运行，突甩1#、2#、3#）
s23	9台机组正常运行时，1#调压室单元3台机组突甩全负荷（1#～9#正常运行，突甩1#、2#、3#）
s24	9台机组正常运行时，2#调压室单元3台机组突甩全负荷（1#～9#正常运行，突甩4#、5#、6#）
s25	同一调压室单元的2台机组正常运行，另一台机由空载增至最大开度，在最不利时刻3台机同时甩全负荷（1#、3#运行，增2#，同时甩1#、2#、3#）
s26	同一调压室单元的3台机正常运行时突甩全部负荷，在最不利时刻1台机组增负荷（1#、2#、3#运行，突甩1#、2#、3#，增2#）

s1～s14 工况的尾水位为 1～9 台机发电水位，调压室发生最低涌浪水位的工况分别为 s9（$1^{\#}$、$2^{\#}$、$3^{\#}$运行，突甩 $1^{\#}$、$2^{\#}$、$3^{\#}$）、s13（$1^{\#}$、$3^{\#}$运行，增 $2^{\#}$，同时甩 $1^{\#}$、$2^{\#}$、$3^{\#}$）、s14（$1^{\#}$、$2^{\#}$、$3^{\#}$运行，突甩 $1^{\#}$、$2^{\#}$、$3^{\#}$，增 $2^{\#}$），最低涌浪水位依次为 592.24 m、592.53 m、592.89 m，涌浪最大波高依次为 14.03 m、12.10 m、15.56 m。此三种工况也是调压室发生涌浪最大的工况。

对于 s9 工况，$1^{\#}$、$2^{\#}$、$3^{\#}$3 台机组正常运行，下游尾水位 602.15 m，此时 $1^{\#}$调压室起始水位为 602.92 m，突甩全负荷（$1^{\#}$、$2^{\#}$、$3^{\#}$）时，调压室产生涌浪，水面在起始水位 602.92 m 上下波动，水面首先降低，而后升高，随后水面波动逐渐减小直至水面平稳。最低涌波水位 592.24 m，即水面下降 10.68 m；最高涌波水位 606.27 m，即水面上升 3.35 m；涌波最大波高 14.03 m；涌波周期 87.79 s。

对于 s13 叠加工况，当 $1^{\#}$、$3^{\#}$机正常运行时，下游尾水位 600.52 m，$1^{\#}$调压室起始水位为 600.91 m，$2^{\#}$机由空载增至最大开度，在最不利时刻 3 台机同时甩全负荷 $1^{\#}$、$2^{\#}$、$3^{\#}$，调压室产生涌浪，水面在起始水位 600.91 m 上下波动，水面首先升高，而后降低，随后水面波动逐渐减小直至水面平稳。最低涌波水位 592.53 m，即水面下降 8.38 m；最高涌波水位 604.63 m，即水面上升 3.73 m；涌波最大波高 12.10 m；涌波周期 83.39 s。

对于 s14 叠加工况，当 $1^{\#}$、$2^{\#}$、$3^{\#}$机正常运行时，下游尾水位 602.15 m，$1^{\#}$调压室起始水位为 602.78 m，突甩 $1^{\#}$、$2^{\#}$、$3^{\#}$，在最不利时刻增 $2^{\#}$机，调压室产生涌浪，水面在起始水位 602.78 m 上下波动，水面首先降低，而后升高，随后水面波动逐渐减小直至水面平稳。最低涌波水位 592.89 m，即水面下降 9.89 m；最高涌波水位 608.45 m，即水面上升 5.67 m；涌波最大波高 15.56 m；涌波周期 83.20 s。

这里仅给出部分工况的试验结果，目的是展示试验结果的表现形式，供研究者进行试验时参考。表 5-5 给出了部分工况的调压室涌波试验结果。图 5-9 给出了 s14 叠加工况 $1^{\#}$调压室涌浪波动过程。

表 5-5 部分工况的调压室涌波试验结果

序号	尾水位（m）	调压室编号	调压室起始水位（m）	最低涌波水位（m）	最高涌波水位（m）	涌波最大波高（m）	涌波周期（s）
s1	609.00	$1^{\#}$	610.20	600.79	613.67	12.88	90.05
		$2^{\#}$	610.50	600.54	613.72	13.18	90.00
		$3^{\#}$	610.46	600.38	613.22	12.84	93.36
s2	609.00	$1^{\#}$	610.20	603.69	613.99	10.30	80.00
s3	609.00	$1^{\#}$	610.20	606.90	612.67	5.77	76.74
s4	609.00	$1^{\#}$	610.20	606.75	612.63	5.88	78.47
s5	608.15	$1^{\#}$	609.30	606.81	612.24	5.43	81.48
s6	608.15	$1^{\#}$	609.30	606.64	612.39	5.75	80.30
s7	598.69	$1^{\#}$	598.83	595.91	602.16	6.25	80.82
s8	598.69	$1^{\#}$	598.83	595.90	602.91	7.01	83.08

续表

序号	尾水位(m)	调压室编号	调压室起始水位(m)	最低涌波水位(m)	最高涌波水位(m)	涌波最大波高(m)	涌波周期(s)
s9	602.15	1#	602.92	592.24	606.27	14.03	87.79
s10	598.69	1#	598.83	594.47	600.97	6.50	81.14
s11	598.69	1#	598.83	595.16	601.93	6.77	80.37
s12	600.39	1#	600.70	593.71	604.52	10.81	80.74
s13	600.52	1#	600.91	592.53	604.63	12.10	83.39
s14	602.15	1#	602.78	592.89	608.45	15.56	83.20

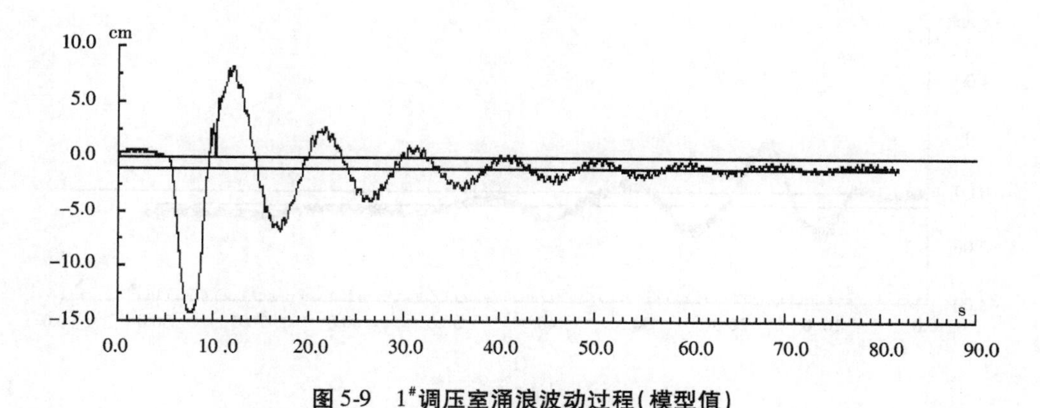

图 5-9　1#调压室涌浪波动过程(模型值)

(工况 s14:1#、2#、3#机正常运行,突甩 1#、2#、3#机,增 2#机,尾水位 602.15 m)

s15 ~ s20 工况的尾水位为设计洪水位($P=0.5\%$,627.68 m),其中 s19、s20 为叠加情况。调压室发生最高涌浪水位的工况为 s15(1#、3#、4#、6#、7#、9#运行,2#、5#、8#突增),最高涌浪水位为 630.88 m,此时涌浪最大波高为 3.66 m。调压室发生最大涌浪波高的工况是 s16(1#、2#、3#运行,突甩 1#、2#、3#),涌浪最大波高 8.72 m。图 5-10 是 9 台机正常运行,1#调压室 3 台机突甩负荷(s17),各调压室涌浪情况,因尾水位较高 627.68 m,调压室起始水位亦较高,机组正常运行时三调压室不连通,但某一调压室单元机组突甩负荷或增负荷时,该调压室发生的涌浪将波及到其他的调压室,引起水面波动。

s21 ~ s26 工况的尾水位为校核洪水位($P=0.1\%$,630.75 m),其中 s25、s26 为叠加情况。调压室发生最高涌浪水位的工况为 s21(1#、3#、4#、6#、7#、9#运行,2#、5#、8#增),最高涌浪水位 634.02 m,此时涌浪最大波高 3.55 m。调压室发生最大涌浪波高的工况为 s22(1#、2#、3#运行,突甩 1#、2#、3#),涌浪最大波高 7.17 m。

5.6.3　试验成果总结

在完成各项试验内容后,应对试验成果进行归纳总结,得出结论性的成果并提出建议。这里仅对尾水系统的试验成果归纳总结。

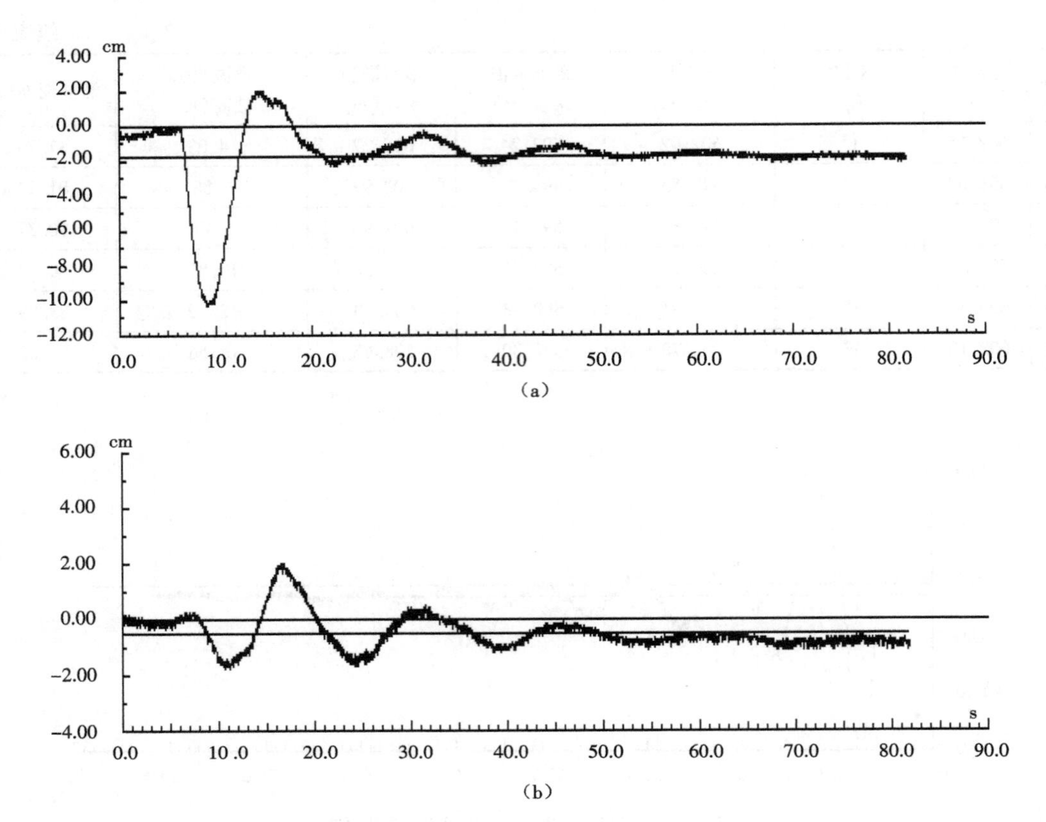

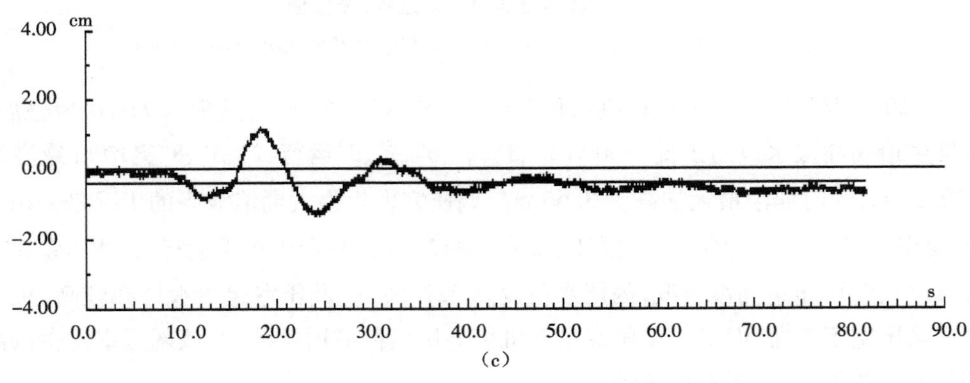

(c)

图 5-10 调压室涌浪波动过程(模型值)

(工况 s17:1# ~9#机正常运行,突甩 1#、2#、3#机,尾水位 627.68 m)

(a)1#调压室 (b)2#调压室 (c)3#调压室

(1)尾水支洞及尾水隧洞最大负水击压强发生在机组正常运行时突甩负荷的各种工况,肘型管处最大负水击压强约 20 m 水柱(196 kPa),但此处时均压强较大,并未产生负压强。

(2)尾水支洞及尾水隧洞最小动水压强发生在低尾水位(598.69 m、600.52 m、602.15 m)突甩负荷及叠加工况,如工况 w1、w2、w4、w6 和 w7,最小动水压强约 9 m 水柱,发生在尾水支洞进口处。尾水支洞及尾水隧洞未发现负压区域。最大动水压强发生在高尾水位(校核洪水位630.75 m、设计洪水位627.68 m)的第二种叠加工况,如工况w11、w15,最大动水压强约90 m水柱,发生在尾水支洞的肘型管处。

(3)当水电站尾水位在最低尾水位(598.69 m)与正常尾水位(609.00 m)之间变动时:调压室发生最低涌浪水位的工况分别为s9(1#、2#、3#运行,突甩1#、2#、3#,尾水位602.15 m)、s13(1#、3#运行,增2#,同时甩1#、2#、3#,尾水位600.52 m)、s14(1#、2#、3#运行, 突甩1#、2#、3#,增2,尾水位602.15 m),最低涌浪水位依次为592.24 m、592.53 m、592.89 m,涌浪最大波高依次为14.03 m、12.10 m、15.56 m。此三种工况也是调压室发生涌浪最大的工况,即同一调压室同时甩全负荷,且尾水位较低情况下,调压室发生最低涌浪水位,涌浪最大。

(4)当尾水位为设计洪水位($P=0.5\%$,627.68 m)时:调压室发生最高涌浪水位的工况为s15(1#、3#、4#、6#、7#、9#运行, 2#、5#、8#增),最高涌浪水位为630.88 m;调压室发生最大涌浪波高的工况为s16(1#、2#、3#运行,突甩1#、2#、3#),涌浪最大波高为8.72 m。

(5)当尾水位为校核洪水位($P=0.1\%$,630.75 m)时:调压室发生最高涌浪水位的工况为s21(1#、3#、4#、6#、7#、9#运行, 2#、5#、8#增),最高涌浪水位为634.02 m;调压室发生最大涌浪波高的工况为s22(1#、2#、3#运行,突甩1#、2#、3#),涌浪最大波高为7.17 m。

综上所述,该水电站尾水系统的水击压强和调压室涌浪的试验成果表明:①发动机组突甩负荷时,尾水支洞及尾水隧洞系统未发现负压区域。符合《水力发电厂机电设计规范》[18] 4.3.8规定,当机组突甩或突增负荷时,压力输水系统全线各断面最高点处的量小压力不应低于0.02MPa,不得出现负压脱流现象。甩负荷时,尾水管进口断面的最大真空保证值不应大于0.08MPa。②调压室截面面积和阻抗孔大小适中,在各工况下,调压室水面的振荡均呈稳定的衰减,振荡范围符合设计要求;调压室有效地阻断了水击向下游尾水隧洞的传播。

5.7　本章总结

(1)机组正常运行突甩负荷时,引起引水隧洞、尾水支洞及尾水隧洞沿线的水击压强以及调压室的涌波,是水电站引水尾水系统模型试验主要关注的问题。

(2)从理论上讲,按照《水电站有压输水系统模型试验规程》[15]进行模型设计和制作,可以实现水电站引水尾水系统模型试验。但实际上,该类试验是相对复杂的模型试验,模型设计上难以严格满足相似关系,模型制作上存在困难,主要是模型材料的弹性模量难以满足设计需要。同时,对于管路很长的系统,在模型设计和制作上更增加了难度。

(3)本章按照《水电站压力管道系统较大比尺水击模型试验设计方法》[16]提出的模拟水击的时间变态几何正态的模型设计方法,进行了某水电站引水尾水系统模型试验研究。该方法立足于利用常用模型材料,在遵循重力相似准则的同时,通过时间变态来保证模型与原型水击波传播速度相似。该方法对模型材料的弹性模量E值没有特别要求,大大方便了模型制作和试验研究。

(4)本章试验利用可调控快速阀门模拟了水轮机按折线启闭规律,试验中传感器记录的启闭规律基本与之相符,基本模拟了水轮机突甩负荷或突增负荷工况,但严格来讲并不完全相似,还有待改进模拟方法。

(5)对于非圆形的压力管道系统,利用当量直径计算水击波速会带来一定误差。若有条件,应利用实测水击波速来修正水击波速的时间比尺及水击压强比尺,以便获得更准确的试验结果。

第6章　泄洪洞水力模型试验

泄洪洞是用以渲泄洪水或放水供下游使用或放水以降低水库水位的泄水建筑物。泄洪洞大多为深式进口，所承受的水头较高，流速较大，如果体型设计不当或者存在施工缺陷，可能引起空化空蚀现象。泄洪洞出口流量大、流速高、能量集中，易引起下游冲刷。不利的水力现象将直接影响泄洪洞的安全，应通过水力模型试验等对泄洪洞的设计体型进行研究，发现问题，提出改进措施，为优化设计提供依据。

泄洪洞水力模型试验属于单体模型试验。该类模型试验一般要求建造的模型较大，研究内容重点突出，关注泄洪洞全程水流现象和水力特性。下面以某工程为例，研究泄洪洞的泄流能力、沿程压强变化、水头损失和水流流态等问题，说明该类模型试验的研究方法，包括试验所需资料、研究内容、模型设计与制作、试验方法、试验成果等，最后对该类试验进行总结，指出试验过程中应注意的问题。

6.1　工程概况

某水库是一座大Ⅱ型水库，总库容1.85亿m^3，最大坝高77 m。水库以防洪为主，兼顾灌溉、发电、旅游、供水等综合利用。水库主要建筑物有大坝、主溢洪道、非常溢洪道、泄洪洞、灌溉（发电）洞、水库电站等六大主体。

水库运行30多年来，出现了一些安全隐患，需对水库进行除险加固。为适应水库除险加固工程，拟对泄洪洞进行改建。设计上对原泄洪洞进行了较大的调整，将原泄洪洞进口抬高，调整为龙抬头布置，对平面弯道段进行调整和加固，新增出口消能工等。泄洪洞改建部分为：①进口洞脸加固；②新建龙抬头进口；③0+170－0+481段洞身衬砌加固；④原泄洪洞竖井底洞封堵；⑤新增出口工作闸和出口消能工等。改建后的泄洪洞全长597 m，沿程依次分为龙抬头进口段、竖井段、抛物线段、陡坡段、反弧段、原洞洞身加固段、弯道段、原洞洞身加固段、闸室段、平槽段、泄槽段、消力池段。其中：进口段为3.5 m×3.5 m方形洞；陡坡段至第二个原洞洞身加固段末为直径3.5 m圆形洞；闸室段设出口锁口，锁口后设弧形闸门；平槽段为矩形明槽；泄槽段底为抛物线形逐渐下降的明槽；消力池段为平面沿程扩散的明槽，尾部设消力坎。改建后的泄洪洞如图6-1所示。

改建后的水库，校核洪水位（$p=0.02\%$）656.25 m；设计洪水位（$p=1\%$）648.05 m；正常蓄水位644.5 m；汛期限制水位642.0 m；常用水位635.0 m；死水位620.5 m。

改建后的水库调度运用方式，当水位在642.0～644.0 m时，只开启泄洪洞泄洪；当水位超过644.0 m时，溢洪道和泄洪洞敞开泄洪。

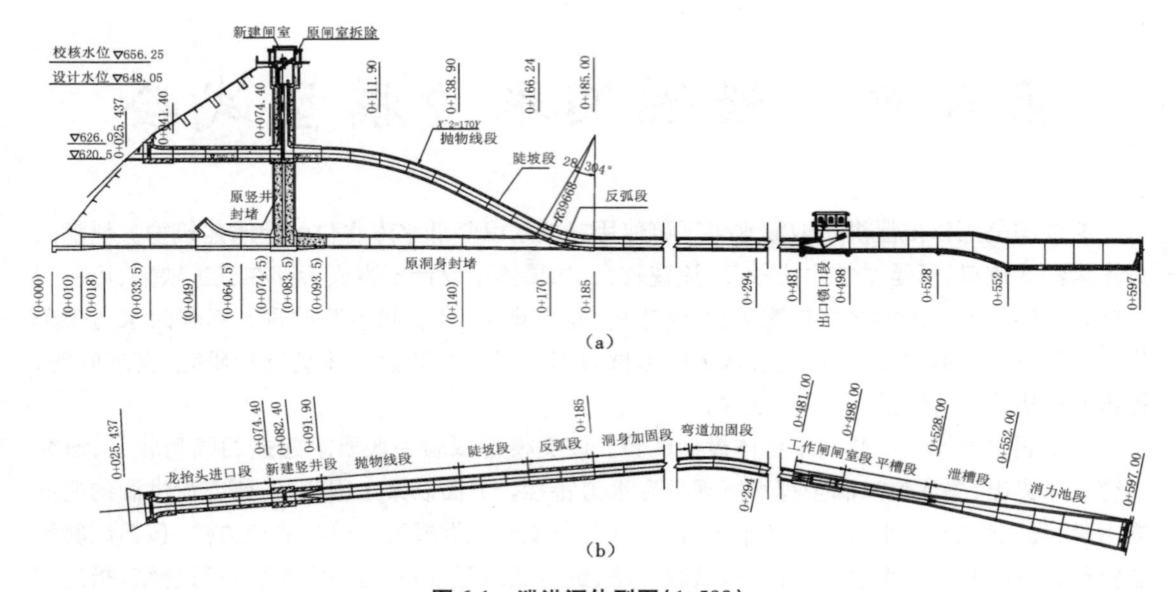

图 6-1 泄洪洞体型图(1∶500)

(a)剖面图 (b)平面图

6.2 试验所需资料

首先应对所要研究的工程有较深入的了解,理解委托方或设计单位重点关注的问题。在此基础上,明确提出模型试验所必需的资料,通常包括库区地形图、枢纽布置图、泄洪洞平面图及各纵剖面图、水库的特征指标、水库调度运用方式、泄洪洞泄流曲线(水位—流量关系)、泄洪洞壁面糙率等。针对该泄洪洞水力模型试验,明确了以下资料:

(1)库区地形图、枢纽布置图;

(2)泄洪洞平面图、纵剖面图;

(3)水库的特征指标;

(4)水库调度运用方式;

(5)泄洪洞泄流曲线(水位—流量关系)。

6.3 试验内容

通常,试验内容是委托方以试验任务书的形式提出。作为研究单位应与委托方讨论,分析试验内容的可行性,确定最终的研究内容。

为表述方便,将该泄洪洞分为泄洪洞洞身段和泄洪洞出口明槽段。泄洪洞洞身段是指进口至锁口,包括龙抬头进口段、竖井段、抛物线段、陡坡段、反弧段、原洞洞身加固段、弯道段、原洞洞身加固段和部分闸室段;泄洪洞出口明槽段是指锁口至消力坎,包括部分闸室段、平槽段、泄槽段和消力池段。针对该泄洪洞,最终确定了以下研究内容。

(1)泄洪洞的泄流能力,在各水位下的泄流能力和在特定水位不同开度下的泄流能力。

(2)泄洪洞洞身段的水头损失,以及龙抬头进口段、新竖井段、抛物线段、反弧段、弯道段等典型段的水头损失。

(3)泄洪洞洞身段沿程压强变化,特别是龙抬头段和弯道加固段,分析洞内压强变化规律;泄洪洞出口明槽段的底部压强变化,包括工作闸室段、平槽段、泄槽段和消力池段,特别是泄槽段底部是否产生负压。

(4)泄洪洞洞身段的水流流态,避免出现负流速,避免洞内发生明满流交替现象。

(5)泄洪洞进口不产生有害吸气漩涡的最低运行水位。

6.4 模型设计与制作

泄洪洞的水流运动主要受重力作用,模型按重力相似准则设计,采用正态模型,保证水流流态和几何边界条件的相似。

6.4.1 模型比尺

综合试验要求及试验场地情况等,模型几何比尺(原型量/模型量)选取 $\lambda_l=32$,各物理量的比尺关系及模型比尺列于表6-1。

表6-1　各物理量的比尺关系及模型比尺

相似准则	物理量	比尺关系	模型比尺
重力相似准则	长度	λ_l	32.00
	速度	$\lambda_v=\lambda_l^{0.5}$	5.66
	流量	$\lambda_Q=\lambda_l^{2.5}$	5 792.62
	压强	$\lambda_p=\lambda_l$	32.00
	糙率	$\lambda_n=\lambda_l^{1/6}$	1.78

为保证泄洪洞模型水流流态与原型的相似,可通过雷诺数 $Re=vd/\nu$ 进行检验。泄洪洞洞径3.2 m,当泄流量137.36 m^3/s(对应汛限水位642.0 m)时,则原型雷诺数 4.80×10^7(水温15 ℃,水的运动黏性系数 $\nu=1.138\times10^{-6}$ m/s),水流为紊流状态;相应模型雷诺数为 2.65×10^5,水流亦为紊流状态。

原型泄洪洞壁面糙率取0.014,则要求模型糙率为 $n_m=n_p/\lambda_n=0.008$。模型采用有机玻璃管,其糙率 $n=0.007\sim0.008$,模型糙率基本满足要求。

6.4.2 模型制作

模型包括部分水库、泄洪洞全程、部分下游河道。模型水库段,上游设平水段并设平水栅,用于控制水库水位。泄洪洞进水口附近库区按实际地形模拟,水泥砂浆抹面,模拟库区范围160 m×65 m×103 m(长宽深)。泄洪洞全程包括龙抬头进口段、竖井段、抛物线段、陡坡段、反弧段、洞身段、平面弯道段、闸室段及闸门、平槽段、泄槽抛物段和消力池段,均采用有机玻璃加工制作。下游河道按照实际地形模拟，采用水泥砂浆抹面，模拟下游河道范围 85 m × 63 m（长宽），河底高程 578 ~ 585 m。

模型采用下游量水，采用矩形薄壁堰。模型全长 35 m。模型布置如图 6-2。模型照片如图 6-3。

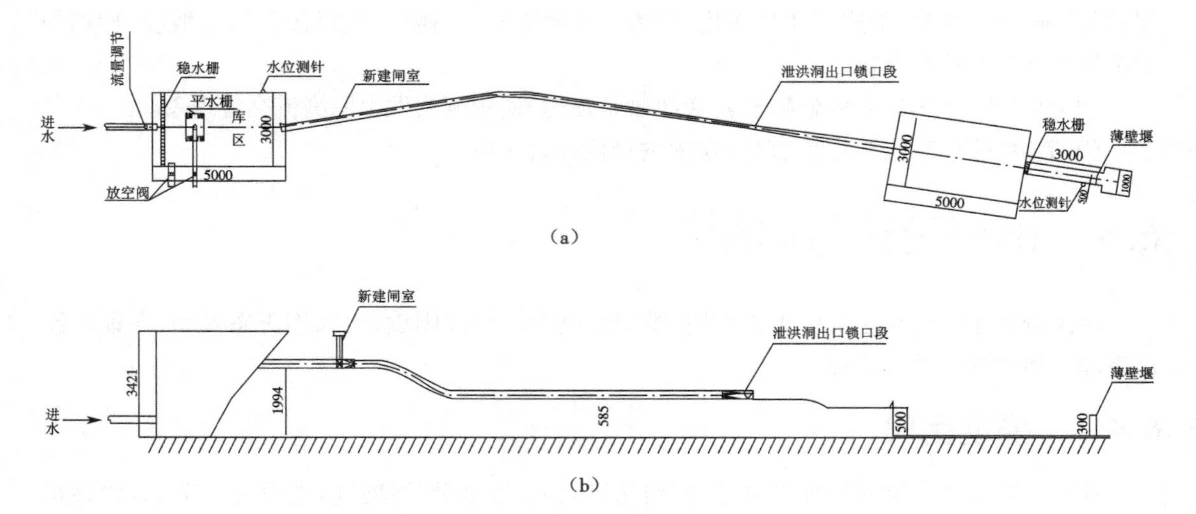

图 6-2 模型布置图(单位 mm)

(a)平面图 (b)侧视图

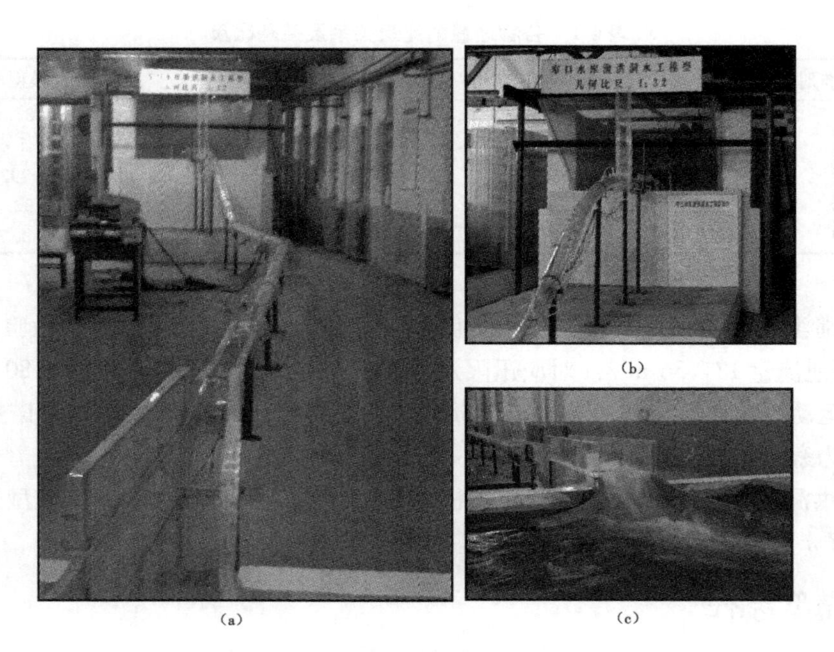

(a) (b) (c)

图 6-3 模型照片

(a)模型全景 (b)模型上游 (c)模型下游

6.5　试验方法

根据试验内容，确定具体试验工况，列出试验工况表，试验时逐一进行试验。

1. 流量量测

本次试验采用了下游量水，在模型下游设置了矩形薄壁堰，堰宽 0.5 m，堰板高 0.3 m。

2. 水位及测压管水位量测

进行试验时需对上游水位进行控制和量测，水库水位由铜管外引至测针筒内用测针量测，泄洪洞沿程各典型段的水头损失通过测压排读取各断面的测压管水位获得。

3. 泄洪洞沿程压强量测

模型设计时应布置泄洪洞沿程测点，模型制作时在选定的测点安装压力传感器。试验时，泄洪洞沿程压强采用压力传感器及 DJ 800 数据采集系统记录。

4. 沿程水流流态和进口漩涡观测

泄洪洞水流流态等采用示踪法通过数码照相机记录。泄洪洞进水口附近的漩涡观测利用数码摄像机记录。

6.6　试验成果

试验工况包括各特征水位和不同闸门开度的组合。特征水位包括常用水位 635.0 m、汛限水位 642.0 m、正常蓄水位 644.5 m、设计洪水位 648.05 m 和校核洪水位 656.25 m。闸门开度（闸孔实际过流面积与最大过流面积之比，以 β 表示）包括全开（$\beta=1.0$）和部分开启（$\beta=0.8$、$\beta=0.5$、$\beta=0.3$ 和 $\beta=0.2$ 等）。

6.6.1　泄洪洞过流能力

试验进行了不同库水位的闸门全开时泄洪洞过流能力、特征水位下的不同闸门开度时泄洪洞过流能力。

6.6.1.1　闸门全开时的水位—流量关系

试验量测了不同库水位泄洪洞闸门全开时泄洪洞的过流能力。表 6-2 为泄洪洞过流量的试验量测结果，同时与设计流量进行了比较。分析表明，试验量测的泄洪洞流量基本满足设计要求。水位较低时，实测流量略小于设计流量，与设计流量的最大相对误差为 -2.29%；水位较高时，实测流量略大于设计流量，最大相对误差为 3.44%。依据试验结果，绘制了库水位—流量关系曲线（图 6-3），泄洪洞过流量随着库水位升高逐渐增加。

表 6-2 泄洪洞试验量测的过流能力

库水位(m)	水头(m)	设计流量 Q_0(m^3/s)	实测流量 Q(m^3/s)	流量相对误差 $(Q-Q_0)/Q$(%)	实测流量系数
632	47.325	124.14	122.11	-1.66	0.57
634	49.325	126.90	124.06	-2.29	0.57
636	51.325	129.59	127.50	-1.64	0.57
638	53.325	132.23	130.23	-1.54	0.58
640	55.325	134.82	132.47	-1.77	0.57
642.05*	57.375	137.36	134.23	-2.33	0.57
644	59.325	139.86	137.77	-1.51	0.58
644.50**	59.825	140.47	140.32	-0.10	0.59
646	61.325	142.31	142.38	0.05	0.59
648.05***	63.325	144.72	146.78	1.40	0.60
650	65.325	147.09	151.49	2.91	0.60
652	67.325	149.42	154.67	3.39	0.61
654	69.325	151.72	157.06	3.40	0.61
656	71.325	153.98	159.47	3.44	0.61

注:库水位栏:*汛限水位;**正常蓄水位;***设计洪水位。

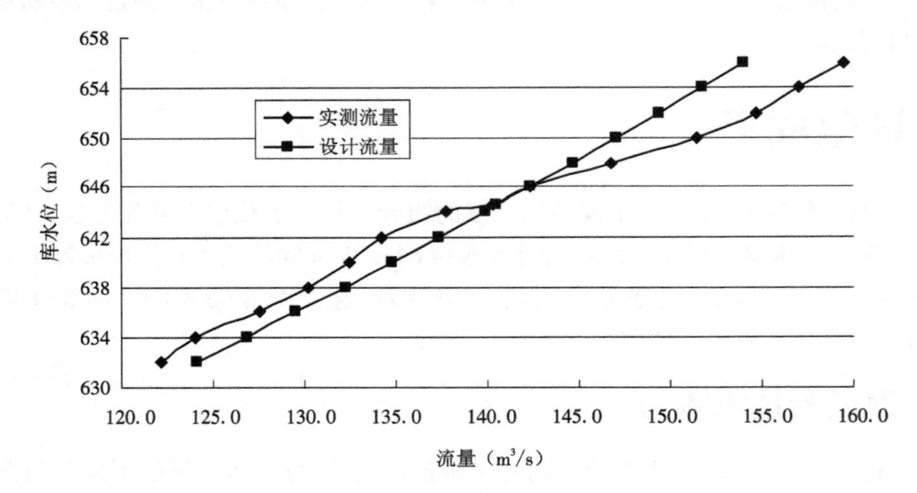

图 6-3 库水位—流量关系

泄洪洞的综合流量系数按式(6-1)计算

$$m=\frac{Q}{A\sqrt{2gH_0}} \tag{6-1}$$

式中:Q 为实测流量(m^3/s);A 为出口锁口过流断面面积(m^2);$H_0=H+\alpha v_0^2/(2g)$ 为作用水头(m);v_0 为行近流速(m/s)。

依据实测流量计算得出,流量系数 $m=0.57\sim0.61$,具体数值列于表 6-2。图 6-4 为作用水头与流量系数的关系曲线。流量系数随作用水头的增加有所增大。

6.6.1.2 闸门不同开度时的泄流量

对特征水位的不同闸门开度工况,量测了泄洪洞的泄洪能力。表 6-3 为正常蓄水位 644.5 m 和常用水位 635 m 不同闸门开度的泄洪洞过流能力试验结果。图 6-5 为正常蓄水位

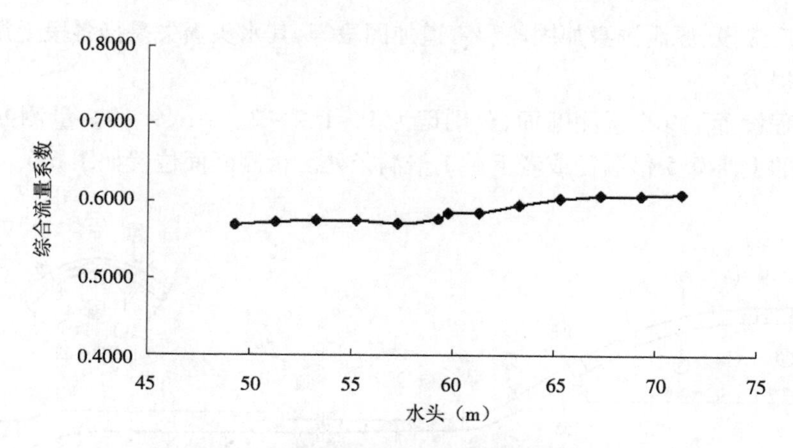

图6-4　泄洪洞水头—综合流量系数关系

644.5 m和常用水位635 m泄洪洞泄流量随闸门开度的变化。

表6-3　不同闸门开度时的泄流量(单位 m^3/s)

闸门开度β	0.1	0.2	0.3	0.4	0.5	0.6	0.7	0.8	0.9	1.0
正常蓄水位644.5 m	18.62	34.20	48.94	62.80	73.98	91.21	102.12	117.05	128.74	140.32
常用水位635 m	18.48	32.87	47.08	59.07	70.76	81.69	89.91	104.86	114.91	127.01

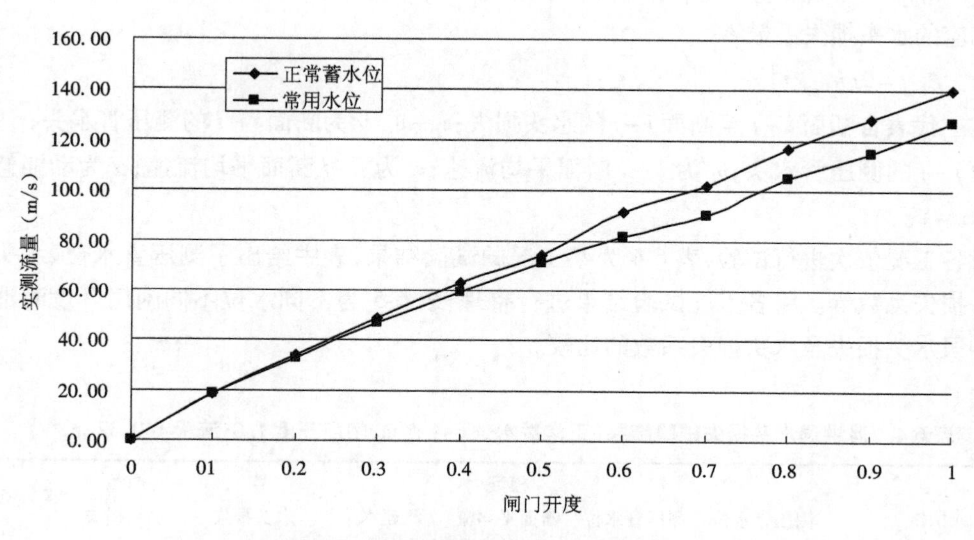

图6-5　泄洪洞流量—闸门开度关系

6.6.2　泄洪洞水头损失

对各运行工况，试验量测了泄洪洞洞身段水头损失和各典型段的水头损失。泄洪洞洞身段水头损失是指进口至锁口断面间的能量损失；各典型段包括龙抬头进口段、新竖井段、抛物线段、陡坡段、反弧段、原洞洞身加固段和弯道加固段等,其水头损失是指各段上游断面至下游断面间的能量损失。

泄洪洞沿程设置了 9 个量测断面,分别记为 1-1、2-2、……、9-9。量测断面设在相邻两段相接断面的上游 0.5 倍洞径或者下游 1 倍洞径处。量测断面位置如图 6-6。

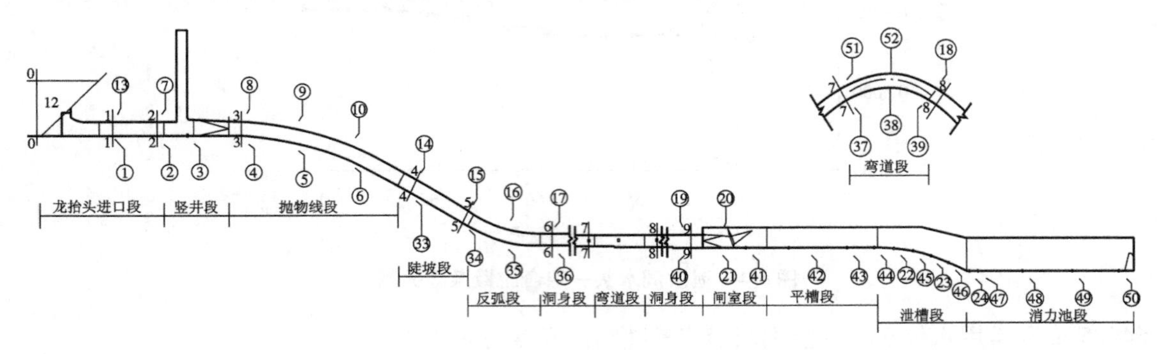

图 6-6 测压管断面及压力传感器位置图

两过流断面间的能量方程为

$$z_i + p_i/\gamma + \alpha_i v_i^2/2g = z_j + p_j/\gamma + \alpha_j v_j^2/2g + h_{i-j} \tag{6-2}$$

则两过流断面间的水头损失 h_{i-j}

$$h_{i-j} = (z_i + p_i/\gamma) - (z_j + p_j/\gamma) + \alpha_i v_i^2/2g - \alpha_j v_j^2/2g \tag{6-3}$$

相应的水头损失系数 ξ

$$\xi_{i-j} = 2gh_{i-j}/v_j^2 \tag{6-4}$$

式中:h_{i-j}代表自断面 $i-i$ 至断面 $j-j$ 的水头损失;$z_i + p_i/\gamma$ 为断面 $i-i$ 的测压管水头;$z_j + p_j/\gamma$ 为断面 $j-j$ 的测压管水头;v_i 为 $i-i$ 断面平均流速;v_j 为 $j-j$ 断面平均流速;α 为动能修正系数,取 $\alpha = 1$。

对各工况依次进行试验,表 6-4 为某工况的试验结果,表中给出了测压管水位、水头损失和水头损失系数等。将各工况试验结果进行整理,表 6-5 为不同水位不同闸门开度时泄洪洞各典型段水头损失及水头损失系数的比较。

表 6-4 泄洪洞水头损失试验结果(正常蓄水位 644.5 m,闸门开度 1.0,流量 140.32 m³/s)

典型段	模型					原型	水头损失系数 ξ_{i-j}
	测压管水位 ∇_i(m)	测压管水位 ∇_j(m)	断面平均流速 v_j(m/s)	流速水头 $v_j^2/2g$(m)	水头损失 h_{i-j}(m)	水头损失 h_{i-j}(m)	
进口段 (0-0~1-1)	1.812	1.578	2.003	0.205	0.029	0.941	0.144
新竖井段 (2-2~3-3)	1.547	1.377	2.551	0.332	0.043	1.366	0.129
抛物线段 (3-3~4-4)	1.377	1.292	2.551	0.332	0.085	2.720	0.256

续表

典型段	模型 测压管水位 ∇_i(m)	测压管水位 ∇_j(m)	断面平均流速 v_j(m/s)	流速水头 $v_j^2/2g$(m)	水头损失 h_{i-j}(m)	原型 水头损失 h_{i-j}(m)	水头损失系数 ξ_{i-j}
反弧段 (5-5~6-6)	1.096	1.010	3.087	0.486	0.087	2.768	0.178
弯道加固段 (7-7~8-8)	0.778	0.707	3.087	0.486	0.071	2.272	0.146
洞身全段 (0-0~9-9)	1.812	0.192	3.087	0.486	1.134	36.301	2.334

注：水头损失系数 $\xi_{i-j}=h_{i-j}/(v_j^2/2g)$，例如 $\xi_{2-3}=h_{2-3}/(v_3^2/2g)=0.043/0.332=0.129$。

表 6-5　泄洪洞各典型段水头损失及水头损失系数的比较

典型段	正常蓄水位 644.5 m $\beta=1.0$；$Q=140.32\ m^3/s$		常用水位 635.0 m $\beta=1.0$；$Q=127.01\ m^3/s$		$\beta=0.8$；$Q=104.86\ m^3/s$		$\beta=0.5$；$Q=70.76\ m^3/s$		$\beta=0.2$；$Q=32.87\ m^3/s$	
	水头损失(m)	水头损失系数	水头损失(m)	水头损失系数	水头损失(m)	水头损失系数	水头损失(m)	水头损失系数	水头损失(m)	水头损失系数
进口段	0.941	0.144	0.845	0.158	0.571	0.156	0.255	0.153	0.057	0.160
新竖井段	1.366	0.129	1.175	0.135	0.863	0.146	0.468	0.173	0.081	0.139
抛物线段	2.720	0.256	2.352	0.270	1.632	0.275	0.720	0.267	0.144	0.248
反弧段	2.768	0.178	2.272	0.178	1.472	0.170	0.736	0.186	0.160	0.188
弯道加固段	2.272	0.146	1.568	0.123	1.216	0.140	0.592	0.150	0.112	0.131
洞身全段	36.301	2.334	30.666	2.407	20.456	2.357	9.948	2.514	2.060	2.419

不同水位的不同闸门开度时泄洪洞各典型段水头损失系数变化不大。进口段水头损失系数 0.144~0.160，竖井段水头损失系数 0.152~0.173，抛物线段水头损失系数 0.256~0.275，反弧段水头损失系数 0.170~0.188，平面弯道段水头损失系数 0.123~0.150。各典型段的水头损失，抛物线段和反弧段水头损失相对较大。

6.6.3　泄洪洞压强沿程变化

试验量测了各工况泄洪洞沿程压强变化。针对泄洪洞各典型段，如泄洪洞洞身段（进口至锁口）的抛物线段、反弧段、弯道加固段，以及出口明槽段（锁口至消力坎）的闸室段、平槽段、泄槽抛物段和消力池段等，沿程布置压力传感器，见图 6-6。

对各工况依次进行试验，并对各工况试验结果进行整理。表 6-6 和表 6-7 列出了两工况的试验结果，图 6-7 和图 6-8 绘出了泄洪洞沿程时均压强变化。

表 6-6 泄洪洞沿程时均压强试验结果(工况:正常蓄水位 644.5 m,闸门开度 1.0,流量 140.32 m³/s)

传感器	1#	2#(7#)		3#	4#(8#)		5#(9#)		6#(10#)	
压强(kPa)	162.35	137.11(117.08)		156.31	84.75(65.77)		100.45(44.67)		129.65(91.64)	
传感器	33#	34#	35#	36#	37#(51#)		38#(52#)		39#	40#
压强(kPa)	192.36	305.41	295.62	261.34	220.12(241.99)		204.10(252.06)		218.28	102.98
传感器	41#	42#	43#	44#	45#	46#	47#	48#	49#	50#
压强(kPa)	28.11	28.95	30.97	17.84	4.22	7.02	23.29	13.75	32.40	69.08

表 6-7 泄洪洞沿程时均压强试验结果(工况:常用水位 635 m,闸门开度 1.0,流量 127.01 m³/s)

传感器	12#	1#(13#)		2#(7#)		3#	4#(8#)		5#(9#)		6#(10#)	
压强(kPa)	99.23	87.12(55.80)		69.03(41.98)		74.82	24.26(-0.21)		34.30(-11.22)		70.80(42.24)	
传感器	33#(14#)		34#(15#)		35#(16#)		36#(17#)		37#(51#)		38#(52#)	
压强(kPa)	138.58(89.81)		224.46(154.40)		249.92(214.18)		250.37(213.69)		178.74(198.28)		172.38(197.63)	
传感器	39#(18#)		40#(19#)		21#(20#)		41#	42#	43#	44#	22#	45#
压强(kPa)	168.05(147.65)		84.14(51.24)		50.30(31.36)		30.08	31.04	30.82	16.77	14.70	5.21
传感器	23#	46#	24#	47#	48#	49#	50#	—	—	—	—	—
压强(kPa)	11.24	9.40	68.04	18.48	27.99	52.65	70.78	—	—	—	—	—

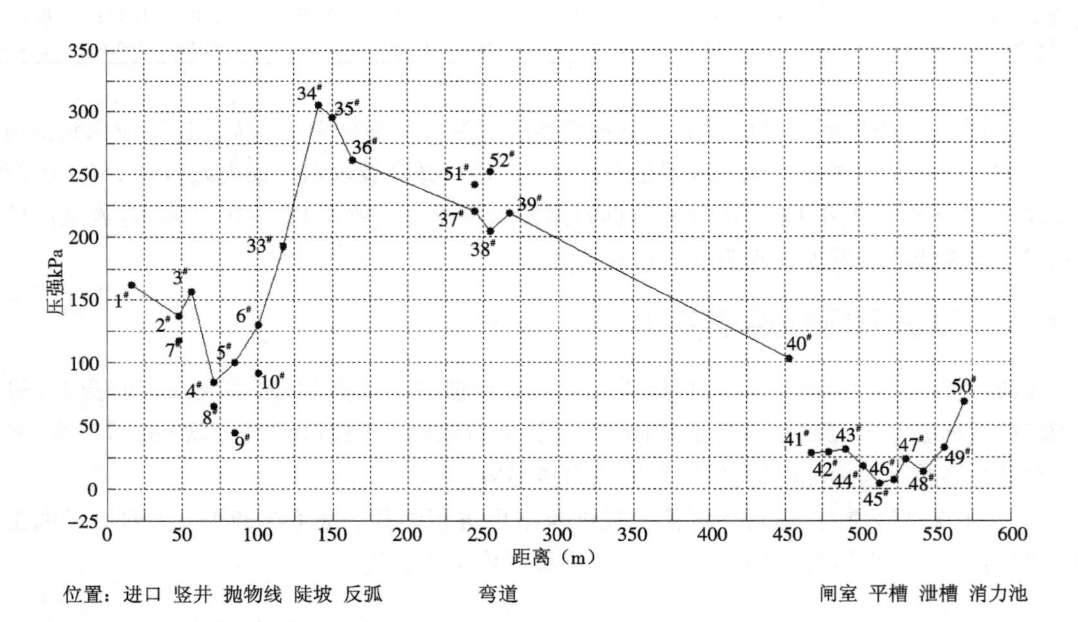

图 6-7 泄洪洞压强沿程变化(正常蓄水位 644.5 m,闸门全开,流量 140.32 m³/s,测点位置见图 6-6)

泄洪洞洞身段,在各特征水位和不同闸门开度时,压强均为正值,时均压强稳定,脉动压强较小。

泄洪洞出口明槽段,正常蓄水位 644.5 m、汛限水位 642.05 m 条件下,泄洪洞闸门全开

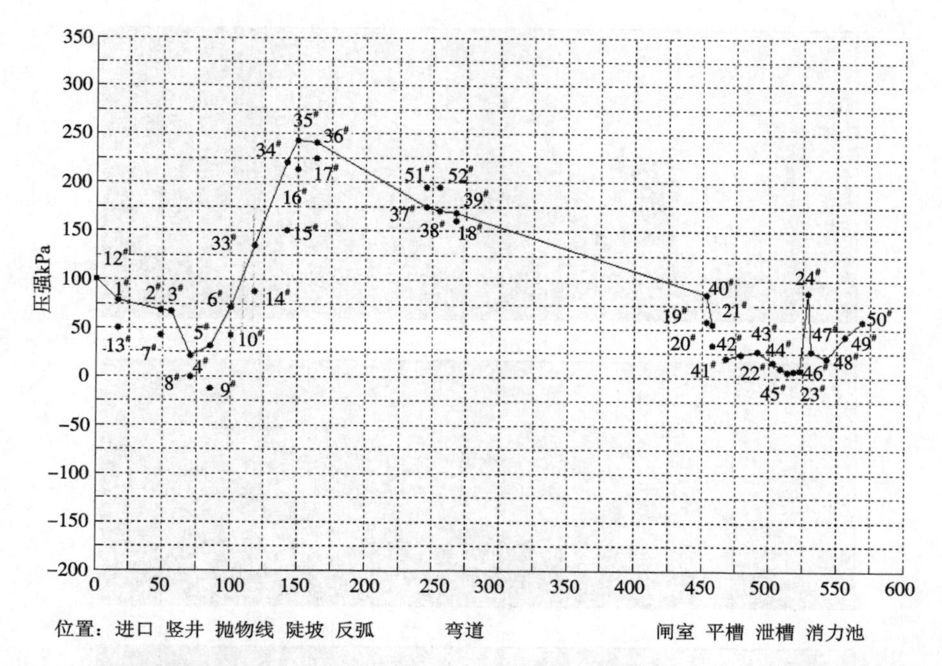

图6-8　泄洪洞压强沿程变化(常用水位635 m,闸门全开,流量127.00 m^3/s,测点位置见图6-6)

时,工作闸室段、平槽段、泄槽段和消力池段等底部压强均为正值,泄槽抛物线段压强较小。例如,正常蓄水位下45#测点压强为4.22 kPa,汛限水位下45#测点压强为4.88 kPa。常用水位635.0 m条件下,泄洪洞闸门全开时,工作闸室段、平槽段、泄槽段和消力池段等底部压强均为正值,泄槽抛物线段压强较小,例如45#测点压强为5.21 kPa。泄洪洞闸门部分开启时,泄槽抛物线段中段底板压强更小,甚至出现较小负压。例如:闸门开度0.5时,45#测点压强为0.86 kPa;闸门开度0.2时,45#测点压强为-0.38 kPa。

6.6.4　泄洪洞水流流态

在常用水位635.0 m、汛限水位642.05 m、正常蓄水位644.5 m和设计洪水位648.05 m等特征水位下,观测了闸门全开和部分开启时泄洪洞洞身段(进口至出口锁口)和出口段(出口锁口至消力坎)的水流流态。图6-9和图6-10为正常蓄水位闸门全开时洞身段和出口段流态试验照片。同时,试验量测了各工况出口段的水面线,包括设计洪水位648.05 m、正常蓄水位644.5 m、汛限水位642.05 m和常用水位635.0 m的不同闸门开度工况。图6-11给出了常用水位635.0 m不同闸门开度的出口段水面线试验结果。

泄洪洞洞身段,在各特征水位下闸门不同开度时,洞身段全程均为满流状态,洞内水流平顺,无反向流速,流态稳定。

泄洪洞出口明槽段,水流流速较大。在闸室段和平槽段,水流流态较好,水面平稳;进入泄槽段后,过流断面中间水面高于两侧,水流在泄槽段底部无分离现象;进入消力池后,主流靠近底部,水面剧烈翻滚,水面抬高,在消力池尾部,水流逐渐平稳,经消力坎流入河道。

设计洪水位648.05 m、正常蓄水位644.5 m和汛限水位642.05 m闸门全开时,平槽段水

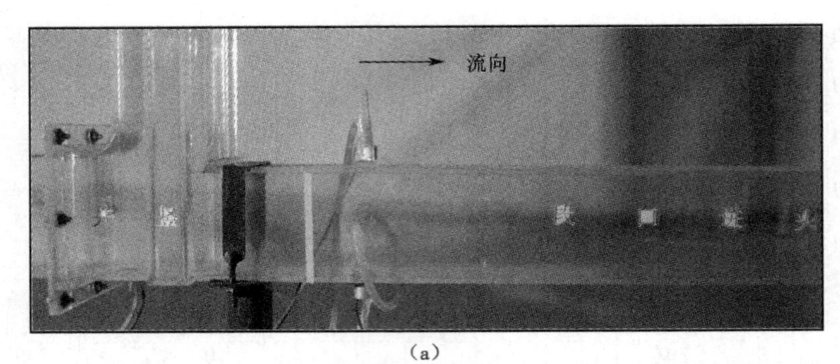

(a)

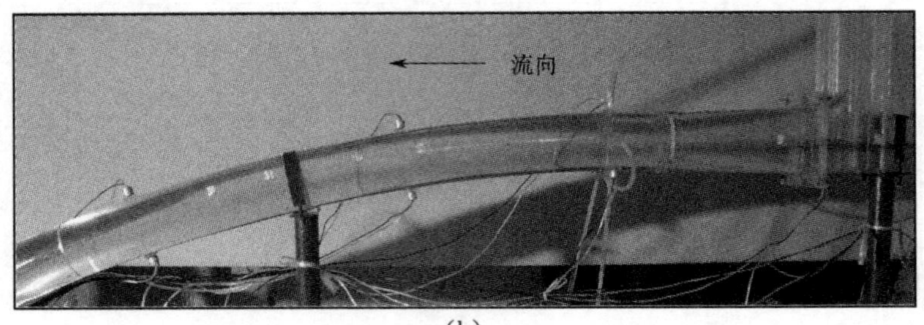

(b)

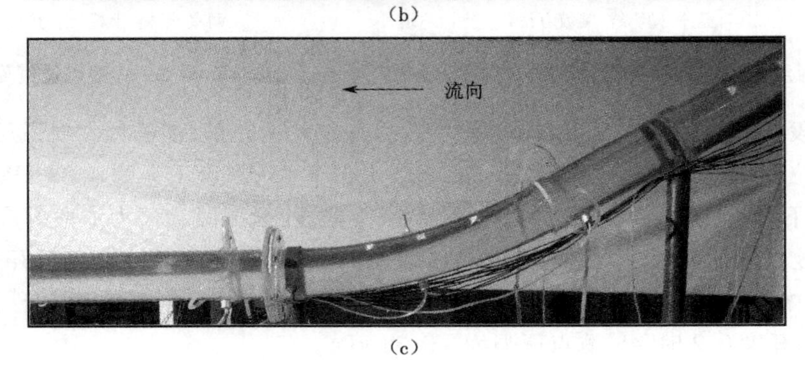

(c)

图 6-9 洞身段流态照片(正常蓄水位 644.5 m,闸门全开)

(a)龙抬头进口段及竖井段流态 (b)抛物线段流态 (c)反弧段流态

图 6-10 出口段流态照片(正常蓄水位 644.50 m,闸门全开)

面平稳,流态较好;泄槽段,泄槽中间水面明显高于两侧;进入消力池后,水流形成稳定的水跃,消能效果较好,但水流在消力池段沿边墙时有溢出。设计洪水位 648.08 m 时消力池最高水面高出边墙 2.9 m,正常蓄水位 644.5 m 时消力池最高水面高出边墙 1.94 m,汛限水位 642.05 m 时消力池最高水面高出边墙 1.3 m。

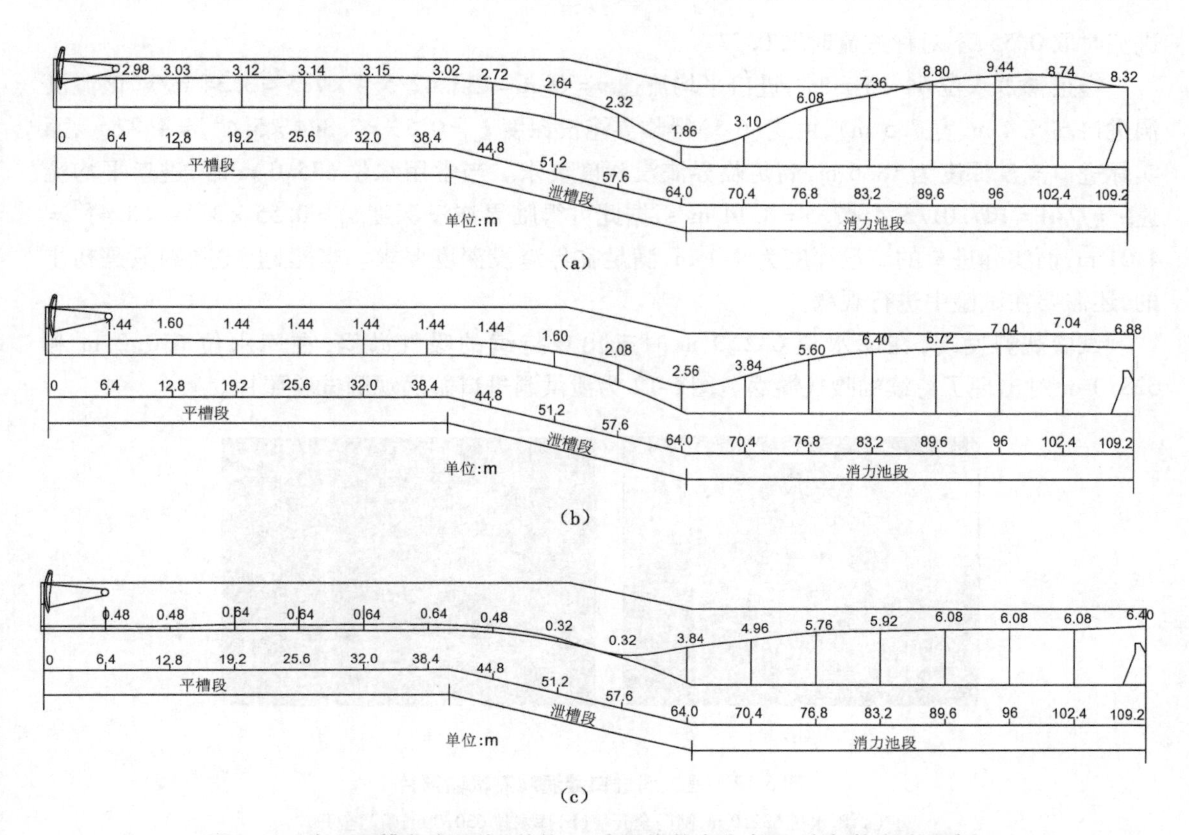

图6-11 出口明槽段水面线(单位m,水面线数字为水深,底部数字为距离)

(a)常用水位635.0 m,闸门开度1.0,流量127.01 m^3/s (b)常用水位635.0 m,闸门开度0.5,流量70.76 m^3/s

(c)常用水位635.0 m,闸门开度0.2,流量32.87 m^3/s

常用水位635.0 m闸门全开时,平槽段水面平稳,流态较好;进入泄槽段后,水流中部明显高于两侧,底部无分离现象;进入消力池后,主流靠近底部,形成稳定的水跃,水面翻滚、掺气,消能效果较好。消力池段水流偶有溢出,但溢出程度较小,最高水面高出边墙1.14 m。

常用水位635.0 m闸门部分开启时,流量较小,流速也有所降低。在平槽段和泄槽段,流态较好,水流平稳;进入消力池后,形成稳定的水跃,消能效果较好,消力池段水流没有溢出现象。

6.6.5 泄洪洞最低运行水位

进水口最低运行水位,是指当水库水位低于该水位时,进水口可能产生对工程有害的吸气漩涡。

Gordon J L(1970)[9]根据29个水电站进水口的原型观测资料分析结果认为,在一定的边界条件下,漩涡的形成与进口的流速、尺寸和淹没深度有关,即与弗劳德数 Fr 有关,不出现吸气漩涡的临界淹没深度 s_c 建议按下式确定:

$$s_c = cvd^{1/2} \tag{6-5}$$

式中:s_c 为自进口顶部起算的临界淹没深度;d 为进口高度;v 为进口平均流速;c 为系数,对称进流时取0.55，不对称进流时取0.73。

当正常蓄水位644.5 m时，进口平均流速 $v = Q/A = 135.42/5.4 \times 7.5 = 3.34$ m/s（该泄洪洞进口高5.4 m、宽7.5 m），由式（6-5）得临界淹没深度 $s_c = 0.55 \times 3.344 \times 5.4^{0.5} = 4.27$ m，而实际进口淹没深度为18.6 m，满足临界淹没深度要求。当常用水位635.0 m时，进口平均流速 $v = Q/A = 127.01/5.4 \times 7.5 = 3.14$ m/s，据此可得临界淹没深度 $s_c = 0.55 \times 3.14 \times 5.4^{0.5} = 4.01$ m，而实际进口的淹没深度为9.1 m，满足临界淹没深度要求。当然，上述判别只是初步的，还需要在试验中进行观测。

试验观测发现，在库水位632.0 m时未出现持续的吸气漩涡，在库水位630.0 m和628.0 m时出现了持续的吸气漩涡。图6-12为泄洪洞进口漩涡观测试验照片。

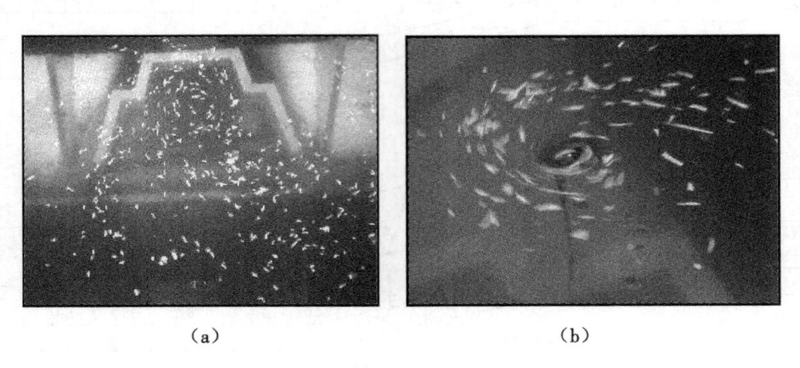

（a） （b）

图6-12 泄洪洞进口漩涡观测试验照片

（a）库水位632.0 m，闸门全开 （b）库水位630.0 m，闸门全开

综合试验及经验公式结果，确定泄洪洞的最低运行水位632.0 m。

6.6.6 优化设计及试验

上述试验研究表明，原设计方案存在两个问题：一是常用水位635.0 m闸门部分开启时，泄槽段中段底板压强较小，甚至产生负压；二是高水位闸门全开时，水流在消力池段时有溢出。泄槽段底部负压可能危害泄槽底板的安全，消力池段水流沿边墙时有溢出是应当避免的。因此，应对原设计方案进行优化，解决这两个问题。综合分析试验成果并考虑实际工程现状，拟采用以下优化措施：①针对泄槽段底板的负压现象，将泄槽段曲线逐渐抬高，进行优化；②针对水流沿消力池边墙时有溢出的问题，在保证消力池消能效果的前提下，采用调整消力坎高度和提高边墙高度相结合的方法进行优化。

1. 泄槽曲线优化

根据原方案泄槽底板曲线 $y = -0.010\,5x^2$，设定三个优化方案：优化方案a为 $y = -0.010\,0x^2$，优化方案b为 $y = -0.009\,5x^2$，优化方案c为 $y = -0.009\,0x^2$，各方案曲线尾部依次抬高，如图6-13。

首先利用数值模拟手段，对设定的三个优化方案进行优化。数值模拟优化结果表明，泄槽底板曲线微微抬高后，泄槽底板出现负压的现象将得到较好的改善，建议采用优化方案a（$y = -0.010\,0x^2$）。

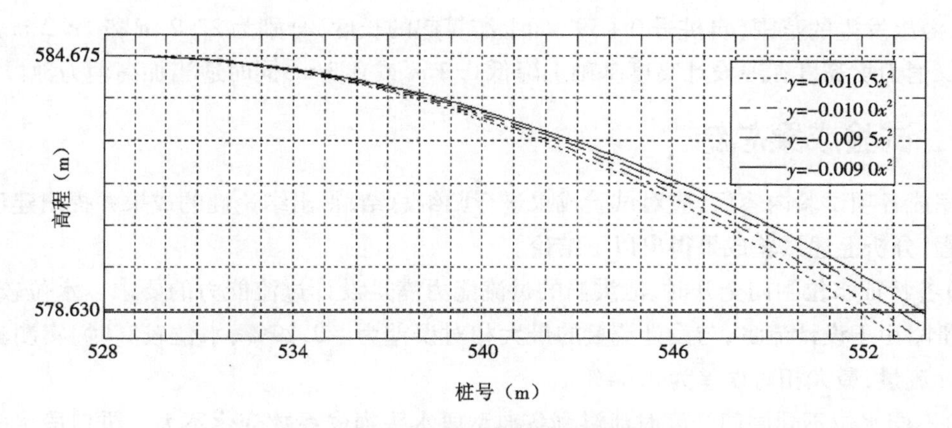

图 6-13　泄槽段曲线优化方案

对建议的优化方案进行试验研究，在常用水位 635.0 m 不同闸门开度工况下，量测了优化方案 a 即 $y = -0.010\,0x^2$ 的泄槽段底板压强，并与原方案 $y = -0.010\,5x^2$ 进行了比较，具体见表 6-8。

表 6-8　曲线调整前后泄洪洞沿程时均压强试验结果比较（常用水位 635 m）

闸门开度	泄槽底板曲线	泄槽底板压强（kPa）						
		43#	44#	22#	45#	23#	46#	24#
1.0	原方案	30.83	16.77	14.70	5.22	11.24	9.41	68.04
	方案 a	27.62	15.88	10.01	6.25	6.86	7.96	87.44
0.8	原方案	21.33	8.37	8.07	0.10	7.52	6.52	78.16
	方案 a	19.32	9.05	4.09	3.71	3.83	4.78	96.22
0.5	原方案	14.15	6.14	6.60	0.86	8.82	7.39	54.07
	方案 a	11.74	6.62	1.76	2.44	2.88	4.91	89.39
0.2	原方案	11.65	6.23	8.21	-0.38	8.88	7.83	57.41
	方案 a	3.77	3.76	2.08	1.97	2.69	5.91	65.48

原方案泄槽段曲线，在常用水位 635.0 m 不同闸门开度工况下，45#测点在闸门开度 0.2 时出现负压；优化方案 a 泄槽段曲线，各闸门开度工况下，45#测点压强均为正值，同时其他测点也未出现负值。

2. 消力坎高度调整

原设计方案，高水位闸门全开时，水流在消力池段时有溢出。因此，首先调整消力坎高度，拟将原消力坎高度分别降低 0.2 m、0.3 m 和 0.5 m。试验观测三方案的消能效果、水跃范围、溢出情况等，并同原设计方案比较。

试验结果表明，随着坎高的降低，水跃起始位置发生变化，随着坎高的逐渐降低，水跃逐渐向下游推进。在消力池长度不变的条件下，起始位置的移动意味着水跃的主跃段可能会超出消力池范围。观测发现，当坎高降低 0.5 m 时，同原设计坎高相比，水跃起始位置向下游移动约 5 m，水跃超出消力池，坎上部水流波动增加，消能效果下降。坎高降低 0.2 m 和坎高降低 0.3 m 时，水跃仍在消力池内，消能效果较好，消力池段最高水面分别高出边墙 1.30 m 和

0.82 m,溢出发生的范围(自桩号0+597向上游算起的长度)分别为22.2 m和19.2 m。

建议消力坎高度在原设计高度基础上降低0.2 m或0.3 m,同时适当加高消力池段边墙。

6.6.7 试验成果总结

在完成各项试验内容后,应对试验成果进行归纳总结,得出结论性的成果并提出建议。针对该工程,分析上述试验成果得出以下结论。

(1)各特征水位闸门全开时,泄洪洞的过流能力满足设计过流能力的要求。水位较低时,实测流量略小于设计流量,与设计流量的最大相对误差为-2.29%;水位较高时,实测流量略大于设计流量,最大相对误差为3.44%。

(2)不同水位不同闸门开度时泄洪洞各典型段水头损失系数变化不大。进口段水头损失系数0.144~0.160,竖井段水头损失系数0.152~0.173,抛物线段水头损失系数0.256~0.275,反弧段水头损失系数0.170~0.188,平面弯道段水头损失系数0.123~0.150。各典型段的水头损失,抛物线段和反弧段水头损失相对较大。

(3)泄洪洞洞身段,各特征水位和闸门不同开度时,压强均为正值,时均压强稳定,脉动压强较小。泄洪洞出口明槽段,各特征水位,闸门全开时,工作闸室段、平槽段、泄槽段和消力池段等底部压强均为正值,泄槽段底部压强较小;闸门部分开启时,泄槽抛物线段中间部分底部压强更小,甚至出现较小负压。

(4)各特征水位,泄洪洞洞身段全程均为有压流,洞内水流平顺。各特征水位下,消力池起到了较好的消能效果,但流量较大时,在消力池段水流沿边墙时有溢出。例如,正常蓄水位644.5 m闸门全开时,消力池内最高水面高出边墙1.94 m。

(5)各特征水位,泄洪洞进口均未产生有害的吸气漩涡。试验观测表明,泄洪洞进口不产生有害吸气漩涡的最低运行水位为632.0 m。

(6)对原设计方案泄槽段曲线进行了优化,建议泄槽段曲线采用$y=-0.0100x^2$。试验及数值模拟表明,在常用水位635.0 m各闸门开度工况下,优化方案的泄槽底板未出现负压强。

(7)对消力池进行了优化调整,建议消力坎高度在原设计高度基础上降低0.2 m或0.3 m,同时适当加高消力池段部分边墙。

另外,本次试验研究结合了数值模拟方法,对各工况下泄洪洞洞身段的水头损失、流速分布、流态等进行数值模拟,配合试验研究。例如,泄洪洞内流速分布等试验量测存在困难,数值模拟得出了详细的泄洪洞内的流速数据。

6.7 本章总结

(1)泄洪洞属水利枢纽中的单体建筑物,对于重点研究单体建筑物水力特性的试验,依据水工(常规)模型试验规程[1],模型几何比尺不宜大于80。

(2)本章进行的泄洪洞水力模型试验,因泄量小、水头低,研究内容相对常规。对于大型泄洪洞,因泄量大、水头高,所关注的水力问题更多,例如掺气减蚀等。当然,泄洪洞水力模型试验的设计方法是相同的。

(3)在进行试验研究的同时,可结合数值模拟方法,不论是体型优化,还是获取更详细的数据,模型试验方法和数值模拟方法的结合将是更为有效和全面的研究手段。当然,数值模拟成果应首先得到试验成果的验证。

第7章　船坞灌排水模型试验

船坞灌排水系统是船坞的重要组成部分，包括灌水系统和排水系统。虹吸式流道具有结构简单、防冰防沙、启动和断流迅速等优点，在修、造船坞中得到广泛的应用。然而，虹吸式流道弯曲程度大，其水力学特性复杂，急剧的转弯使驼峰处存在严重负压。此外，虹吸式流道还需满足灌水时间、流道流态、驼峰断面负压等参数的要求。

船坞灌排水模型试验，包括灌水系统和排水系统两部分。该类模型试验关注流道内的水力现象，通过优化流道体型达到设计及运行要求。下面以某船坞工程为例，进行船坞灌排水模型试验，说明该类模型试验的研究方法，包括试验所需资料、研究内容、模型设计与制作、试验方法、试验成果等，最后对该类试验进行总结，指出试验过程中应注意的问题。

7.1　工程概况

某船坞工程由10万吨修船坞和5万吨造船坞并联而成。造船坞考虑"一条半"造船法，坞顶标高4.85 m。5万吨造船坞长369 m，宽50 m，坞底标高 -6.9 m。10万吨修船坞长276 m，宽50 m，坞底标高 -7.9 m。船坞总平面布置如图7-1所示。

船坞虹吸灌水流道剖面如图7-2所示。船坞灌水系统采用单侧短廊道虹吸灌水形式。虹吸灌水系统布置，进口断面4.0 m×1.5 m（宽×高），进口扩大喇叭口断面5.5 m×3.0 m（宽×高），进口上缘高程 -1.10 m，较平均低水位低1.65 m，进口下缘高程 -4.10 m，高出坞前水域底高程5.6 m。虹吸驼峰处断面4.0 m×0.95 m，驼峰底高程4.85 m，驼峰顶高程5.80 m。流道断面沿垂向初始宽度1.50 m，随流道弯曲，宽度沿程递减，驼峰断面处垂向宽度0.95 m为最小值，其后流道断面垂向宽度逐渐恢复至1.5 m。虹吸灌水时，启动真空泵抽气引水，同时在驼峰处设真空破坏阀。

排水流道剖面如图7-3所示。排水系统主泵采用潜水混流泵。主泵选用三套，交替全运转，手动依次启动，自动停泵。泵参数 Q = 12 400 m^3/h，H = 18.1 m，W = 700 kW，n = 485 r/min。排水系统出口采用虹吸排水形式，其出口上缘较平均低水位低1.0 m，驼峰底高程3.8 m，驼峰顶部高程5.2 m，顶部设真空破坏阀。虹吸排水出口采用喇叭口形式，降低出口流速和水流对附近船舶的影响。

外海特征水位：校核高水位3.12 m，平均高水位1.95 m，平均低水位0.55 m。

船坞设计水位：极端高水位3.12 m，极端低水位 -0.92 m，设计高水位2.38 m，设计低水位0.18 m，平均高水位1.95 m，平均低水位0.55 m。

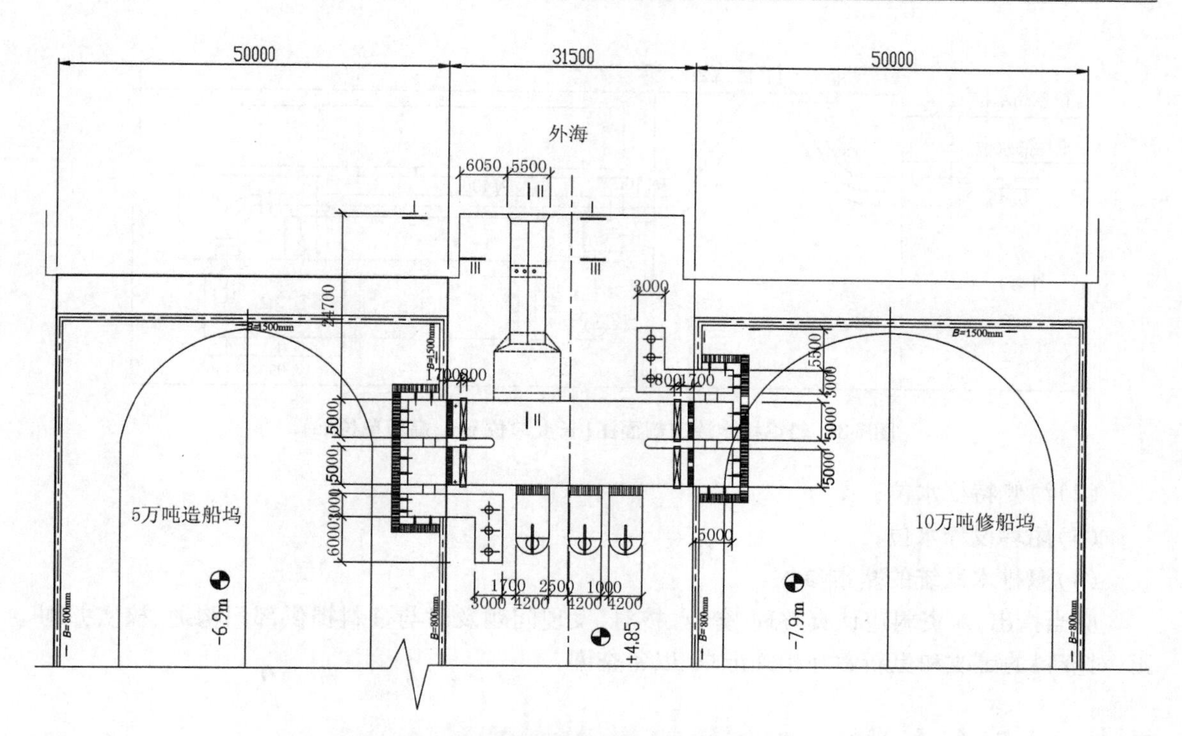

图 7-1　船坞总平面布置图(长度单位 mm;高程单位 m)

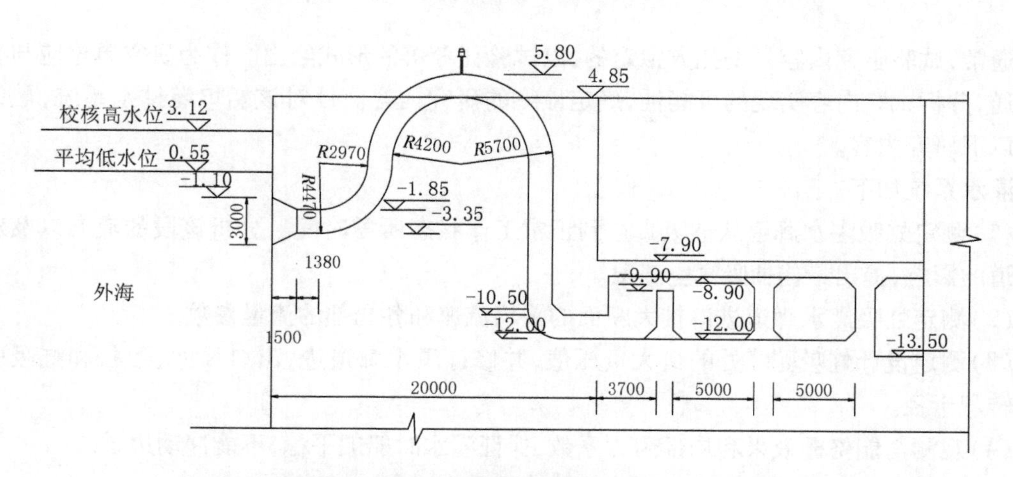

图 7-2　船坞虹吸灌水流道剖面图(长度单位 mm;高程单位 m)

7.2　试验所需资料

进行船坞灌排水模型试验,首先对所要研究的船坞灌排水系统有深入的了解,理解拟解决的问题、关注的重点。在此基础上,明确提出模型试验所必需的资料,通常包括船坞平面布置图及灌排水系统剖面图、特征水位等。针对该船坞灌排水模型试验,明确了以下资料:

(1)船坞总平面布置图和灌排水系统剖面图;

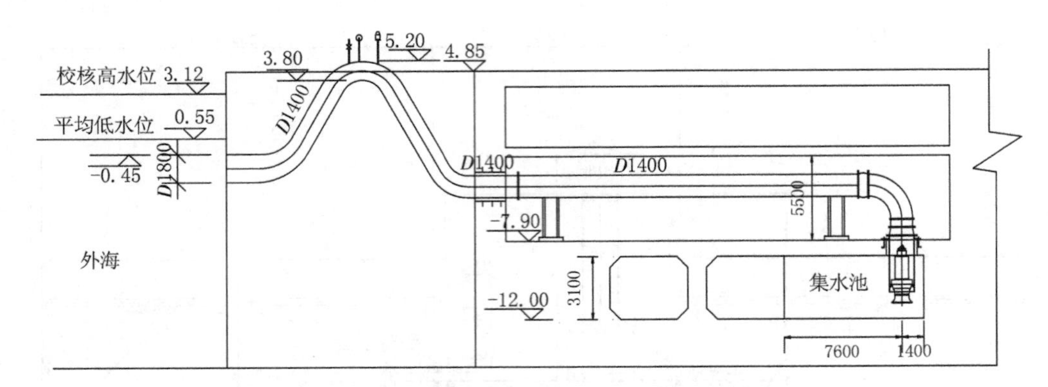

图 7-3 船坞排水流道剖面图(长度单位 mm;高程单位 m)

(2)海侧特征水位;

(3)船坞设计水位;

(4)灌排水系统的基本参数。

应当指出,对资料应认真整理、分析、核对,发现问题及时与资料提供部门沟通、核实并纠正,对资料的更改和更新做好相关记录,以备查询。

7.3 试验内容

通常,试验研究内容是委托方拟定的,以试验任务书的形式给出。作为研究单位应与委托方沟通,分析试验内容实现的可能性,确定最终的研究内容。针对该船坞灌排水系统,最终确定了以下研究内容。

灌水系统如下。

(1)测定虹吸灌水廊道从抽吸真空到正常工作状态所需时间。分析该段的流态以及对灌水廊道的影响,提出最佳抽吸真空工况。

(2)测定虹吸灌水廊道进口扩大断面的平均流速和各局部的流量参数。

(3)测定设计虹吸驼峰处的最大负压值,并修订灌水廊道进、出口尺寸、形状和虹吸驼峰处的转弯半径。

(4)观测消能格栅效果和局部阻力系数,保证灌水时船舶平稳,不能冲动边墩。

(5)测定坞室外引航道在灌水时的断面流速分布。

(6)测定并绘制流量系数与时间、水头与时间、流量与时间的关系曲线。

排水系统如下。

(1)观测主泵在各运行工况下的流态,修正导流栅间距,避免引起泵的振动。

(2)修正集水池泵流道的形状和尺寸。

(3)测定虹吸排水管鹅管处流速和压力值。

(4)测定坞室外引航道在排水时的断面流速分布。

7.4 模型设计与制作

虹吸灌水、排水属重力流，重力起主导作用，按重力相似准则（弗劳德准则）设计模型，采用正态模型，保证水流流态和几何边界条件的相似。

7.4.1 模型比尺

综合试验要求及试验场地情况等，确定模型几何比尺（原型量/模型量）$\lambda_l=20$。模型相应水力要素的比尺关系及模型比尺列于表7-1。

表7-1 各物理量的比尺关系及模型比尺

相似准则	物理量	比尺关系	模型比尺
重力相似准则	长度	λ_l	20.00
	流速	$\lambda_v=\lambda_l^{0.5}$	4.47
	时间	$\lambda_t=\lambda_l^{0.5}$	4.47
	流量	$\lambda_Q=\lambda_l^{2.5}$	1 788.85
	压强	$\lambda_p=\lambda_\rho\lambda_l$	20.00
	糙率	$\lambda_n=\lambda_l^{1/6}$	1.65
	密度	λ_ρ	1.00

7.4.2 模型制作

模型模拟外海、灌水系统、排水系统、造船坞室及修船坞室等。图7-4为模型布置图。

模拟范围：模拟外海侧100 m，并增加平水段保证水面平稳；模拟坞室100 m。

对于灌排水系统的流道，为满足糙率相似、透明可视，用有机玻璃制作。有机玻璃糙率$n=0.0079$，换算为原型糙率$n=0.0125$，这与钢管糙率$n=0.011$、混凝土管糙率$n=0.014$均比较接近。

由于直接模拟排水系统水泵存在困难，在集水池内模拟潜水混流泵外形，由有机玻璃制作，保证集水池内水流流态相似；排水系统的3台主泵置于集水池外，模型水泵依据流量与原型相似选定，以孔板流量计测定抽水泵流量值，以阀门调节流量，保证其在额定流量下运行；虹吸排水管由有机玻璃制作，保证虹吸排水管内水流运动与原型相似。图7-5为排水流道模型。

图7-6至图7-8为试验模型照片。

7.5 试验方法

根据试验内容，确定具体试验工况，列出试验工况表，逐一进行试验。

1. 压强量测

流道各断面压强和坞室水位分别采用压力传感器和波高传感器通过DJ 800水工数据采

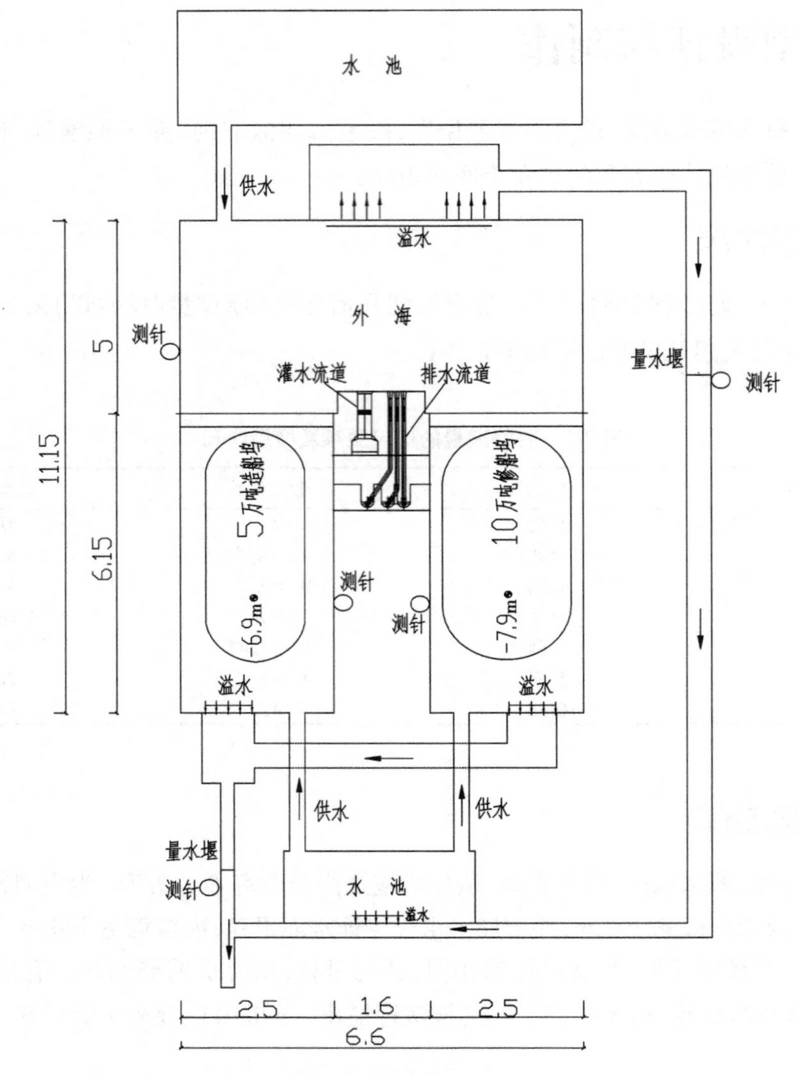

图 7-4 模型平面布置图(单位 m)

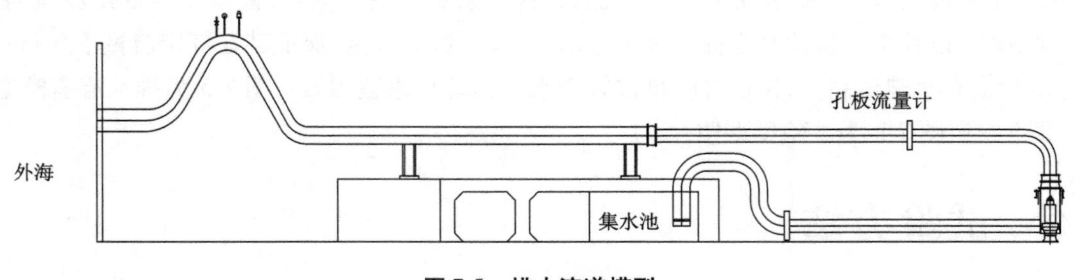

图 7-5 排水流道模型

集仪及计算机实时记录,同时采用测压排读取稳定状态下的压强值。

图 7-6　模型全景

图 7-7　虹吸灌水流道模型

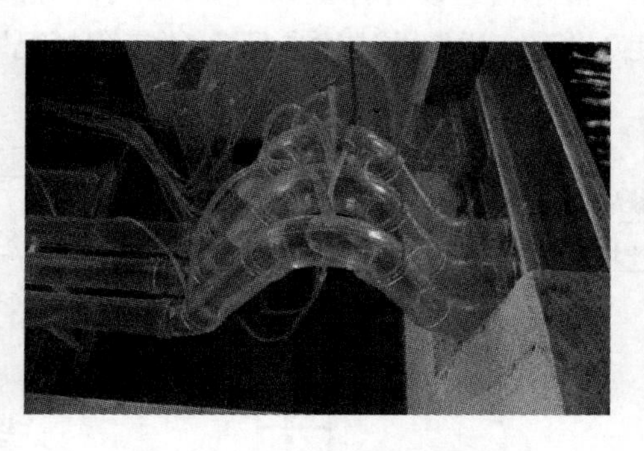

图 7-8　虹吸排水流道模型

2. 流量量测

坞室灌水流量采用矩形量水堰，本次试验采用堰宽 0.5 m、堰板高 0.3 m。排水系统采用经率定的孔板流量计量测流量。

3. 水位及水面波动量测

外海侧及坞室的水位由水位测针量测；坞室内水位波动由波高传感器通过 DJ 800 数据采集系统记录。各工况下坞室排水过程的水位—时间变化关系由波高传感器及计算机记录。

4. 动水压强量测

虹吸灌排水廊道沿程动水压强采用压力传感器及 DJ 800 数据采集系统记录，同时采用测压排读取稳定状态下的压强值。

5. 流速量测

坞室进口的流速采用 ZLY－1 型智能流速仪量测。虹吸灌排水廊道内部流速采用特制小型毕托管量测。

6. 虹吸灌水流道抽吸真空量测

在虹吸廊道顶部安装真空泵，工作时先开启真空泵抽气，当确定管道内形成连续水流时关闭真空泵。应当指出，因为虹吸灌水流道从抽吸真空到正常工作状态所需时间与海侧水位、真空泵功率有关，所以试验时所选真空泵应与原型真空泵功率或抽气流量按比尺关系对应起来。本次模型试验所用真空泵抽气流量 $Q_m = 1.8\ m^3/h$，对应原型真空泵抽气流量 $Q_p = 3\ 219\ m^3/h$。

7.6　试验成果

试验内容分两部分，一是船坞灌水试验，二是船坞排水试验。按试验任务书的要求，进行了造船坞和修船坞的相应试验。这里仅以造船坞的试验成果予以说明。具体试验工况包括：海侧校核高水位 3.12 m，海侧平均高水位 1.95 m，海侧平均低水位 0.55 m。

7.6.1 灌水系统

从以下几方面对灌水系统进行研究：虹吸灌水形成过程及所需时间；虹吸灌水流道驼峰断面负压；虹吸灌水时间、过流能力及流量系数；虹吸灌水时流道阻力；灌水廊道及坞室水流流态；虹吸破坏过程；海侧及驼峰处流速分布等。

7.6.1.1 灌水流道体型优化

首先针对灌水流道设计体型进行试验，通过比较虹吸灌水形成过程及所需时间、虹吸灌水流道驼峰断面负压，优化灌水流道体型，提出符合规范要求的合理体型。

1. 灌水流道设计体型

灌水流道设计体型如图 7-9 所示。驼峰底高程 4.85 m，驼峰顶高程 5.80 m，驼峰断面高度 0.95 m，详细的描述参见 7.1“工程概况”。

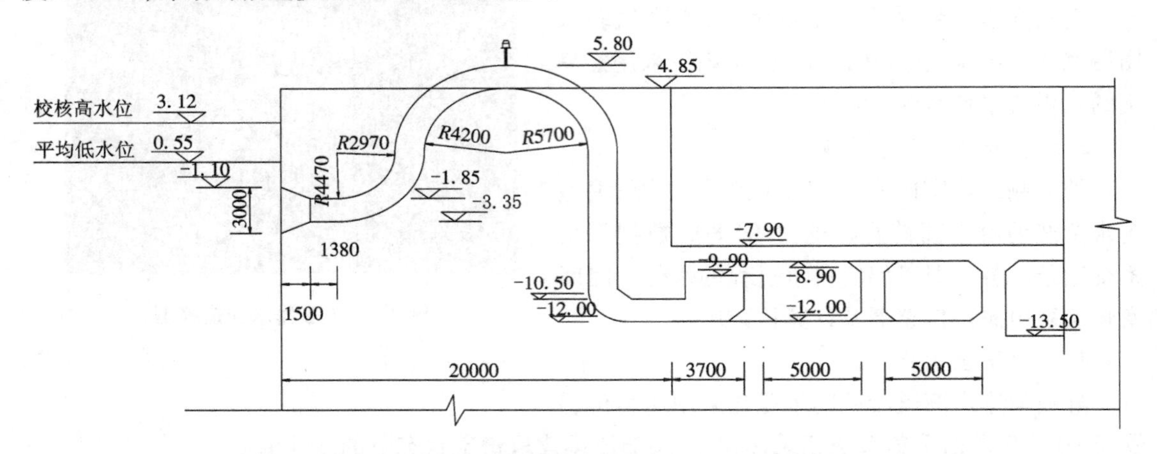

图 7-9 灌水流道设计体型剖面图（长度单位 mm；高程单位 m）

试验量测了不同海侧水位下虹吸灌水流道从抽吸真空到正常工作状态所需时间。海侧水位 3.12 m 形成虹吸所需时间 156 s，海侧水位 1.95 m 形成虹吸所需时间 176 s。海侧水位 0.55 m 时，无法形成虹吸，需加高水封高度或增大储水室长度。

灌水初期，流道驼峰顶和驼峰底负压最大。试验量测了不同海侧水位下虹吸灌水流道驼峰顶和驼峰底负压最大值，驼峰顶负压 9.52 ~ 9.86 m 水柱，驼峰底负压均超过 10 m 水柱。试验表明，在海侧水位为 0.55 m、1.95 m 和 3.12 m 时，驼峰顶和驼峰底负压值均超过规范规定。虹吸灌水流道驼峰断面最大允许负压应控制在 7 ~ 8 m 水柱[19]、[20]。为此，应对该灌水流道体型进行优化。

2. 灌水流道优化体型 Ⅰ

灌水流道优化体型Ⅰ，即驼峰底高程 4.35 m、驼峰顶高程 5.55 m、驼峰断面高度 1.20 m。

试验量测了不同海侧水位虹吸灌水流道从抽吸真空到正常工作状态所需时间，海侧水位 3.12 m 时形成虹吸所需时间 130 s，海侧水位 0.55 m 时无法形成虹吸。

试验量测了不同海侧水位下虹吸灌水流道驼峰顶和驼峰底最大负压值，驼峰顶负压 6.67 ~ 8.03 m 水柱，驼峰底负压 8.82 ~ 9.28 m 水柱，驼峰底负压值均超过规范规定。

为此,还应对该灌水流道体型进一步优化。

3. 灌水流道优化体型2

灌水流道优化体型2,即驼峰底高程4.35 m,驼峰顶高程5.85 m,驼峰断面高度1.50 m,虹吸灌水流道沿程断面等宽。试验量测表明,海侧水位3.12 m、1.95 m和0.55 m时均形成虹吸,驼峰顶和驼峰底最大负压值6.24~7.81 m水柱,符合规范要求。因此,将该体型作为灌水流道推荐体型。

下面对以该灌水流道推荐体型为基础的造船坞灌水系统进行全面研究。

7.6.1.2　灌水流道推荐体型

灌水流道推荐体型如图7-10,驼峰底高程4.35 m,驼峰顶高程5.85 m,驼峰断面高度1.50 m,虹吸灌水流道沿程断面等宽。

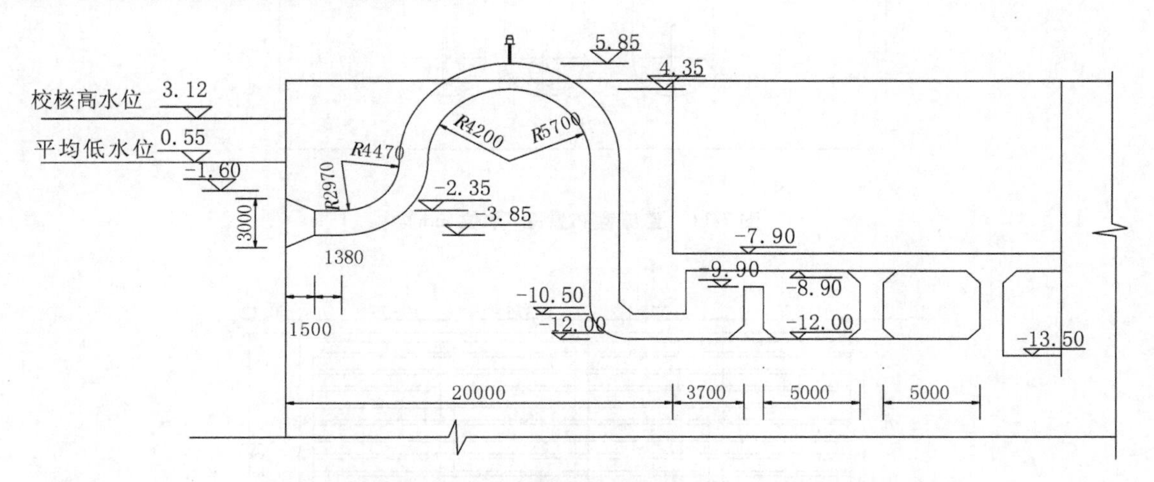

图7-10　推荐体型灌水流道剖面图(长度单位mm;高程单位m)

同时,为避免进水口可能产生漩涡,应增加进水口淹没深度,进水口较原设计方案降低了0.5 m。由于坞室灌水流道出口速度不均匀,在廊道内增加了整流墩,整流墩布置如图7-11所示,共布置整流墩8个,排为两列,每列4个,整流墩间距均为1 m。廊道顶部增加通气孔。虹吸灌水流道进口设置拦污栅,格栅边框厚0.12 m,共4条;栅条厚0.04 m,间距0.15 m,顺水流方向长0.15 m,具体尺寸如图7-12。

7.6.1.3　虹吸灌水形成过程及所需时间

虹吸形成过程:当真空泵抽气开启,流道内上、下游水位上升。当上游水位超过4.85 m(即驼峰底高程)时开始过流;继而水、气同时下泄并形成水舌,流道下游水位继续升高;当水流充满整个流道时,虹吸形成。

不同海侧水位下虹吸形成时间列于表7-2。海侧水位3.12 m形成虹吸所需时间156 s;海侧水位1.95 m形成虹吸所需时间184 s。海侧水位0.55 m不能形成虹吸,需加高水封高度或增大储水室长度,以保证抽吸真空时管道内无空气进入。试验时,对于海侧水位0.55 m工况,适当增加下游廊道储水水位,以保证虹吸形成。

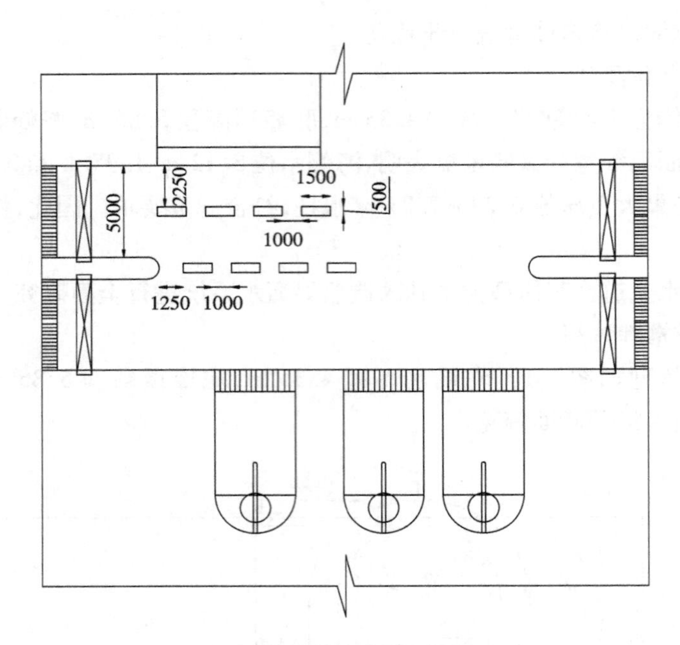

图 7-11 整流墩布置图(单位 mm)

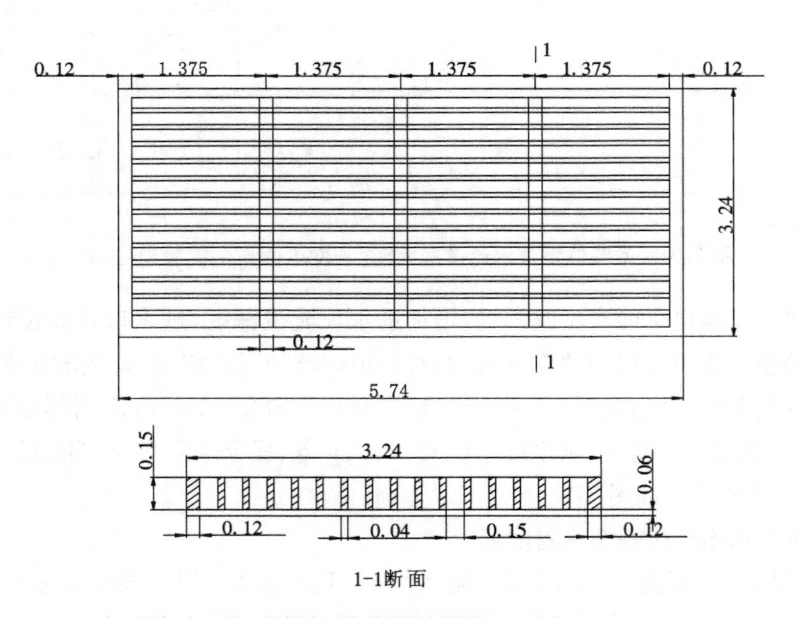

图 7-12 虹吸灌水流道进口拦污栅尺寸图(单位 m)

表 7-2 虹吸形成时间

海侧水位(m)	3. 12	1. 95	0. 55
虹吸形成时间(s)	156	184	无法形成

在各工况下海侧进口流态平稳,不出现漩涡。

7.6.1.4　虹吸灌水流道驼峰断面负压

灌水初期，流道驼峰顶和驼峰底负压最大。表7-3给出了不同海侧水位虹吸灌水流道驼峰顶和驼峰底负压最大值。海侧水位为3.12 m、1.95 m和0.55 m时，驼峰顶和驼峰底最大负压值6.24~7.81 m水柱，符合要求。

表7-3　虹吸灌水流道驼峰顶和驼峰底负压最大值（进口设置拦污栅）

海侧水位(m)	驼峰底负压(m水柱)	驼峰顶负压(m水柱)
3.12	6.28	6.24
1.95	6.82	6.95
0.55	7.48	7.81

虹吸灌水流道驼峰顶和驼峰底负压随坞室水深变化曲线（如图7-13）和坞室水位升高，驼峰负压减小。

7.6.1.5　虹吸灌水时间、过流能力及流量系数

1.虹吸灌水过流能力

各工况的流量量测结果列于表7-4。虹吸形成初始，过流能力最大，海侧水位3.12 m时最大流量41.75 m^3/s，海侧水位1.95 m时最大流量39.23 m^3/s，海侧水位0.55 m时最大流量34.66 m^3/s。

2.虹吸灌水流量系数

流量系数计算公式

$$Q=\mu A\sqrt{2gH} \tag{7-1}$$

式中：μ 为流量系数；A 为流道出口断面面积（取驼峰断面，面积6 m^2）；H 为作用水头，海侧水位与坞室水位之差。

各工况流量系数列于表7-4，流量系数在0.53~0.56。

3.虹吸灌水时间

各工况下实测虹吸灌水时间列于表7-4。海侧水位3.12 m，虹吸灌水至船坞水位3.12 m所需时间2.64小时；海侧水位1.95 m，虹吸灌水至船坞水位1.95 m所需时间2.27小时；海侧水位0.55 m，虹吸灌水至船坞水位0.55 m所需时间2.10小时。

灌水时间亦可通过式(7-2)计算。

$$T=\frac{2\Omega(\sqrt{H_1}-\sqrt{H_2})}{\mu A\sqrt{2g}} \tag{7-2}$$

式中：T 为灌水时间；Ω 为坞室平面面积（369×50 m^2）；H_1 为灌水开始时海侧水位与坞室水位差；H_2 为灌水结束时海侧水位与坞室水位差；μ 为流量系数；A 为流道出口面积（面积6m^2）。计算值亦列于表7-4，计算结果与实测结果吻合。

各工况下流量系数—时间、水头—时间、流量—时间关系曲线绘于图7-14至图7-16。

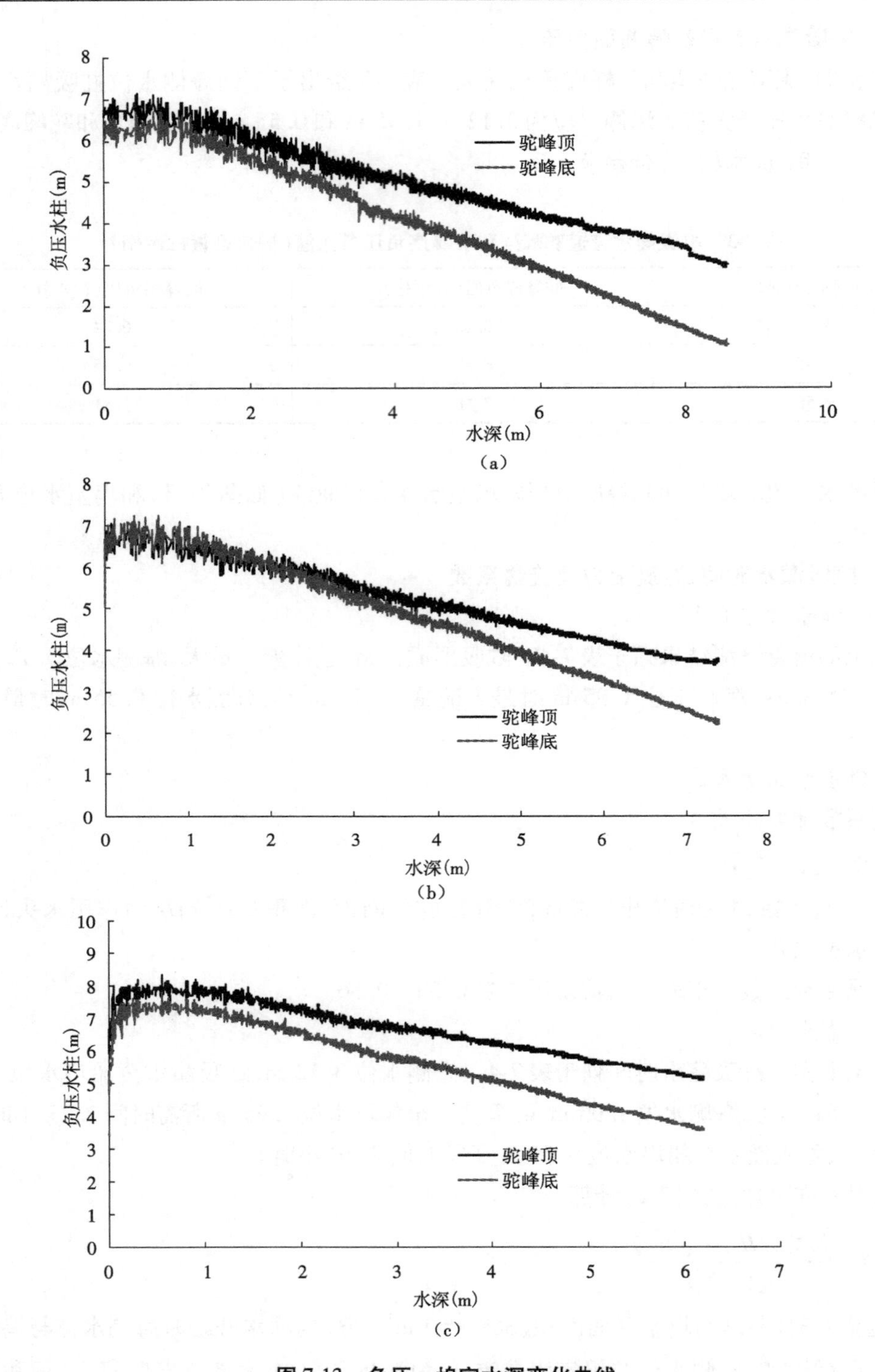

图 7-13 负压—坞室水深变化曲线

(a)海侧水位 3. 12 m (b)海侧水位 1. 95 m (c)海侧水位 0. 55 m

表7-4 坞室灌水时间及过流能力

海侧水位(m)	坞室水位(m)	水头(m)	升至该坞室水位的灌水时间(h)		对应该坞室水位的过流能力(m^3/s)	对应该坞室水位的流量系数
			量测值	计算值		
3.12	虹吸形成初始				41.75	0.54
	-0.92	4.04	0.89	0.85	28.19	0.53
	-0.28	3.40	1.01	0.96	25.96	0.53
	0.18	2.94	1.12	1.04	24.29	0.53
	0.55	2.57	1.29	1.13	22.77	0.53
	1.46	1.66	1.41	1.37	18.03	0.53
	1.95	1.17	1.69	1.52	15.21	0.53
	2.38	0.74	1.89	1.59	12.50	0.56
	3.12	0.00	2.64	2.30	0.00	
1.95	虹吸形成初始				39.23	0.54
	-0.92	2.87	1.05	0.91	24.35	0.54
	-0.34	2.29	1.12	1.02	22.29	0.55
	0.18	1.77	1.33	1.15	19.43	0.55
	0.55	1.40	1.43	1.28	16.94	0.54
	1.32	0.63	1.67	1.49	11.90	0.56
	1.95	0.00	2.27	2.10	0.00	
0.55	虹吸形成初始				34.66	0.56
	-0.92	1.47	1.33	1.06	16.99	0.55
	-0.26	0.81	1.38	1.26	13.34	0.56
	0.18	0.37	1.61	1.48	8.28	0.55
	0.55	0.00	2.10	1.90	0.00	

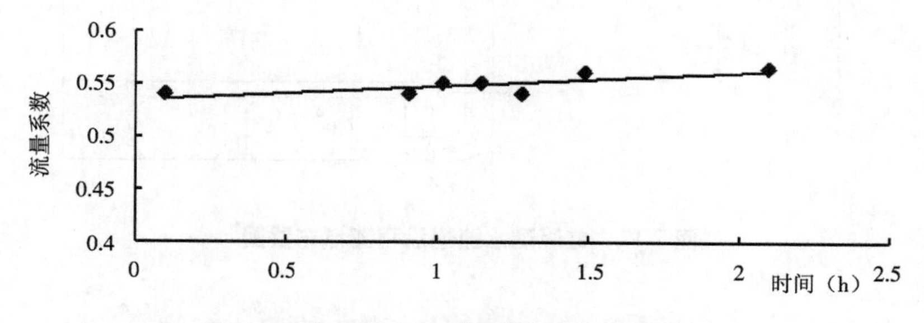

图7-14 流量系数—时间变化曲线(海侧水位1.95 m)

7.6.1.6 虹吸灌水时流道阻力

试验分别对海侧水位3.12 m、1.95 m和0.55 m虹吸灌水初始时段(最大流量分别为41.75 m^3/s、39.23 m^3/s和34.66 m^3/s)的虹吸灌水流道沿程阻力(水头损失)进行了量测。流道阻力沿程测点布置如图7-17。流道各部分阻力量测及计算结果列于表7-5。

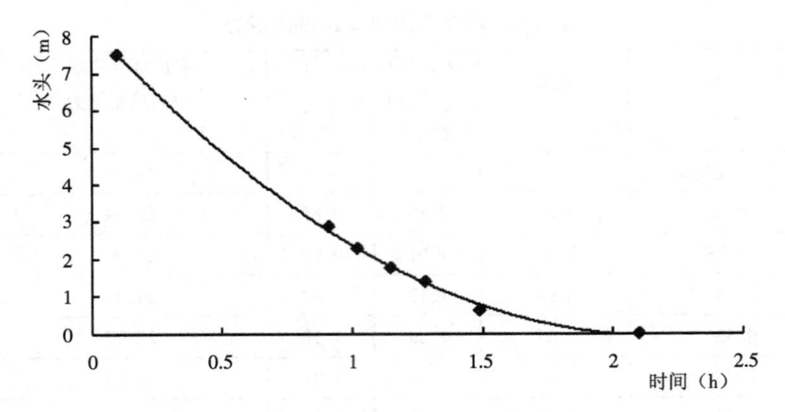

图 7-15 水头—时间变化曲线(海侧水位 1.95 m)

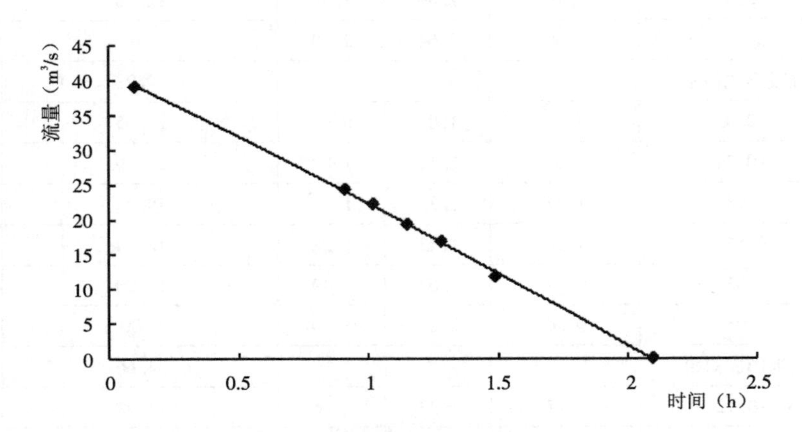

图 7-16 流量—时间变化曲线(海侧水位 1.95 m)

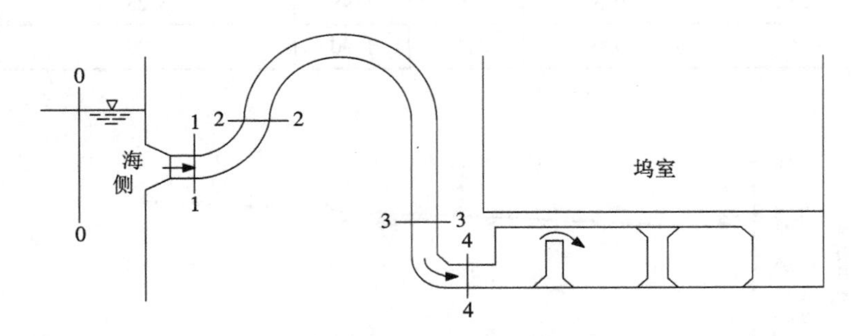

图 7-17 虹吸灌水流道沿程测点布置图

表7-5 虹吸灌水流道阻力分布(造船坞虹吸灌水初始时段)

测点	海侧水位3.12 m			海侧水位1.95 m			海侧水位0.55 m		
	测压管水头(m)	水头损失(m)	损失系数	测压管水头(m)	水头损失(m)	损失系数	测压管水头(m)	水头损失(m)	损失系数
0-0	3.12			1.95			0.55		
		1.22	0.49		1.10	0.51		0.40	0.56
1-1	-0.57			-1.34			-2.12		
		0.59	0.24		0.44	0.20		0.36	0.21
2-2	-1.16			-1.78			-2.48		
		0.38	0.15		0.38	0.18		0.30	0.17
3-3	-1.54			-2.16			-2.78		
		0.36	0.14		0.30	0.14		0.26	0.15
4-4	-1.90			-2.46			-3.04		

两断面间水头损失 h_{i-j}

$$h_{i-j}=h_i-h_j \tag{7-3}$$

相应水头损失系数 ξ

$$\xi=\alpha 2gh_{i-j}/v^2 \tag{7-4}$$

式中:h_{i-j}为自断面 $i-i$ 至断面 $j-j$ 间的水头损失;h_i 为断面 $i-i$ 的总水头;h_j 为断面 $j-j$ 的总水头;v 为虹吸流道断面($A=6\ m^2$)平均流速;α 为动能修正系数。

7.6.1.7 灌水流道及坞室水流流态

灌水流道出口设置消能格栅,格栅边框厚0.12 m,共4条;栅条厚0.04 m,间距0.162 m,顺水流方向长0.15 m,具体尺寸如图7-18。

灌水时水流平稳,水流经消能格栅后,出口流速较小,横向扩散后流态平稳,坞室内水位平稳上升。消能格栅消能效果的计算采用式(7-3)和式(7-4),其中平均流速 v 按灌水流道出口断面面积($A=36.4\ m^2$)计,计算结果列于表7-6。

表7-6 消能格栅阻力系数

海侧水位(m)	3.12	1.95	0.55
栅前测压管水位(m)	-5.23	-5.35	-5.48
坞室水位(m)	-5.48	-5.57	-5.65
总水头损失(m水柱)	0.34	0.31	0.24
水头损失系数	3.70	3.75	3.74

7.6.1.8 虹吸破坏过程

模型试验中,破坏虹吸时啸叫声不大,但原型情况不好评价;没有发现虹吸灌水流道的明显振动现象。

7.6.1.9 海侧及驼峰处流速分布

试验对海侧水位3.12 m虹吸形成初始时段(流量41.75 m^3/s)测定了海侧断面流速分布和驼峰断面的流速分布。流速沿垂向测定断面布置如图7-19(a),断面1-1为海侧距进口

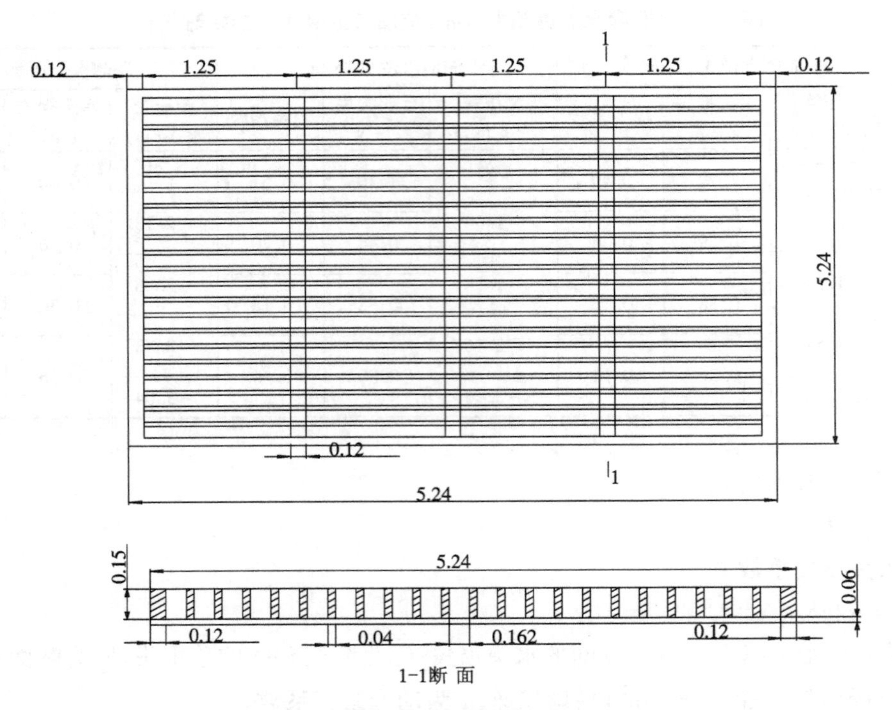

图 7-18 消能格栅尺寸图(单位 m)

10 m 处垂向断面,断面 2 - 2 为海侧距进口 1 m 处垂向断面,断面 3 - 3 为驼峰断面。流速沿横向测定断面布置如图 7 - 20(a),断面 4 - 4 为海侧距进口 10 m、高程 - 3. 10 m 的横向水平断面(即进口断面中心平面,垂直于进口中心线断面)。

海侧距进口 10 m 的垂向断面流速分布和横向断面流速分布如图 7-19(b)和图 7-20(b),其中图 7-20(b)横坐标 0 对应进口中心,垂向断面最大流速 0. 17 m/s,对应进口中心位置。海侧距进口 1 m 垂向断面最大流速 3. 4 m/s,流速分布如图 7-19(c);驼峰断面最大流速 7. 82 m/s,驼峰断面平均流速 6. 96 m/s,流速分布如图 7-19(d)。

7. 6. 2 排水系统

从以下几方面对排水系统进行研究:泵运行时集水池流态、排水系统运行状态、排水时间及流量、排水时鹅管断面压力、海侧及鹅管断面流速分布等。

7. 6. 2. 1 泵运行时集水池流态

集水池前设置导流栅,栅条间距为 200 mm,厚度为 5. 0 mm,顺水流长度为 1 000 mm,具体尺寸如图 7-21 所示。试验观察表明,当泵运行时,集水池内水流稳定。

7. 6. 2. 2 排水系统运行状态

排水泵开启后,以额定流量 12 400 m^3/h 运行时,水流在鹅管处未充满,需对其进行抽吸真空,以使排水管道满流运行。

7. 6. 2. 3 排水时间及流量

试验中排水管道满流状态运行,量测了各水位下的流量,记录各工况下坞室排水过程的水

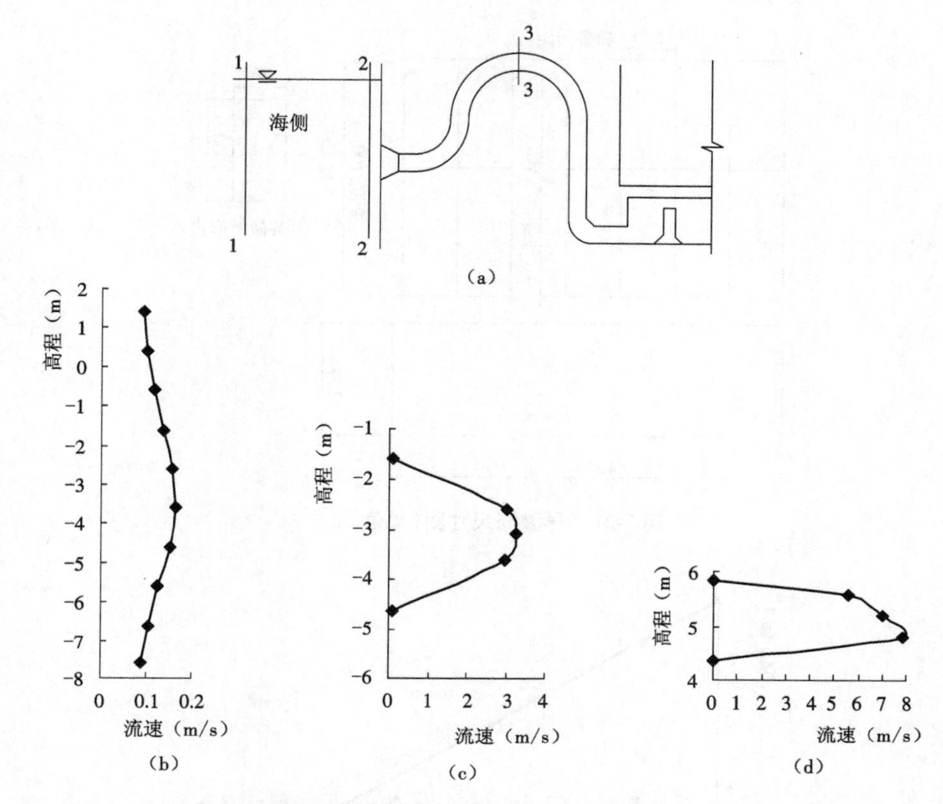

图 7-19　海侧典型断面及驼峰断面流速分布(海侧水 3.12 m,流量 41.75 m^3/s)

(a)流速测定断面位置　(b)海侧断面 1-1　(c)海侧断面 2-2　(d)驼峰断面 3-3

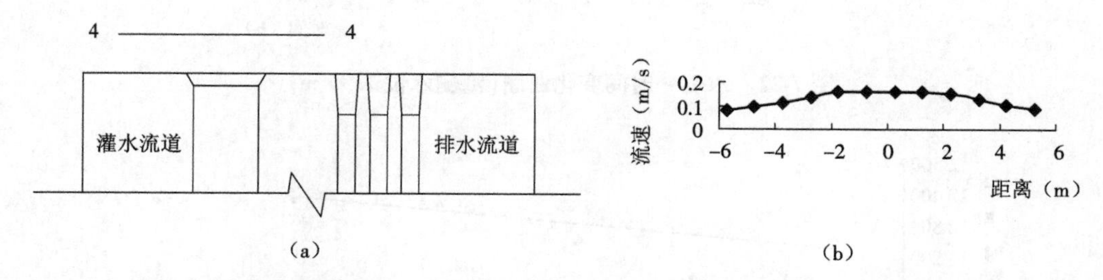

图 7-20　海侧断面流速分布(距进口 10 m、高程 -3.10 m,海侧水位 3.12 m,流量 41.75 m^3/s)

(a)流速测定断面位置　(b)断面 4-4 流速分布

位—时间变化关系。

排水泵开启后,以额定流量 12 400 m^3/h 运行,随坞室内水位下降流量有所减小,但变化不大(表 7-7)。各工况下坞室排水过程的水位—时间变化关系如图 7-22,坞室水位与时间近似为线性关系。流量—水位关系如图 7-23。

各工况下坞室排空时间列于表 7-7。海侧水位 3.12 m,船坞水位 3.12 m 排空所需时间 5.01 小时;海侧水位 1.95 m,船坞水位 1.95 m 排空所需时间 4.73 小时;海侧水位 0.55 m,船坞水位 0.55 m 排空所需时间 4.11 小时。

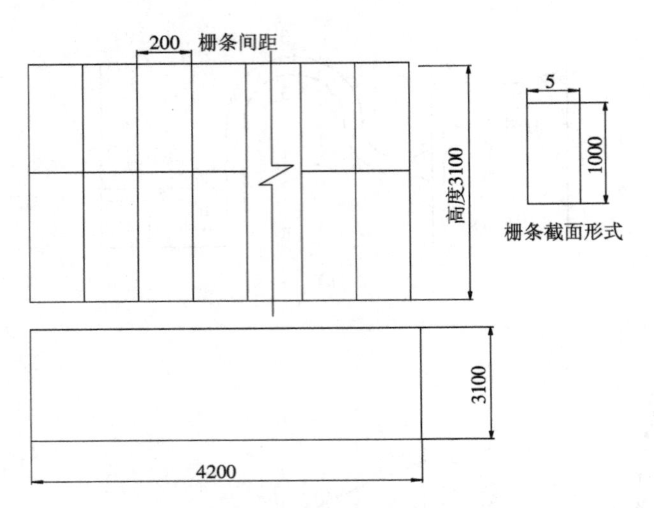

图 7-21 导流栅尺寸图(单位 mm)

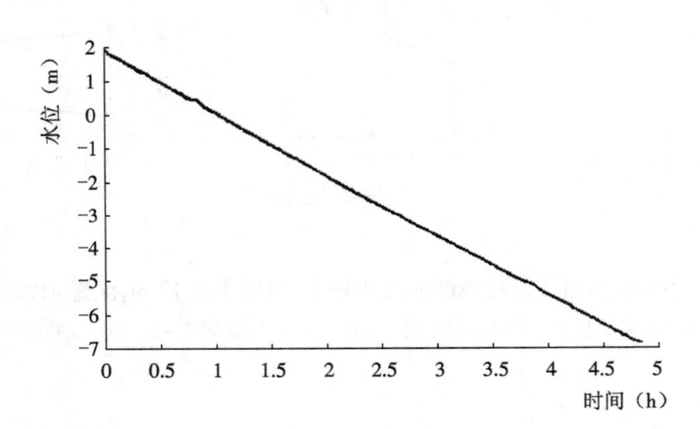

图 7-22 水位—时间变化曲线(海侧水位 1.95 m)

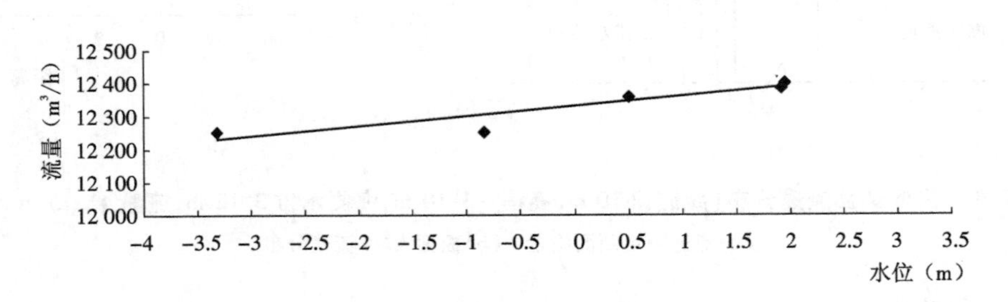

图 7-23 流量—水位变化曲线(海侧水位 1.95 m)

表 7-7　造船坞排空时间及流量

海侧水位(m)	坞室水位(m)	流量(m^3/h)	坞室排空时间(h)
3. 12	3. 12	12 400. 00	5. 01
	3. 04	12 395. 55	
	2. 42	12 386. 48	
	2. 02	12 368. 32	
	0. 28	12 322. 81	
	-0. 90	12 212. 91	
	-2. 66	12 154. 68	
1. 95	1. 95	12 400. 00	4. 73
	1. 92	12 386. 73	
	0. 50	12 358. 03	
	-0. 84	12 252. 24	
	-3. 32	12 252. 24	
0. 55	0. 55	12 400. 00	4. 11
	0. 46	12 394. 04	
	0. 24	12 366. 16	
	-0. 90	12 347. 50	
	-3. 62	12 310. 20	

7. 6. 2. 4　排水时鹅管断面压力

试验中保持海侧水位及坞室水位不变，排水管道满流状态运行，通过压力传感器及测压管测定鹅管顶及鹅管底的负压。各工况鹅管断面负压值列于表 7-8。鹅管顶负压值大于鹅管底负压值，负压值范围 0. 82 ~4. 54 m 水柱。各工况鹅管处负压—水位关系曲线如图 7-24。

表 7-8　各工况鹅管处负压值

海侧水位(m)	坞室水位(m)	鹅管顶负压(m 水柱)	鹅管底负压(m 水柱)
3. 12	3. 12	2. 06	0. 86
	3. 04	2. 06	0. 85
	2. 42	2. 05	0. 83
	2. 02	1. 99	0. 83
	0. 28	1. 98	0. 82
	-0. 90	1. 97	0. 82
	-2. 66	1. 96	0. 82

续表

海侧水位(m)	坞室水位(m)	鹅管顶负压(m 水柱)	鹅管底负压(m 水柱)
1.95	1.95	3.19	1.98
	1.92	3.18	1.98
	0.50	3.15	1.95
	-0.84	3.16	1.95
	-3.32	3.12	1.93
0.55	0.55	4.53	3.36
	0.46	4.52	3.35
	0.24	4.54	3.36
	-0.90	4.46	3.28
	-3.62	4.45	3.27

7.6.2.5 海侧及鹅管断面流速分布

海侧水位 0.55 m、抽水流量 12 400 m^3/h 工况，试验测定了海侧断面流速分布和鹅管断面的流速分布。流速沿垂向测定断面布置如图 7-25(a)，断面 1-1 为海侧距排水出口 10 m 处垂向断面，断面 2-2 为海侧距出口 1 m 处垂向断面，断面 3-3 为鹅管断面。流速沿横向测定断面布置如图 7-26(a)，断面 4-4 为海侧距出口 10 m、高程 -1.35 m 的横向水平断面(即出口断面中心平面，垂直于出口中心线断面)。

海侧距进口 10 m 的垂向断面流速分布和横向断面流速分布如图 7-25(b)和图 7-26(b)，其中图 7-26(b)横坐标 0 对应进口中心，垂向断面最大流速 1.68 m/s，表面流速最大；横向水平断面最大流速 1.48 m/s，对应出口中心位置。海侧距进口 1 m 垂向断面最大流速2.35 m/s，流速分布如图 7-25(c)；鹅管断面最大流速 2.55 m/s，鹅管断面平均流速 2.24 m/s，流速分布如图 7-25(d)。

7.6.3 试验成果总结

这里仅对造船坞的试验成果进行总结，包括灌水系统和排水系统。

7.6.3.1 灌水系统

优化了虹吸灌水流道体型，推荐了虹吸灌水流道体型，即虹吸灌水流道沿程断面等宽，驼峰断面高度 1.50 m，驼峰底高程 4.35 m，驼峰顶高程 5.85 m，进水口顶高程 -1.60 m。同时，虹吸灌水流道进口设拦污栅，水平流道内设整流墩，流道出口设消能格栅。对以该推荐体型为基础的造船坞的灌水系统进行了全面研究。

(1)虹吸灌水初期，流道驼峰顶和驼峰底负压最大。虹吸灌水形成初始，海侧水位 3.12 m、1.95 m 和 0.55 m 时，驼峰顶和驼峰底负压值 6.24 ~7.81 m 水柱，符合规范要求。

(2)虹吸灌水形成初始，过流能力最大，最大流量 41.75 ~34.66 m^3/s。虹吸灌水时，海侧水位 3.12 m 时最大流量 41.75 m^3/s，海侧水位 1.95 m 时最大流量 39.23 m^3/s，海侧水位 0.55 m 时最大流量 34.66 m^3/s。造船坞虹吸灌水时，随着坞室水位升高，过流能力逐渐减小。驼峰

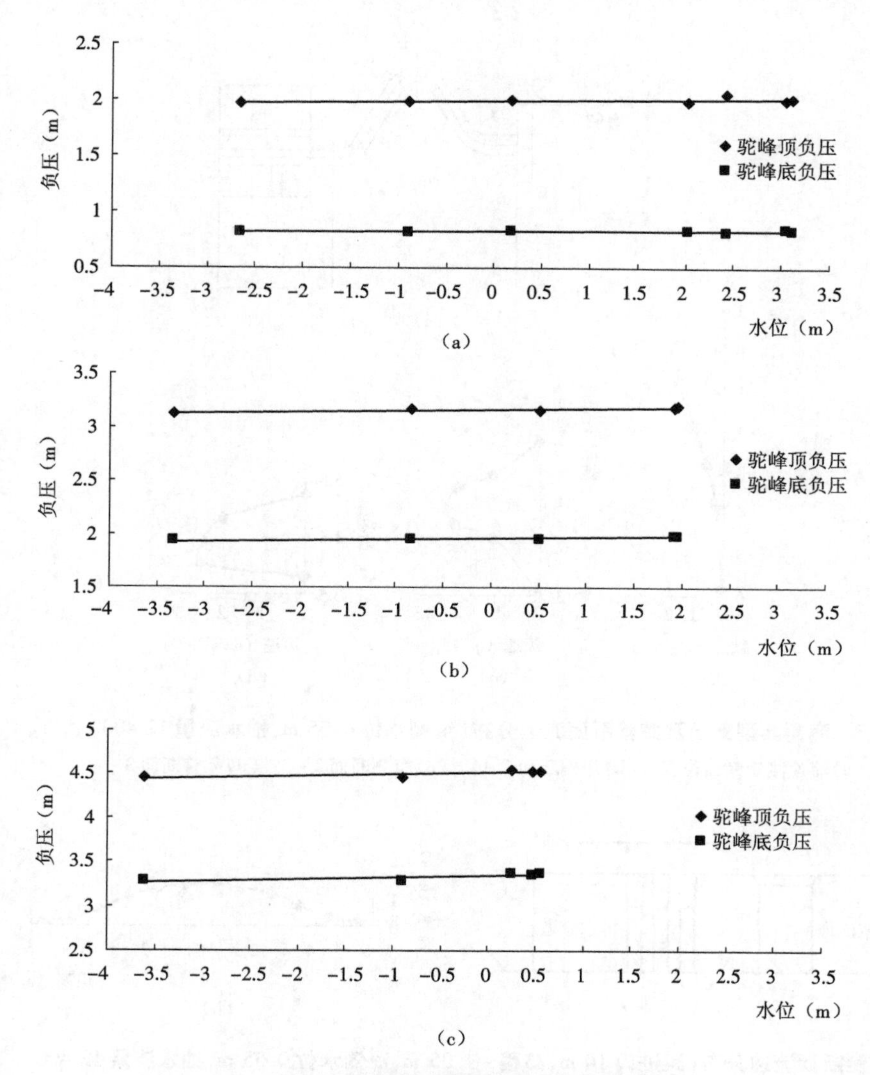

图7-24　鹅管处负压—水位变化曲线

(a)海侧水位3.12 m　(b)海侧水位1.95 m　(c)海侧水位0.55 m

断面最大平均流速7.82 m/s。

(3)灌水时间基本合理,最长灌水时间2.64小时。虹吸灌水时,海侧水位3.12 m,虹吸灌水至船坞水位3.12 m所需时间2.64小时;海侧水位1.95 m,虹吸灌水至船坞水位1.95 m所需时间2.27小时;海侧水位0.55 m,虹吸灌水至船坞水位0.55 m所需时间2.10小时。

(4)虹吸灌水时,流道内设置的整流墩起到了整流作用,流道内流态稳定,流道出口设置的消能格栅消能效果较好,流道出口流速均匀,坞室流态平稳。

(5)在海侧水位0.55 m时,虹吸灌水流道内水封高度偏低,灌水时无法形成虹吸。建议适当增加水封高度,或将水封位置后移增大储水量。

7.6.3.2　排水系统

(1)坞室排水时,主泵以额定流量12 400 m^3/h运行,鹅管断面水流不能充满,需对其进行

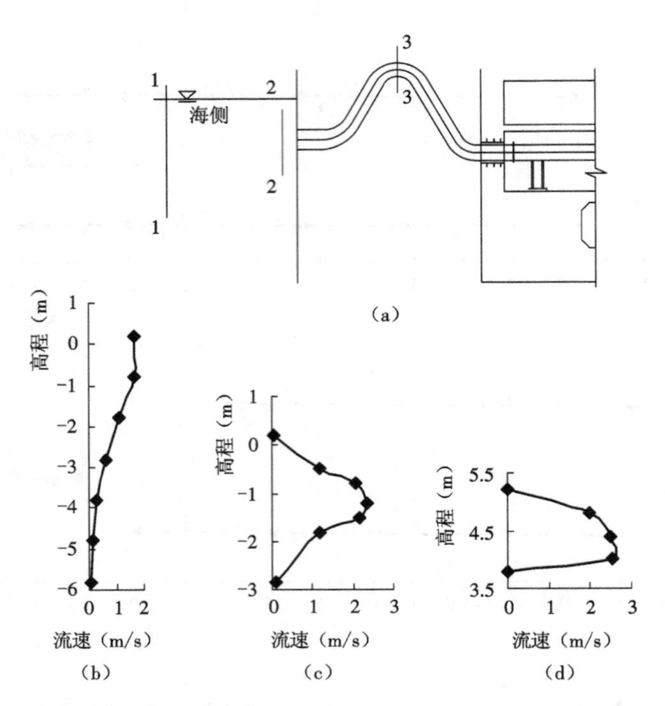

图 7-25　海侧典型断面及鹅管断面流速分布(海侧水位 0.55 m,抽水流量 12 400 m^3/h)

(a)流速测定断面位置　(b)海侧断面 1-1　(c)海侧断面 2-2　(d)鹅管断面 3-3

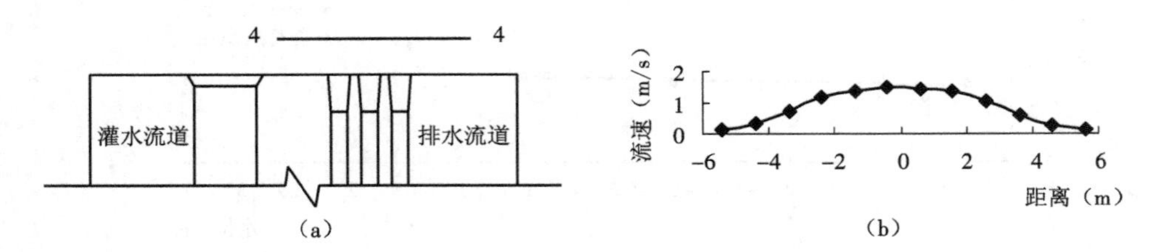

图 7-26　海侧断面流速分布(距进口 10 m、高程 -1.35 m,海侧水位 0.55 m,抽水流量 12 400 m^3/h)

(a)流速测定断面位置　(b)断面 4-4 流速分布

抽吸真空,以使排水管道满流运行。排水泵运行时,集水池内水流流态稳定。

(2)坞室排水过程中,流量随坞室内水位下降有所减小,但变化范围不大;排水管鹅管断面为负压,鹅管顶负压值大于鹅管底负压值,负压值范围 0.82 ~4.54 m 水柱;鹅管断面最大平均流速 2.24 m/s。

7.7　本章总结

(1)对于船坞灌排水模型试验,一般要求模型尽量做得大些。应根据工程规模及试验条件确定模型几何比尺,本次试验的模型几何比尺 $\lambda_l = 20$,此前曾进行过的类似试验的模型几何比尺 $\lambda_l = 10$。

(2)船坞灌排水模型试验关注流道内的水力现象,试验时船坞灌水系统试验和排水系统试验是单独进行的,二者试验的关注点不同。

(3)对于灌水系统,模型试验依据流道驼峰断面压强、过流能力、灌水时间、流道出口消能格栅消能效果等水力指标,对流道体型进行评价及优化,使之达到设计及运行要求。

(4)排水系统模型试验直接模拟排水系统水泵目前存在困难,本次试验在集水池内模拟潜水混流泵外形,保证集水池内水流流态相似;排水系统3台主泵置于集水池外,模型水泵依据流量与原型相似选定,保证其在额定流量运行。

第 8 章　结构物水弹模型试验

流体诱发结构振动是一种极其复杂的流体与结构相互作用的现象。对于过水建筑物，尤其是结构单薄、跨度大的结构，例如闸门等，特别当闸门处于局部开启的运行状态时，水流流态复杂，闸门结构在动水作用下易发生流激振动现象。

结构物水弹模型试验相对复杂，必须同时模拟水力学条件和结构力学条件，模拟水流和结构相互作用的耦联效应。下面以某拱形闸门为例，说明该类模型试验的研究方法，包括试验所需资料、研究内容、模型设计与制作、试验方法、试验成果等，最后对该类试验进行总结，指出试验过程中应注意的问题。

8.1　工程概况

某调蓄工程，调蓄池水域面积 5.6 km^2，正常蓄水位 85.50 m，平均水深 4.5 m，最大水深 7.0 m，相应库容 2 680 万 m^3。该调蓄工程出口与一河道连接，并在河道上修建控制闸，以调控该调蓄池的各种出水工况。该控制闸所在河道的宽 90 m，长约 1 100 m，河道比降 1/5 000，两岸采用浆砌石挡土墙，河底为黏土铺盖，河底高程 82.5 m，河道一级平台高程 86.0 m，宽度 7.5 m，堤顶高程 87.0 m。

该控制闸为半圆拱形闸门，采用 3 孔双吊点半圆拱形闸门布置，每吊点设一台卷扬启闭机。单孔净宽 24.0 m，3 孔净宽 72.0 m，中墩宽 9 m，闸室总宽 90 m、长 30 m。闸底板高程 82.5 m，墩顶高程 86.0 m，与河道一级平台高程一致。同时，为满足在关闸挡水时能调节调蓄池水位的要求，拱形闸门的顶部沿圆弧长度方向设有 10 扇可升降的活动门叶。

该拱形闸门是一种圆弧形新型闸门，闸门跨度达 24.0 m，结构单薄，特别是闸门上部活动门叶过流，闸门开启及局部开启运行状态水流流态复杂，水流对闸门结构作用复杂，可能引发闸门振动。为此，拟通过闸门水弹模型试验，对闸门运行过程中的闸门水动力响应进行研究，论证闸门上部活动门叶过流、闸门局部开启运行及启闭过程中闸门的安全性，提出合理的闸门运行调度方案，为闸门结构优化设计提供依据。

8.1.1　工程布置

该控制闸工程包括引渠段、进口铺盖段、闸室段、出口消能段和出口渐变段五部分。

1. 引渠段

上游引渠段长约 145 m，河道水面宽度 90 m ~ 110 m，河底高程 82.5 m。河道左岸为直线段挡墙，右岸为圆弧挡墙，挡墙均采用浆砌石，挡墙顶高程 86.0 m，挡墙外为一级平台，宽度 7.5 m，堤顶高程 87.0 m。

2. 进口铺盖段

进口铺盖段长 25 m，进口铺盖段河道水面宽 90 m，铺盖顶高程 82. 5 m，底板厚度均为 0. 4 m。铺盖段两岸采用砼挡墙，挡墙顶高程 86. 0 m，挡墙外为一级平台，宽度 7. 5 m，堤顶高程 87. 0 m。

3. 闸室段

闸室段长 30 m，横向布置为 3 孔半圆拱形闸门，均采用一孔一联 U 形结构。闸室每孔净宽 24 m，中墩宽 4. 5 m，边墩宽 5. 0 m，墩顶高程 86. 0 m，与河道一级平台高程一致。闸底板全宽 100 m，高程 82. 5 m，厚度 2. 5 m。闸墩上在闸门前后设空间弧形支撑结构梁柱，启闭机房布置在梁柱顶，启闭机宽 7. 0 m、长 16. 5 m，闸房楼板高程 94. 27 m，闸房顶高程 99. 37 m。拱形闸门上部设有人行通道，供旅游观光使用，通道桥面的高程为 86. 0 m。

采用双吊点拱闸门及盘香式固定卷扬启闭机。闸门两吊点分别位于半圆形闸门上游侧，闸门底部两支铰位于靠底板处闸墩侧。

4. 出口消能段

出口消能段长 25 m，河道水面宽 90 m，底板高程 82. 5 m，底板厚 0. 4 m。两岸采用砼挡墙，挡墙顶高程 86. 0 m，挡墙外为一级平台，宽度 7. 5 m，堤顶高程 87. 0 m。

5. 出口渐变段

出口渐变段长 15 m，采用浆砌石护底段，河道水面宽 90 m，水平底板高程 82. 5，水平底板宽由 90 m 渐变至 69 m，挡墙与水平段底板间由浆砌石斜坡护底过渡，0 + 070 处斜坡末端坡度 1∶10，底板厚 0. 4 m。

图 8-1 为控制闸平面布置图，图 8-2 为控制闸侧视图。

8. 1. 2　闸门结构

1. 半圆拱形闸门结构

闸门为半圆拱形，拱内圆半径 12. 4 m，拱外圆半径 13. 6 m，圆拱两端通过可绕水平轴转动的支铰支承在闸墩上。闸门在跨中采用弱化虚铰连接，使闸门整体成三铰拱结构。闸门圆弧凸向龙湖侧，在挡水时为受压拱。

沿整个门高，闸门设 3 根主梁，下主梁与拱形闸门底部的间距 0. 6 m，下、中主梁的间距 1 m，中、上主梁的间距 1 m，主梁的梁高 1. 2 m。拱形闸门的底缘在调蓄池侧的倾角大于 45°，下游侧的倾角大于 40°。拱形闸门的支承采用绕水平轴转动的支铰，支铰轴承采用自润滑关节轴承。拱形闸门的支铰中心的安装高程 83. 7 m。

2. 活动门叶

为满足拱形闸门在关闸挡水时能调节闸调蓄池水位的要求，拱形闸门的顶部设有可升降的活动门叶，可在 3. 00 ~ 3. 50 m 的范围内调节，拱形闸门的面板位于调蓄池侧，面板厚度 14 mm。活动门叶同样为圆拱形，布置在拱形闸门的顶部，沿圆弧长度方向分成 10 扇，孔口尺寸（宽 × 高）2. 25 m × 0. 8 m。活动门叶与大门之间设有止水，布置在下游侧。

3. 操作设备

闸门操作设备包括拱形闸门的启闭机和活动门叶的启闭机两部分。拱形闸门的启闭机采

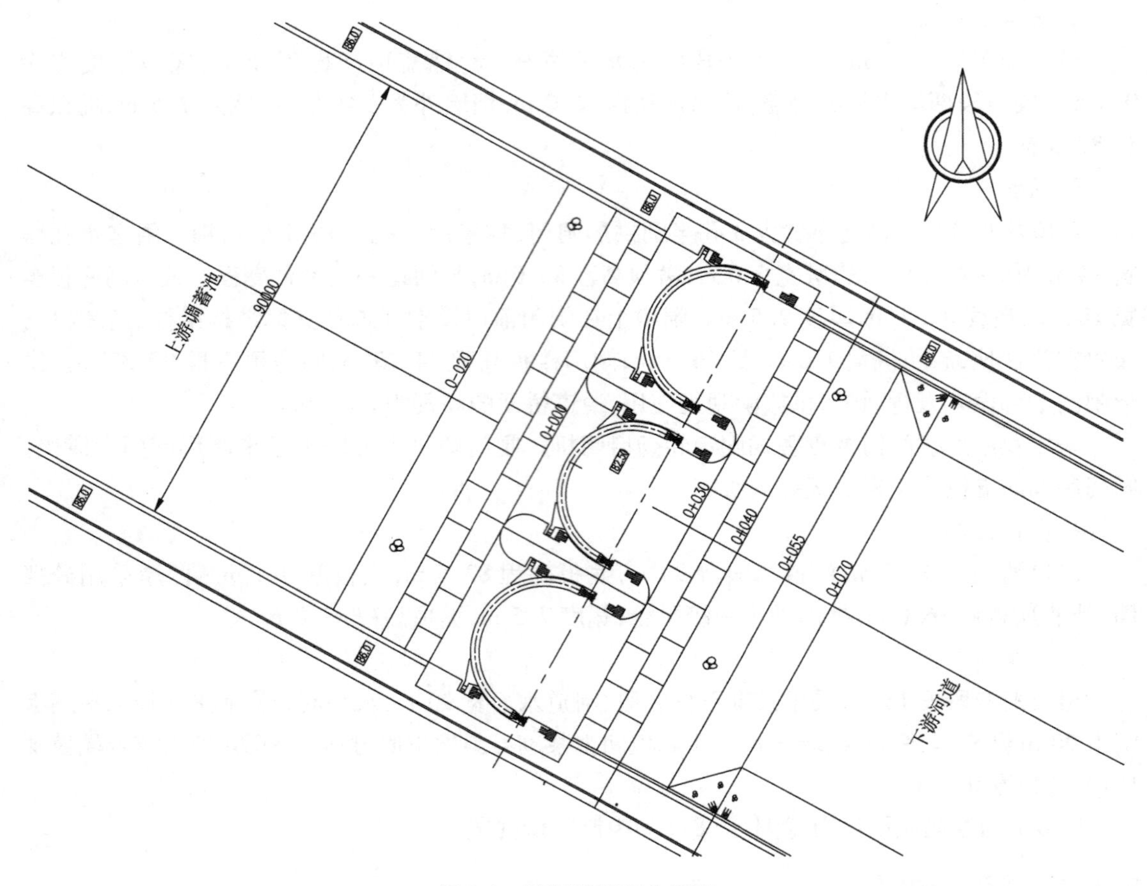

图 8-1 控制闸平面布置图

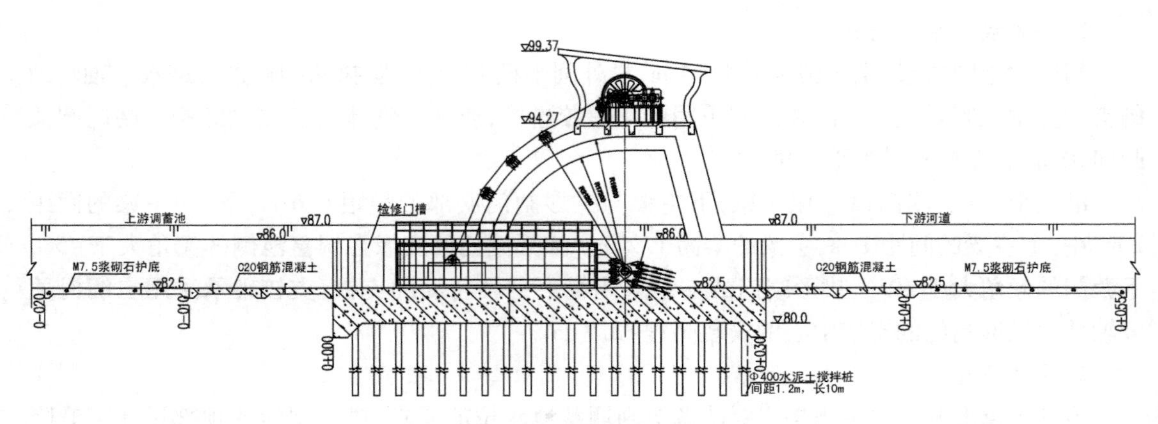

图 8-2 控制闸侧视图

用盘香式启闭机、双吊点、钢丝绳通过导向滑轮后与门体吊耳相连。闸门双吊点之间的同步采用电气同步。拱形闸门在开启位置后，通过启闭机的锁定装置予以锁定，拱形闸门在开启时与水平向夹角为60°。活动门叶的操作采用电动螺杆启闭机，同时具有启闭锁定的功能，在启闭机的有效工作范围内，活动门叶可停留在任意位置而不会造成下滑。图 8-3 为拱形闸门三维图。

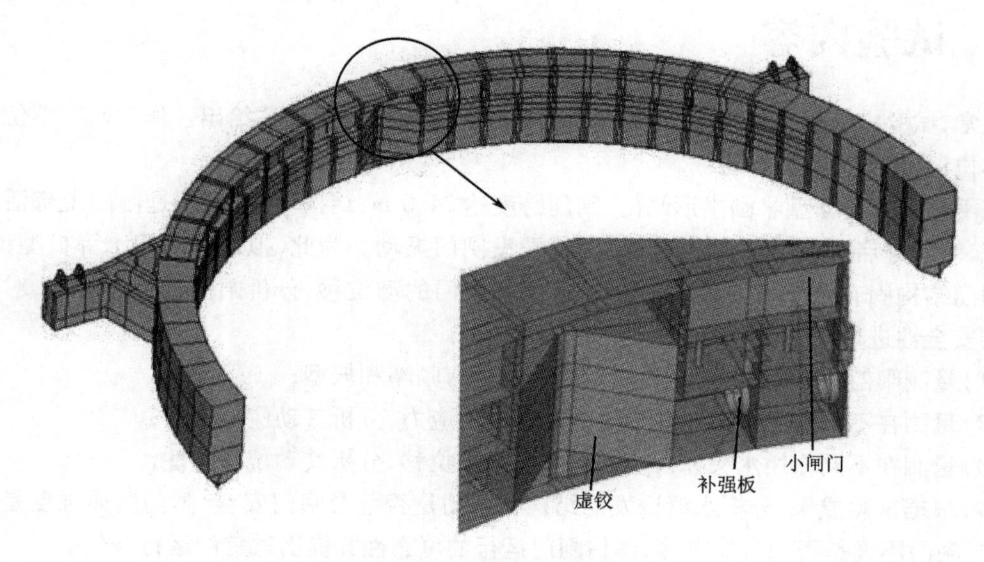

图8-3 拱形闸门三维图

8.1.3 闸门运行方式

拱形闸门在开启、局部开启以及关闭条件下均能调节调蓄池的水位。为方便描述，这里规定，上游是指调蓄池侧，下游是指河道侧。

(1)正常水位挡水，上游正常蓄水位85.50 m，闸下游无水。

(2)活动门叶泄水，上游正常蓄水位85.50 m，闸下游无水，10扇门叶泄水。

(3)低水位开闸控泄，上游最低水位85.25 m，闸下游无水，开闸泄水。

(4)高水位开闸泄水，上游水位85.76 m，闸下游水位85.12 m，开闸泄水。

8.2 试验所需资料

首先应对所要研究的工程有较深入的了解，理解委托单位要解决的问题、重点关注的问题。在此基础上，明确提出模型试验所必需的资料，通常包括工程布置图、闸门平面及剖面图、闸门结构细部图、闸门的材料特性、各特征水位和特征流量、闸门运行方式等。针对该闸门，明确了以下资料：

(1)工程布置图；

(2)闸门平面布置图、剖面图等；

(3)闸门结构细部图；

(4)闸门的材料特性；

(5)各特征水位和特征流量；

(6)闸门运行方式。

8.3 试验内容

通常,试验内容是委托单位提出的,一般是以试验任务书的形式给出。作为研究单位应与委托单位讨论,明确试验内容。

该闸门是一种新型半圆拱形闸门,闸门跨度达24.0 m,结构单薄,特别是闸门上部活动门叶过流,闸门开启及局部开启运行状态时易引发闸门振动。为此,拟通过闸门水弹模型试验,量测闸门结构固有频率和振型、闸门的动应力和闸门的动位移,分析闸门的动力响应,对闸门过流的安全性进行评估。具体研究内容包括:

(1)量测闸门的自振特性,分析闸门结构的固有频率和振型;

(2)量测在不同作用水头和开度下的闸门的动应力,分析其动应力特性;

(3)量测在不同作用水头和开度下的闸门的动位移,分析其动位移特性;

(4)根据试验成果,分析水流诱发的结构物振动是否危及闸门安全、闸门整体强度是否满足要求、闸门刚度是否满足要求等,评估闸门运行的可靠性并提出适宜的运行条件。

8.4 模型设计与制作

8.4.1 闸门水弹性模型相似

闸门因水流引起的振动是闸门结构与水流相互作用、相互影响的过程,目前从理论上预测闸门流激振动响应和稳定性仍存在困难,模型试验是研究闸门振动的重要手段。但是,单一的水力模型或结构动力模型均不能满足模拟水流与结构相互作用的耦联效应的要求,而水弹性模型实现了水力模拟和结构动力模拟的统一。水弹性模型同时满足水动力和结构动力相似,能够模拟水流与结构相互作用的耦联效应。

8.4.1.1 水动力相似

水动力相似是为保证作用于闸门上的作用荷载相似。从黏性流体运动控制方程可以得到,只要保持模型与原型弗劳德数 *Fr* 和雷诺数 *Re* 相等以及边界和壁面糙度相似,就能保证水流运动的时均量及紊动特征量相似。当水流处于阻力平方区时,黏性影响可以忽略,只要保持模型与原型弗劳德数 *Fr* 相等,即可保证水流作用荷载相似。因此,按重力相似准则,相应的模型比尺关系为

$$\lambda_{\frac{\sqrt{p'^2}}{\gamma}} = \lambda_l \tag{8-1}$$

$$\lambda_f = \lambda_l^{-0.5} \tag{8-2}$$

$$\lambda_{v'} = \lambda_l^{0.5} \tag{8-3}$$

$$\lambda_v = \lambda_l^{0.5} \tag{8-4}$$

$$\lambda_t = \lambda_l^{0.5} \tag{8-5}$$

式中:$\lambda_{\frac{\sqrt{p'^2}}{\gamma}}$为脉动压力幅值(均方根)比尺;$\lambda_f$ 为脉动频率比尺;$\lambda_{v'}$为脉动流速比尺;λ_v 为流速

比尺;λ_t 为时间比尺;λ_l 为模型几何比尺。

8.4.1.2　结构动力相似

结构动力系统的特征与结构物的频率、振型和阻尼有关。结构动力相似应从空间条件相似、物理条件相似、运动条件相似和边界条件相似几个方面来考虑[21]、[22]。

1. 空间条件相似

这一条件要求原型和模型的几何尺寸和相应的位置保持相似。线应变、角应变和位移的相似比尺关系为

$$\lambda_\varepsilon = \lambda_\theta = 1, \lambda_\delta = \lambda_l \tag{8-6}$$

式中:λ_ε、λ_θ、λ_δ 分别为线应变比尺、角应变比尺、位移比尺。

2. 物理条件相似

这一条件要求结构材料的特性和受力后引起的变化相似。在线弹性范围内,根据弹性力学的物理方程,可得相似比尺关系为

$$\lambda_\mu = 1, \lambda_\sigma = \lambda_\tau = \lambda_E = \lambda_G \tag{8-7}$$

式中:λ_μ 为泊松比比尺;λ_σ、λ_τ 分别为正应力比尺和切应力比尺;λ_E、λ_G 分别为杨氏弹性模量比尺和剪切模量比尺。

3. 运动相似条件

这一条件要求结构的运动状态和产生运动的条件相似。在水流随机荷载作用下,结构运动方程为

$$[M]\ddot{\delta}(t) + [C]\dot{\delta}(t) + [K]\delta(t) = P(t) \tag{8-8}$$

式中:$[M]$为质量矩阵;$[C]$为阻尼系数矩阵;$[K]$为刚度矩阵(或弹性系数矩阵);$\delta(t)$、$\dot{\delta}(t)$、$\ddot{\delta}(t)$为位移向量及其各阶导数;$P(t)$为随机荷载向量。

质量矩阵$[M]$由结构质量矩阵$[M_S]$和附加质量矩阵$[M_W]$组成,$[M] = [M_S] + [M_W]$。刚度矩阵$[K] = EL[Z]$,L为长度特征参数,$[Z]$为由结构约束条件决定的无因次常数矩阵。

由式(8-8)可得相似比尺关系为

$$\frac{\lambda_M \lambda_v}{\lambda_t} = \lambda_C \lambda_v = \lambda_K \lambda_\delta = \lambda_{\frac{\sqrt{p'^2}}{\gamma}} \lambda_\gamma \lambda_l{}^2 \tag{8-9}$$

式中:λ_C 为阻尼系数比尺;λ_K 为弹性系数比尺;λ_γ 为液体容重比尺;λ_v 为速度比尺。

因水动力相似,$\lambda_{\frac{\sqrt{p'^2}}{\gamma}} = \lambda_l$,$\lambda_v = \lambda_l^{0.5}$,且结构空间条件相似,$\lambda_\delta = \lambda_l$,由式(8-9)得

$$\lambda_M = \lambda_\gamma \lambda_l^3, \lambda_C = \lambda_l^{2.5}, \lambda_K = \lambda_l^2 \tag{8-10}$$

考虑到原型与模型流体介质容重相同,通常为水,$\lambda_\gamma = 1$,则结构材料的容重比尺 $\lambda_{\gamma s}$、阻尼比比尺 λ_ζ 和弹性模量比尺 λ_E 应满足

$$\lambda_{\gamma s} = 1, \lambda_\zeta = 1, \lambda_E = \lambda_l \tag{8-11}$$

式(8-11)是结构运动相似对模型结构的材料容重、弹性模量和阻尼比的要求。

4. 边界条件相似

边界条件相似包括边界约束条件、边界受力条件等的相似。边界受力条件相似主要是边界水荷载的相似,只要水力条件相似,这一相似条件自动满足。

8.4.2 模型比尺

为模拟水流和闸门结构的相互作用，模型应同时满足水动力和结构动力相似。

模型按重力相似准则设计，按结构动力相似模拟拱形闸门，模型几何比尺 $\lambda_l=10$，相应各主要物理量的相似比尺列于表 8-1。

表 8-1 各主要物理量的相似比尺

物理量	长度	流速	时间	流量	加速度	位移
比尺关系	λ_l	$\lambda_v=\lambda_l^{0.5}$	$\lambda_t=\lambda_l^{0.5}$	$\lambda_Q=\lambda_l^{2.5}$	$\lambda_a=\lambda_l^{0}$	$\lambda_\delta=\lambda_l$
模型比尺	10.00	3.16	3.16	316.23	1.00	10.00
物理量	脉动流速	力	压强	脉动频率	脉动压力	应力
比尺关系	$\lambda_{v'}=\lambda_l^{0.5}$	$\lambda_F=\lambda_l^{3}$	$\lambda_p=\lambda_l$	$\lambda_f=\lambda_l^{-0.5}$	$\lambda_P=\lambda_l$	$\lambda_\sigma=\lambda_l$
模型比尺	3.16	1 000.00	10.00	0.32	10.00	10.00

8.4.3 模型制作

模型包括部分引水渠段、进口铺盖段、闸室段、出口消能段、出口渐变段及部分下游河道。模型模拟中间一孔闸门。闸墩模型采用有机玻璃制作。模型全长 14 m，高 0.5 m，宽 4.8 m，模型平面布置如图 8-4 所示。图 8-5 是模型全景图。

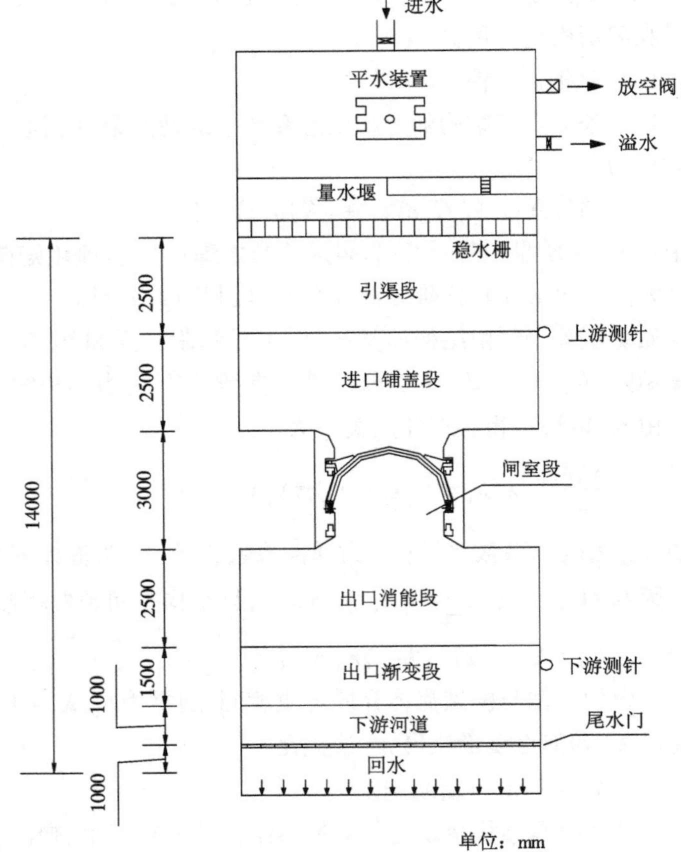

图 8-4 模型布置图

拱形闸门水弹性模型(图 8-6)采用环氧树脂制作，模型均匀配重，保证模型和原型的质量分布相似；模型各部件尺寸严格按相似比尺要求制作，保证闸门的正态相似。原型闸门材料为钢板，其弹性模量 E_p 为 210 GPa，容重为 76.9 kN/m³，泊松比为 0.30。模型闸门按结构动力相似的要求来选用合适的材料，经模型材料比选试验，所选环氧树脂材料的弹性模量 E_m 为 21 GPa，容重为 18.03 kN/m³。该材料的各向同性特征较好,各方向的弹性模量差异都在 4% 以内,且温度对弹性模量影响也较小,温度从 0 ℃变化至 20 ℃时,弹性模量的差异小于 6%。模型材料的弹性较好地满足了相似要求。

图 8-5　模型全景图

图 8-6　闸门水弹性模型

8.5　试验方法

首先根据试验内容确定具体试验工况并列出试验工况表,试验时按此试验工况表逐一进行试验,在试验过程中应对典型流态进行拍照和录像。

1. 流量量测

本次试验采用上游量水,采用矩形薄壁堰量测流量,堰宽 0.6 m,堰高 0.3 m。当堰上水头 $H = 0.024$ m 时,对应的最小流量 4.33 L/s;堰上水头 $H = 0.3$ m 时,对应的最大流量 201.08 L/s。

2. 水位控制和量测

试验时需对上游水位和下游水位进行控制和量测。本次试验的水位量测,在闸上游和闸下游河道适当位置装测针,读取上下游水位。上游水位的控制,通过调整来水流量和泄流量保持上游水位不变;下游水位的控制,通过设置在模型下游末端的尾水调节门控制,依据下游流量—水位关系,对应不同流量,控制对应的水位。

3. 闸门的自振特性量测

试验中采用单点激振多点拾振的方法,用捶击脉冲方法进行模型干模态的量测。锤头安装压电式传感器并配钢帽,以获得较宽带范围内的模态信息,采用 YD-1 型加速度传感器获取振动信号。二次仪表采用电荷放大器,输出信号由 DASP 数据采集系统采集和处理。

4. 闸门的动应变量测

本试验利用电阻应变片测量模型拱形闸门的应变。因模型与原型的变形相同,故将模型测得的应变乘以原型闸门材料的弹性模量,即得应力。经过动态电阻应变仪将信号放大,由 DASP 数据采集系统进行采集和处理。

5. 闸门的动位移量测

闸门的动位移测量采用高精度 DP 型位移传感器,由 DASP 数据采集系统进行采集和处理。

8.6 试验成果

模型建好后,按照试验方法,依次进行试验。

这里主要包括两大部分。第一,闸门安装后处于非工作状态时,研究闸门的自振特性,分析闸门结构的固有频率和振型,分析闸门过流是否诱发结构物振动。第二,闸门处于工作运行状态时,研究闸门的动力响应,包括闸门的动应力和闸门的动位移,即在不同作用水头和开度下的闸门的动应力和闸门的动位移,分析闸门整体强度是否满足要求、闸门刚度是否满足要求等。

8.6.1 闸门自振特性分析

闸门的自振特性分析主要研究闸门的固有频率以及闸门结构的振型。闸门安装后处于非工作状态时,试验对工况1(活动门叶关闭)和工况2(活动门叶开启)的闸门自振特性进行了量测。

试验中采用单点激振多点拾振的方法,用捶击脉冲方法进行模型干模态的量测。锤头安装压电式传感器并配钢帽,以获得较宽带范围内的模态信息,采用YD-1型加速度传感器获取振动信号。二次仪表采用电荷放大器,输出信号由北京振动噪声研究所研制的DASP大容量数据采集系统采集,最后由计算机进行处理。测试分析系统流程如图8-7。测试仪器照片如图8-8。

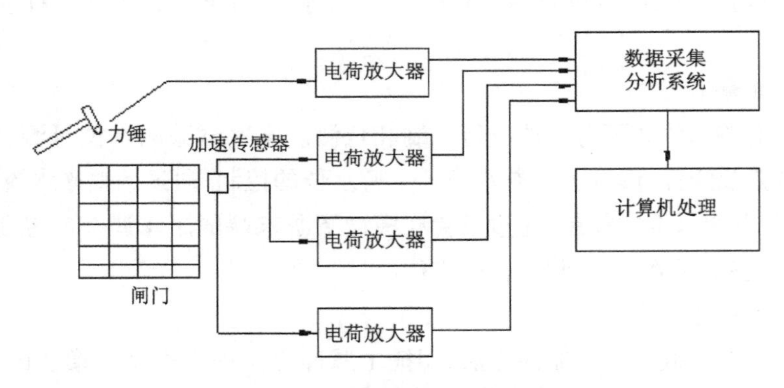

图8-7 干模态测试系统流程

图8-8 模态测试仪器照片

表 8-2 给出了各工况下拱形闸门的自振特性，图 8-9 给出了各工况下拱形闸门干模态频率与阶数曲线图。分析试验结果，得出如下内容。

表 8-2　闸门干模态试验结果（单位 Hz）

阶数 \ 干模态	工况 1（活动门叶关闭）		工况 2（活动门叶开启）	
	试验值	计算值*	试验值	计算值*
1	4.967	4.976	3.640	3.468
2	8.212	6.177	6.260	5.807
3	11.185	9.393	7.716	6.855
4	12.814	13.002	12.099	12.209
5	13.180	13.928	12.896	12.862
6	14.763	15.245	14.555	15.454
7	15.411	15.416	15.399	15.602
8	16.943	15.681	16.403	15.649
9	18.622	15.753	19.114	15.713
10	20.235	15.960	19.934	15.716

* 为有限元计算值，专门进行了该闸门结构流激振动数值模拟研究。

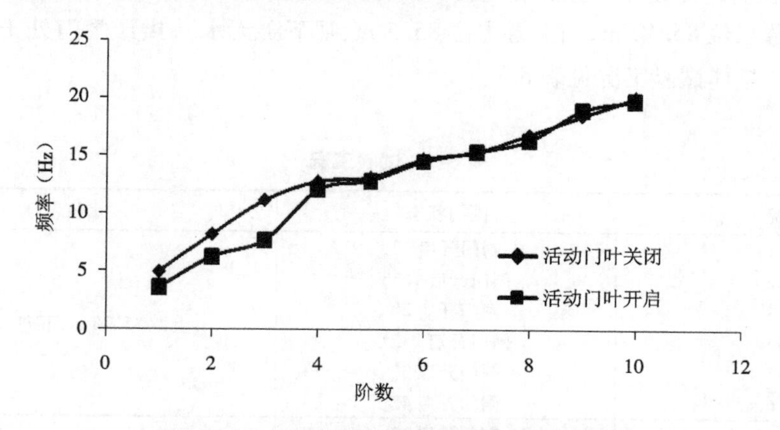

图 8-9　各工况闸门干模态频率与阶数关系图

（1）拱形闸门干模态分析。不论闸门活动门叶关闭或开启，闸门干模态第 1 阶振型均为竖直向的，第 2～10 阶振型均为顺水流方向的。活动门叶关闭时的自振频率大于活动门叶开启时的自振频率，见表 8-2。活动门叶关闭时拱形闸门基频（第 1 阶频率）是 4.967 Hz，活动门叶开启时拱形闸门基频为 3.640 Hz。数值计算结果显示，闸门第一阶振型均为竖直向的，第 2 阶～第 10 阶振型均为顺水流方向的，闸门基频与试验结果吻合。

（2）拱形闸门湿模态分析。由于模型试验中无法进行闸门湿模态的量测，考虑到干模态的试验结果与数值计算的结果基本一致，故可参考数值计算的结果对闸门的湿模态进行分析。数值计算结果表明：在闸上游水位 85.5 m、闸下游无水工况和闸上游水位 85.25 m、闸下游无水工况下，拱形闸门湿模态振型均为顺水流方向的，各阶频率随闸上游水位的增加而降低，基频分别为 2.602 Hz 和 2.639 Hz；在闸上游水位 85.76 m、闸下游水位 85.12 m 工况下，拱形闸门湿模态第 1 阶为竖直向的，第 2～10 阶振型在顺水流方向和竖直方向中交替转换，基频为

1.459 Hz,小于闸下游无水工况下的闸门自振频率。

(3)拱形闸门共振分析。闸门产生共振一般需要具备两个条件:一是闸门的自振频率与水流脉动荷载的频率相接近;二是激振源的能量足够大。闸门运行中,若闸门的自振频率与水流脉动压力的频率相接近,闸门将发生共振以致动力失稳,这种情况应避免。该闸门的水力模型试验(单独进行了该闸门水力模型试验)结果表明,水流脉动荷载的优势频率在0.3 Hz以下,通过模态分析可知,闸门各正常运行工况下的前五阶自振频率远大于0.3 Hz,闸门在各工况下的基频最小值为1.459 Hz(闸上游水位85.76 m、闸下游水位85.12 m工况),因此闸门发生共振的可能性很小。

8.6.2 闸门动力响应分析

当闸门处于工作运行状态时,试验研究了闸门的动力响应,包括闸门的动应力和闸门的动位移,即闸门各级开度下的动应力、闸门各级开度下的动位移。

试验工况包括:(1)不同水位(闸上游水位85.76 m、闸下游水位85.12 m,闸上游水位85.5 m、闸下游无水),拱形闸门依次开启(0°~4°),活动门叶关闭;(2)不同水位(闸上游水位85.76 m、闸下游水位85.12 m,闸上游水位85.5 m、闸下游无水),拱形闸门处于关闭状态,仅活动门叶开启。具体试验工况见表8-3。

表8-3 试验工况

工况	闸门状态	水位(m)
1-1	闸门开启1°	上游85.76 m、下游85.12 m
1-2	闸门开启1.5°	
1-3	闸门开启2°	
1-4	闸门开启2.5°	
1-5	闸门开启3°	
1-6	闸门开启4°	
2-1	闸门开启1°	上游85.5 m、下游无水
2-2	闸门开启1.5°	
2-3	闸门开启2°	
2-4	闸门开启2.5°	
2-5	闸门开启3°	
3-1	活动门叶开启	上游85.76 m、下游85.12 m
4-1	活动门叶开启	上游85.5 m、下游无水

利用电阻应变片测量模型拱形闸门的应变。因模型与原型的变形相同,故将模型测得的应变乘以原型闸门材料的弹性模量,即得应力。经过动态电阻应变仪将信号放大,由DASP数据采集仪及数据采集系统进行数据采集和分析,测量流程如图8-10所示。参照数值计算结果(本次研究同时进行了数值模拟),在应力较大的拱冠部位和底缘贴应变片,其中1#、2#、3#、7#、8#、9#、10#、11#、12#、13#、18#、26#、27#、28#应变片竖向布置测量垂直向应变,4#、5#、6#、14#、15#、16#、17#、19#、20#、21#、22#、23#、24#、25#应变片横向布置测量周向应变,应变片布置如图8-11

所示。其中,1#、4#、21#、24#、26#、29#布置为第一层,2#、5#、7#、9#、12#、13#、14#、16#、20#、22#、25#、27#、30#布置为第二层,3#、6#、10#、11#、15#、17#、18#、23#、28#布置为底缘层。

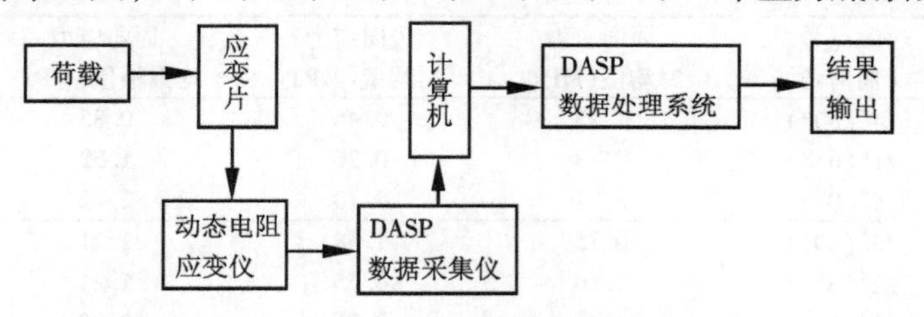

图 8-10　闸门水弹性模型测量流程

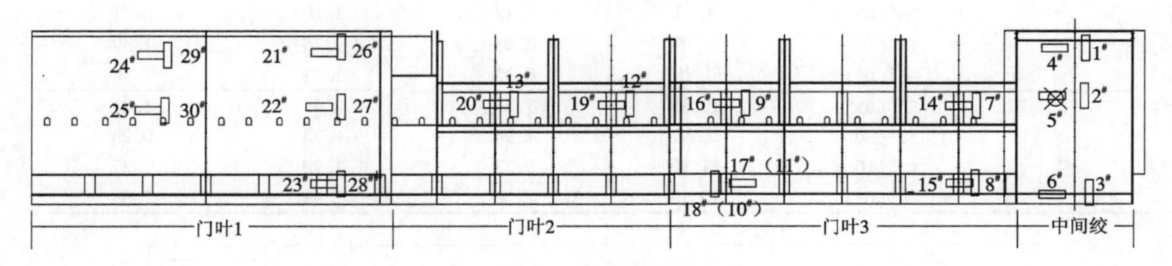

图 8-11　应变片布置图

动位移的测量采用清华大学研制的高精度 DP 型位移传感器。由于受模型实际情况的限制,不能像测量应力那样任意安装动位移传感器。因此,根据数值模拟的结果,安装了 5 个位移传感器,测量闸门径向的动位移,传感器布置如图 8-12 所示。

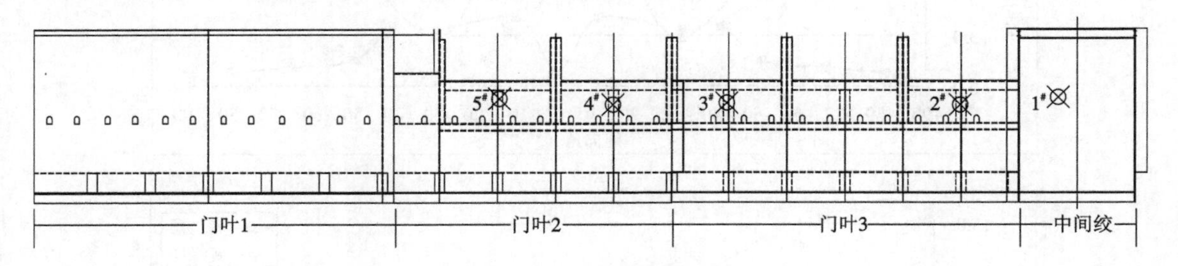

图 8-12　传感器布置图

在闸门处于工作运行状态时,按照表 8-3 的试验工况依次进行了试验,在不同闸门开启状态下对闸门动应力和闸门动位移进行了量测。下面给出闸上游水位 85.5 m、闸下游无水时闸门不同工作状况的典型工况的部分试验成果。

8.6.2.1　**闸门开度 1°**

该成果为表 8-3 的试验工况 2－1。

1. 闸门动应力

表 8-4 为周向应力和竖向应力的时均值和均方根值,并绘于图 8-13 和图 8-14。从时均应力分布看,闸门中间拱冠底缘层应力值均较大,周向应力和竖向应力的最大值均出现在闸门底缘中部,分别为 11.98 MPa 和 10.17 MPa;从脉动应力幅值(均方根值)看,位于闸门中间拱冠底缘处脉动应力幅度最大,周向应力和竖向应力最大幅值分别为 2.44 MPa 和 1.69 MPa。图 8-15 为 3#测点应变历时曲线。

表 8-4 各测点应力值

(工况 2-1:上游水位 85.5 m、下游无水,闸门开度 1°,流量 45.94 m^3/s)

测点位置	测点号(周向角)	周向应力时均值(MPa)	竖向应力时均值(MPa)	周向应力均方根值(MPa)	竖向应力均方根值(MPa)
第一层	24#(80°)	1.93	0.46	0.85	0.22
	21#(65°)	0.33	0.26	1.52	0.57
	4#(0°)	0.21	0.10	2.42	1.51
第二层	25#(80°)	0.75	1.58	1.21	1.01
	22#(65°)	1.10	0.55	1.21	0.61
	20#(50°)	1.43	0.77	0.89	0.59
	19#(40°)	3.56	2.62	1.08	0.99
	16#(30°)	3.29	2.18	1.10	0.71
	14#(10°)	4.10	2.05	2.78	1.39
	5#(0°)	0.85	0.32	1.32	1.18
底缘	23#(65°)	13.15	7.55	2.65	1.03
	17#(30°)	2.88	1.94	1.38	0.98
	15#(10°)	11.98	0.53	1.90	1.27
	6#(0°)	10.19	10.17	2.44	1.69

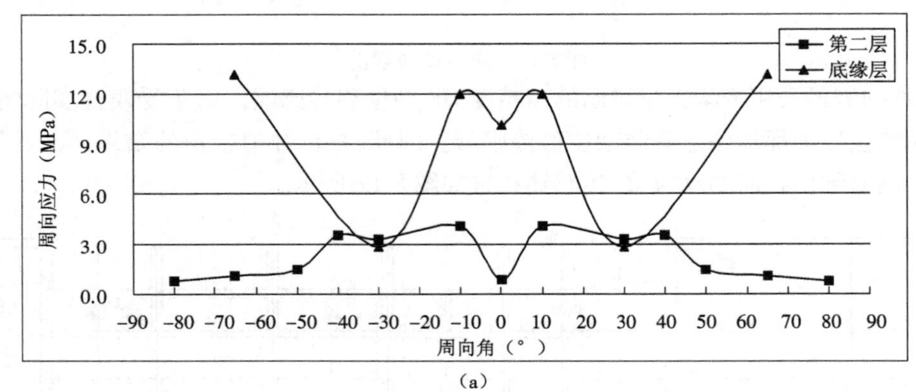

(a)

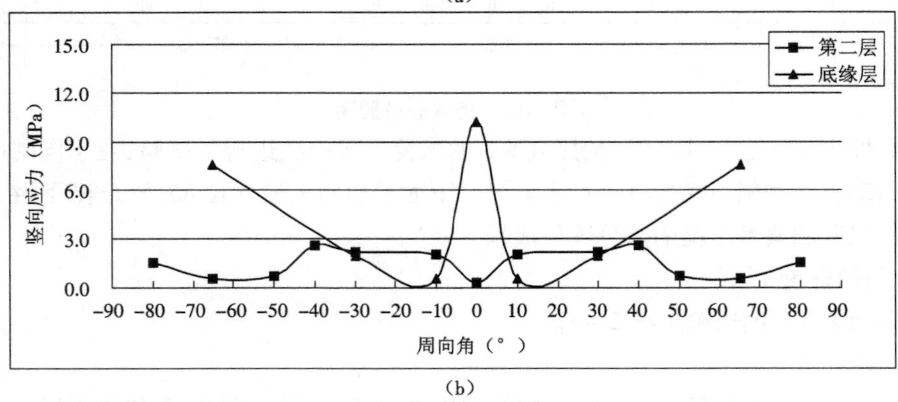

(b)

图 8-13 各层应力分布(时均值)

(工况 2-1:上游水位 85.5 m、下游无水,闸门开度 1°,流量 45.94 m^3/s)

(a)周向应力 (b)竖向应力

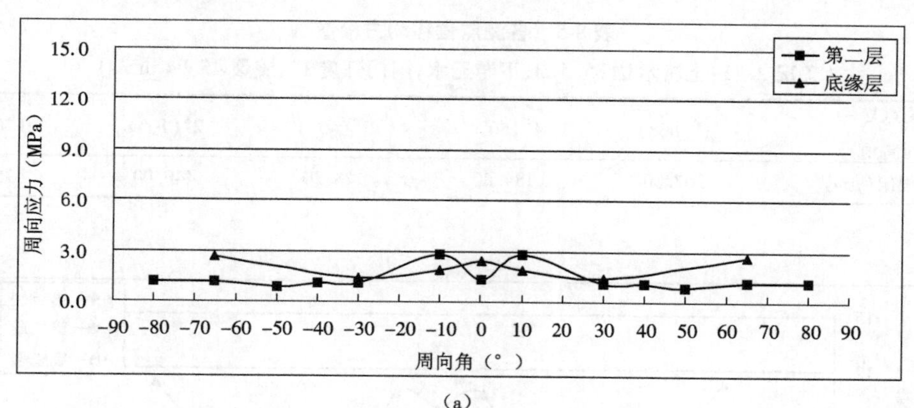

(a)

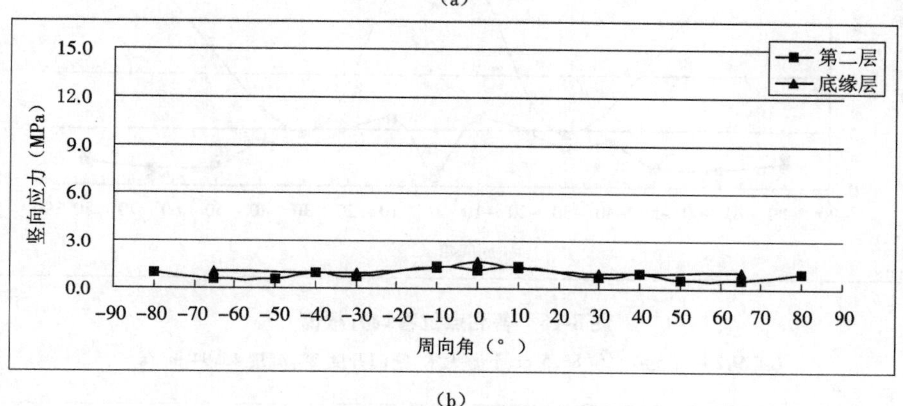

(b)

图 8-14　各层应力分布(均方根值)

(工况 2 - 1:上游水位 85.5 m、下游无水,闸门开度 1°,流量 45.94 m^3/s)

(a)周向应力　(b)竖向应力

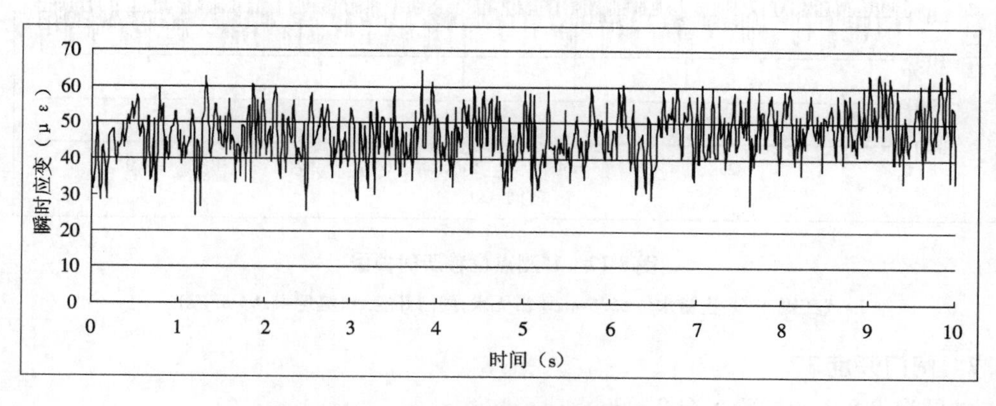

图 8-15　3[#]测点应变历时曲线

(工况 2 - 1:上游水位 85.5 m、下游无水,闸门开度 1°,流量 45.94 m^3/s)

2. 闸门动位移

表 8-5 为各测点径向动位移均方根值,并绘于图 8-16。图 8-17 给出了 1[#]测点动位移历时曲线。从试验结果可知,径向位移幅值拱冠处较大,拱端较小,振幅最大值为 475.0 μm。

表 8-5 各测点位移均方根值

(工况 2-1:上游水位 85.5 m、下游无水,闸门开度 1°,流量 45.94 m³/s)

测点号(周向角)	5#(60°)	4#(50°)	3#(40°)	2#(10°)	1#(0°)
均方根值(μm)	267.30	184.80	128.20	440.00	475.00

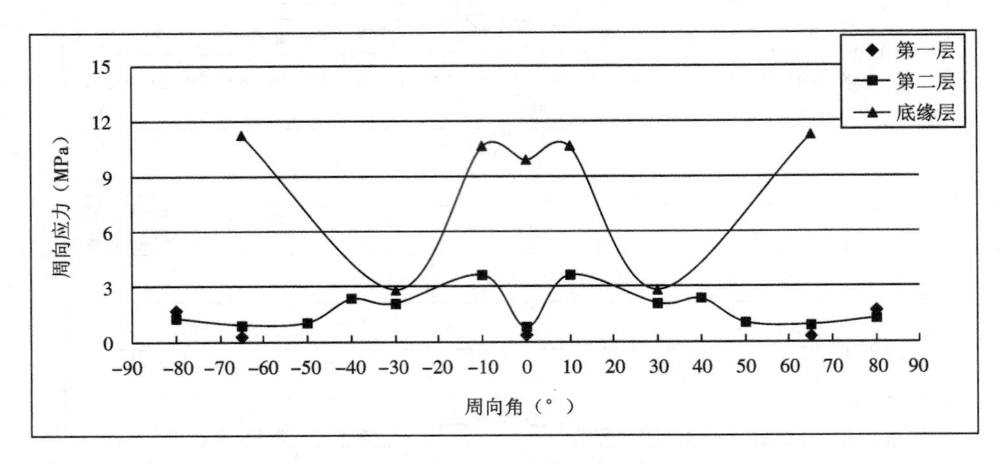

图 8-16 各测点位移均方根值

(工况 2-1:上游水位 85.5 m、下游无水,闸门开度 1°,流量 45.94 m³/s)

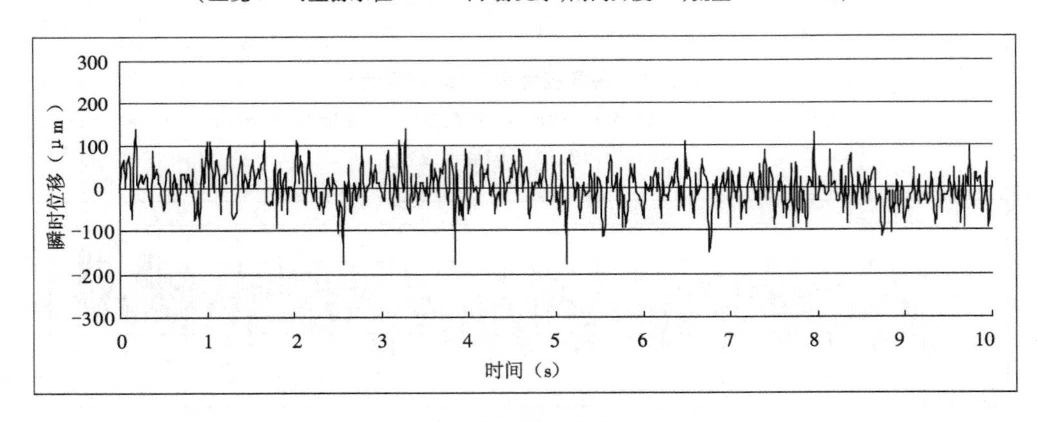

图 8-17 1#测点位移历时曲线

(工况 2-1:上游水位 85.5 m、下游无水,闸门开度 1°,流量 45.94 m³/s)

8.6.2.2 闸门开度 3°

该成果为表 8-3 的试验工况 2-5。

1. 闸门动应力

表 8-6 为周向应力和竖向应力的时均值和均方根值,并绘于图 8-18 和 8-19。图 8-20 为 3# 测点的应变历时曲线。从时均应力分布看,闸门中间拱冠底缘层应力值均较大,周向应力和竖向应力的最大值均出现在闸门底缘中部,分别为 8.23 MPa 和 1.33 MPa;从脉动应力幅值(均方根值)看,周向应力和竖向应力最大幅值分别为 2.00 MPa 和 2.64 MPa。

表 8-6　各测点应力值

（工况 2－5：上游水位 85.5 m、下游无水，闸门开度 3°，流量 91.81 m^3/s）

测点位置	测点号（周向角）	周向应力时均值（MPa）	竖向应力时均值（MPa）	周向应力均方根值（MPa）	竖向应力均方根值（MPa）
第一层	24#（80°）	0.86	0.15	0.66	0.30
	21#（65°）	0.10	0.46	1.06	2.09
	4#（0°）	0.19	1.27	1.25	0.10
第二层	25#（80°）	0.65	0.99	0.94	1.34
	22#（65°）	0.58	0.40	0.69	0.43
	20#（50°）	0.63	0.42	0.46	0.63
	19#（40°）	1.33	0.61	0.96	1.35
	16#（30°）	1.17	0.68	1.42	1.92
	14#（10°）	2.68	0.97	2.00	1.13
	5#（0°）	0.66	0.71	1.08	0.28
底缘	23#（65°）	7.35	1.26	1.44	2.64
	17#（30°）	1.65	0.82	1.15	1.03
	15#（10°）	6.20	1.12	1.09	0.18
	6#（0°）	8.23	1.33	1.14	7.08

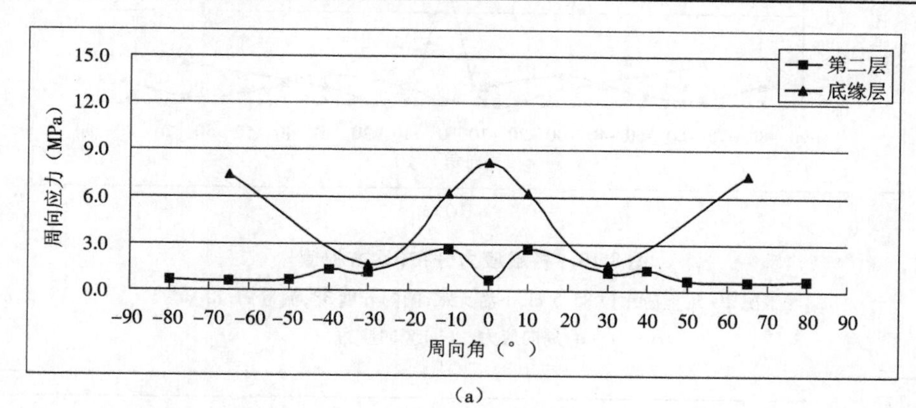

（a）

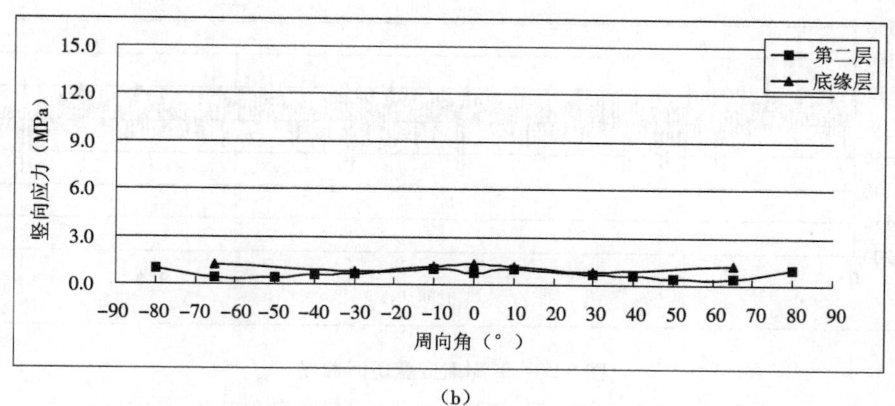

（b）

图 8-18　各层应力分布（时均值）

（工况 2－5：上游水位 85.5 m、下游无水，闸门开度 3°，流量 91.81 m^3/s）

（a）周向应力　（b）竖向应力

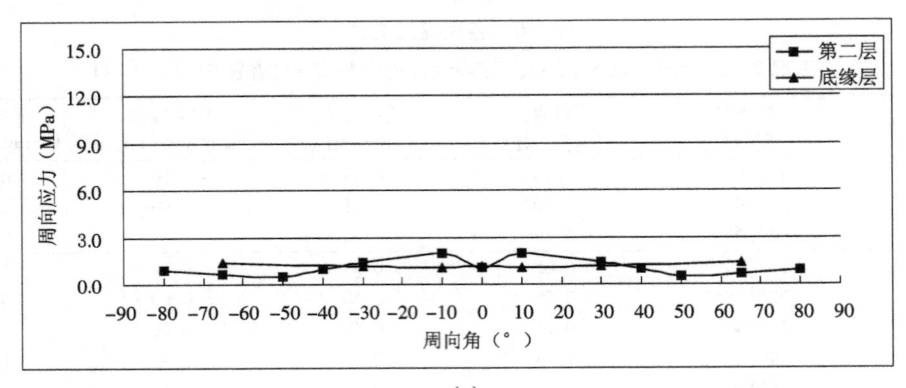

(a)

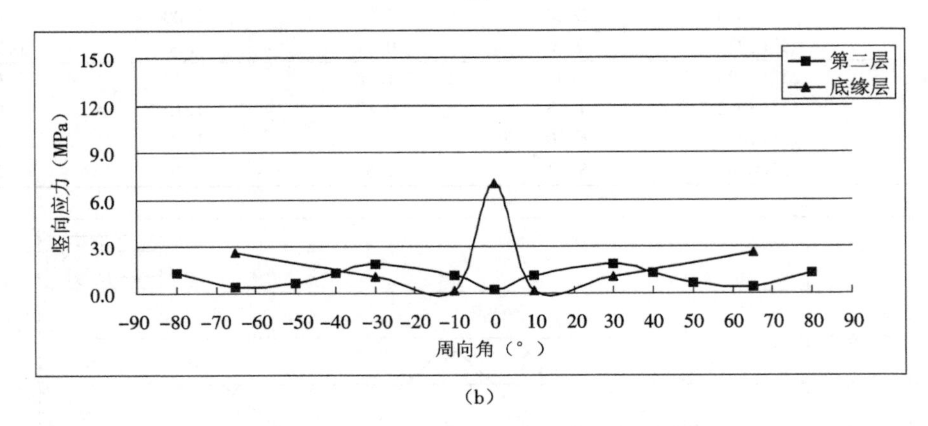

(b)

图 8-19 各层应力分布(均方根值)

(工况 2-5:上游水位 85.5 m、下游无水,闸门开度 3°,流量 91.81 m^3/s)

(a)周向应力 (b)竖向应力

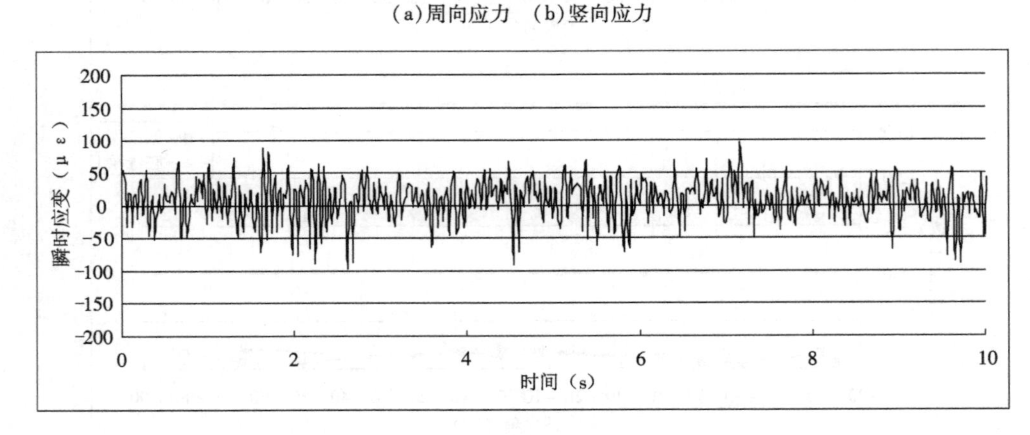

图 8-20 3#测点应变历时曲线

(工况 2-5:上游水位 85.5 m、下游无水,闸门开度 3°,流量 91.81 m^3/s)

2. 闸门动位移

表 8-7 为各测点动位移均方根值,并绘于图 8-21。图 8-22 为 1#测点的动位移历时曲线。从试验结果可知,径向位移幅值在拱冠处较大,拱端处较小,振幅最大值为 259.40 μm。

表 8-7　各测点位移均方根值

（工况 2－5：上游水位 85.5 m、下游无水，闸门开度 3°，流量 91.81 m^3/s）

测点号（周向角）	5#(60°)	4#(50°)	3#(40°)	2#(10°)	1#(0°)
均方根值(μm)	92.00	68.51	58.79	195.86	259.40

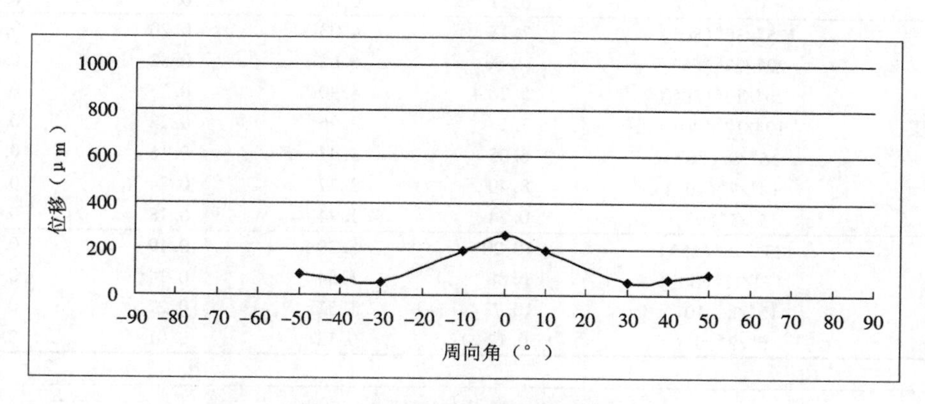

图 8-21　各测点位移（均方根值）

（工况 2－5：闸门开度 3°，上游水位 85.5 m、下游无水，流量 91.81 m^3/s）

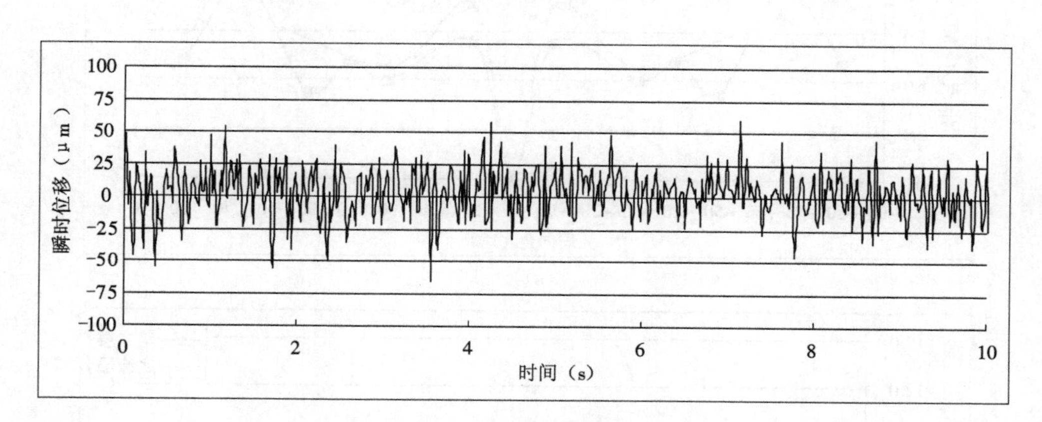

图 8-22　1#测点位移历时曲线

（工况 2－5：闸门开度 3°，上游水位 85.5 m、下游无水，流量 91.81 m^3/s）

8.6.2.3　活动门叶开启

该成果为表 8-3 的试验工况 4－1。

1. 闸门动应力

表 8-8 为周向应力和竖向应力的时均值和均方根值，并绘于图 8-23 和图 8-24。从时均应力分布看，闸门面板第二层应力值均较大，周向应力和竖向应力最大值出现在面板与吊臂相接处，分别为 11.86 MPa 和 6.61 MPa；从脉动应力幅值（均方根值）看，周向应力和竖向应力最大幅值出现在面板与吊臂相接处，分别为 0.32 MPa 和 0.65 MPa。图 8-25 为 3#测点应变历时曲线。

表 8-8　各测点应力值

(工况 4－1:上游水位 85.5 m、下游无水,活动门叶开启,流量 27.65 m^3/s)

测点位置	测点号(周向角)	周向应力时均值(MPa)	竖向应力时均值(MPa)	周向应力均方根值(MPa)	竖向应力均方根值(MPa)
第一层	24#/29#(80°)	2.16	0.75	0.02	0.16
	21#/26#(65°)	2.22	1.71	0.07	0.14
	4#/1#(0°)	0.17	0.80	0.01	0.07
第二层	25#/30#(80°)	7.18	4.03	0.20	0.27
	22#/27#(65°)	11.86	6.61	0.32	0.65
	20#/13#(50°)	5.26	4.30	0.23	0.43
	19#/12#(40°)	7.13	3.96	0.22	0.48
	16#/9#(30°)	6.05	3.47	0.16	0.22
	14#/7#(10°)	8.40	3.77	0.24	0.39
	5#/2#(0°)	0.24	1.74	0.18	0.15
底缘	23#/28#(65°)	10.20	5.39	0.19	0.58
	17#/11#(30°)	6.88	1.54	0.14	0.21
	15#/8#(10°)	10.71	1.51	0.27	0.49
	6#/3#(0°)	0.12	0.12	0.01	0.13

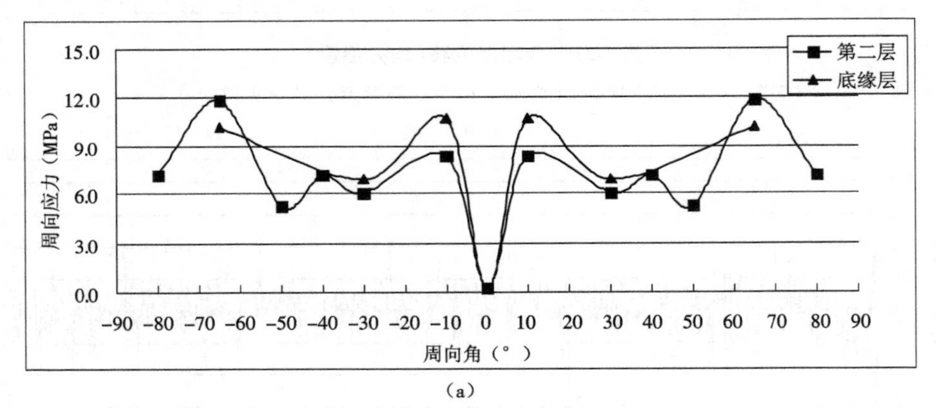

(a)

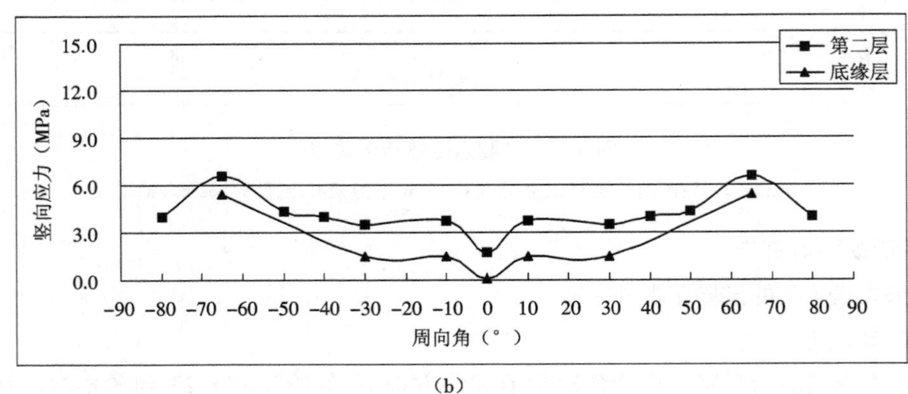

(b)

图 8-23　各层应力分布(时均值)

(工况 4－1:上游水位 85.5 m、下游无水,活动门叶开启,流量 27.65 m^3/s)

(a)周向应力　(b)竖向应力

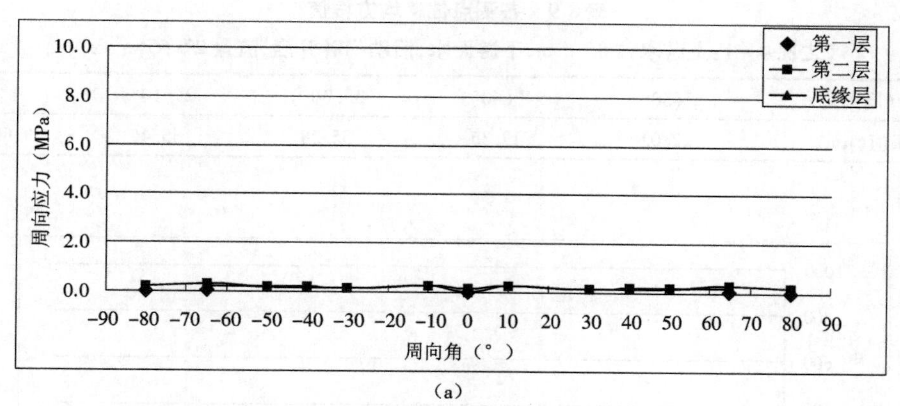

(a)

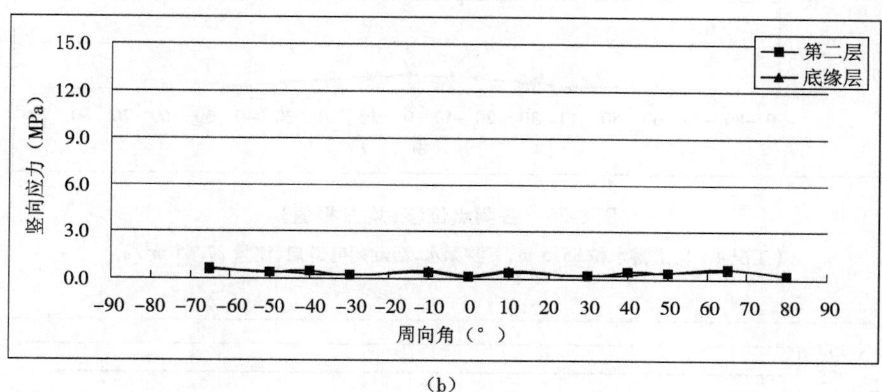

(b)

图 8-24　各层应力分布(均方根值)

(工况 4－1:上游水位 85.5 m、下游无水,活动门叶开启,流量 27.65 m^3/s)

(a)周向应力　(b)竖向应力

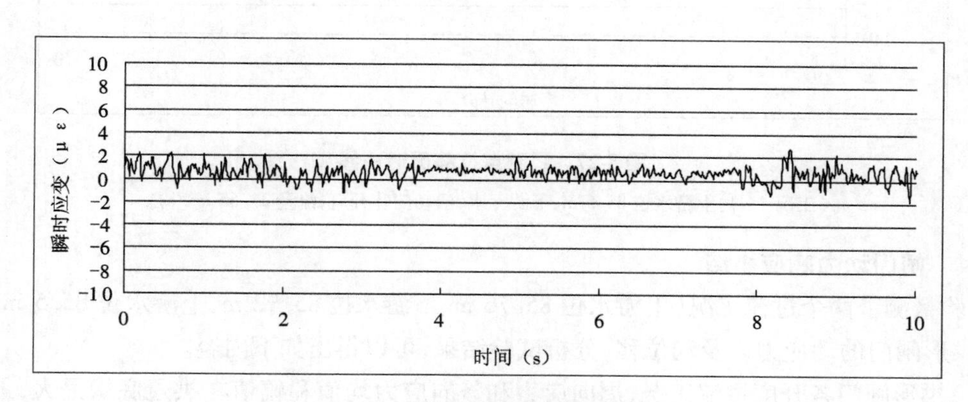

图 8-25　3[#]测点应变历时曲线

(工况 4－1:上游水位 85.5 m、下游无水,活动门叶开启,流量 27.65 m^3/s)

2. 闸门动位移

表 8-9 为各测点径向动位移均方根值,并绘于图 8-26。图 8-27 为 1[#]测点动位移历时曲线。从试验结果可知,径向位移幅值在拱冠处较大,在拱端处较小,振幅最大值为 68.73 μm。

表 8-9 各测点位移均方根值

(工况 4-1:上游水位 85.5 m、下游无水,活动门叶开启,流量 27.65 m^3/s)

测点号(周向角)	5#(50°)	4#(40°)	3#(30°)	2#(10°)	1#(0°)
均方根值(μm)	22.02	19.35	35.28	55.46	68.73

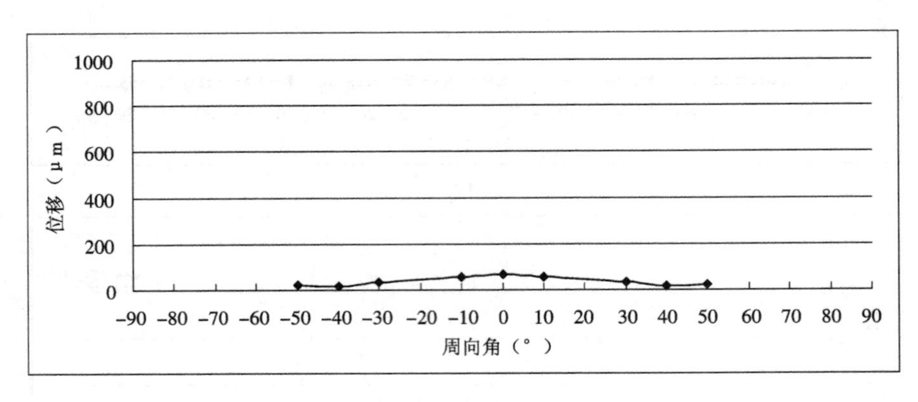

图 8-26 各测点位移(均方根值)

(工况 4-1:上游水位 85.5 m、下游无水,活动门叶开启,流量 27.65 m^3/s)

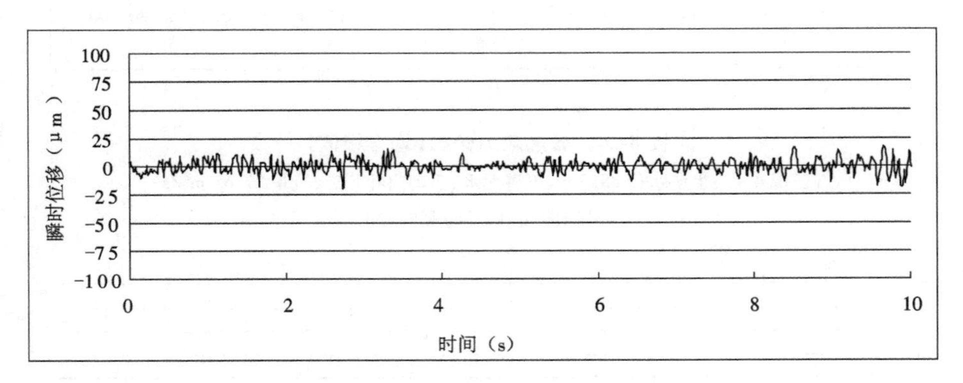

图 8-27 1#测点位移历时曲线

(工况 4-1:上游水位 85.5 m、下游无水,活动门叶开启,流量 27.65 m^3/s)

8.6.2.4 闸门动力响应小结

试验量测了两个过流工况(上游水位 85.76 m、下游水位 85.12 m,上游水位 85.5 m、下游无水)拱形闸门的动应力以及动位移,分析试验结果,可以得出如下内容。

(1)拱形闸门各开度过流工况,周向应力和竖向应力均值和幅值在拱冠底缘最大,最大均值分别为 12.41 MPa 和 14.10 MPa,最大幅值分别 9.99 MPa 和 10.14 MPa,按 3 倍幅值推算最大应力值,其值分别为 42.38 MPa 和 44.52 MPa。活动门叶开启过流工况,闸门周向应力和竖向应力均值和幅值在面板与吊臂相接处最大,最大均值分别为 12.42 MPa 和 7.32 MPa,最大幅值分别为 0.78 MPa 和 0.65 MPa,按 3 倍幅值推算最大应力值,其值分别为 14.76 MPa 和 9.27 MPa。若闸门采用 10 ~ 15 mm 的 Q 235 钢板,按照 SL 74—2013《水利水电工程钢闸门设计规范》的规定[23]，对于大中型工程的工作闸门和重要事故闸门，容许应力应乘以 0.90 ~ 0.95 的调整系数，取调整系数 0.9，此时 Q 235 钢容许应力为 144 MPa，大于闸门各点应力最大值 44.52 MPa，闸门整体强度满足要求。

（2）拱形闸门各开度过流工况，径向位移最大幅值均出现在拱冠处，最大值为 802.0 μm。根据 SL 74—2013《水利水电工程钢闸门设计规范》的规定[23]，对于露顶式工作闸门，其主梁的最大挠度与计算跨度的比值不应超过 1/600，次梁不超过 1/250。本拱形闸门计算跨度为 24 m，容许最大挠度为 40 mm。本拱形闸门在各工况下，径向位移最大值小于容许最大挠度。同时，参照已经建成的闸结构类似的某河口闸门原型观测数据，该闸门安全运行时最大振动幅值为 2.89 mm，本拱形闸门最大振动幅值远小于该值。因此，本拱形闸门的刚度可满足要求。

8.6.3　试验成果总结

（1）拱形闸门活动门叶关闭和活动门叶开启，其闸门干模态第 1 阶振型均为竖直向的，第 2 ~ 10 阶振型均为顺水流方向的，且活动门叶关闭时闸门自振频率大于活动门叶开启时的自振频率。活动门叶关闭时拱形闸门基频（第 1 阶频率）是 4.967 Hz，活动门叶开启时拱形闸门基频是 3.640 Hz。

（2）闸门的湿模态各阶振型均为顺水流方向的，且各阶频率随内河水位的增加而降低，闸门基频最小为 1.459 Hz，远大于水流脉动优势频率，闸门发生共振的可能性很小。

（3）拱形闸门各开度过流工况，周向应力和竖向应力均值和幅值在拱冠底缘最大，最大均值分别为 12.41 MPa 和 14.10 MPa，最大幅值分别为 9.99 MPa 和 12.01 MPa，最大应力值分别为 42.38 MPa 和 44.52 MPa；活动门叶开启过流工况，闸门周向应力和竖向应力均值和幅值在面板与吊臂相接处最大，最大均值分别为 12.42 MPa 和 7.32 MPa，最大幅值分别为 0.78 MPa 和 0.65 MPa，最大应力值分别为 14.76 MPa 和 9.27 MPa。闸门过流各工况下闸门应力小于闸门允许应力 144 MPa，据此判定闸门是安全的。

（4）拱形闸门各开度过流工况，径向位移最大幅值均出现在拱冠处，最大值 802.0 μm，幅值较小，小于闸门容许最大挠度 40 mm。因此，在各工况下闸门刚度可满足要求。

（5）鉴于该拱形闸门在小开度过流（例如开度 1°和 1.5°）时，位移均方根较大，闸门振动较为严重，应尽量避免闸门小开度过流，建议闸门运行时开度大于 2°。

8.7　本章总结

对于过水建筑物，尤其是结构单薄、跨度大的结构，其在动水作用下的流激振动问题较突出。对于重要的过水建筑物，一般应进行结构物水弹模型试验。与一般的水力模型试验相比，结构物水弹模型试验相对复杂，必须同时模拟水动力条件和结构动力条件，模拟水流和结构相互作用的耦联效应。模型设计和试验中应重点注意以下问题。

（1）进行结构物水弹模型设计时，因保证弹性模量相似，模型材料的选择很重要。对于选定的模型材料，应进行弹性模量的量测，从而保障所选模型材料弹性模量的准确性。

（2）结构物水弹模型应尽量做大些，这样既有利于模型材料的选择，也有利于试验量测精度的保障。当然,模型几何比尺确定取决于原型条件等,本次试验模型几何比尺为 10,作者也曾进行过某水电站进水口叠梁门水弹模型试验,其模型几何比尺为 30.82。

(3)在模拟过水建筑物时,除满足结构物材料的弹性相似外,还应保证结构物质量及其质量分布与原型相似,制作模型时一般通过配重来实现。

(4)因结构物各部位流激振动响应的强弱并不一致,因此结构物上测点的布置应具有代表性。例如,闸门可布置在面板、主梁、支臂上等。测点的布置应参考类似的研究。

(5)为获得可靠的动应变数据,补偿片应该贴在与结构物模型相同的材料上,并且放置在与结构物模型工作环境相同的地点。

(6)在进行结构物水弹模型试验之前,可利用数值模拟方法对所关注的问题进行研究,数值模拟结果可为应变片测点布置提供指导,以期获得测点最优布置。此外,数值模拟结果和试验量测结果可相互补充、相互验证。

第9章 泥沙模型试验

对于多沙河流，修建水库后将发生泥沙淤积。对于某一具体水库，应研究水库泥沙淤积形态、库容变化、水库排沙比等，提出改善泥沙淤积的措施，优化水库运行方式，为水库运行调度提供指导。

水库泥沙模型试验比一般水力模型试验要复杂得多。在模型设计上，除按重力相似准则设计模型外，还要对模型泥沙进行设计，而且二者相互制约。在试验过程中，需模拟长系列的水沙过程，甚至典型的洪水过程，试验周期较长，试验强度较大。该类模型模拟范围较大，模拟范围涵盖拦河坝至库尾的整个库区，注重泥沙淤积规律的把握。下面以某水库为例，说明该类模型试验的研究方法，包括试验所需资料、研究内容、模型设计与制作、试验方法、试验成果等，最后对该类试验进行总结，指出试验过程中应注意的问题。

9.1 工程概况

某水库为河道型水库，水库长 10.7 km、宽 140 ~ 600 m，库区河道平均纵比降 5.7‰，控制流域面积 1 879 km^2，流域内大部分山岭植被稀疏、岩石裸露，山坡上多为夹砂带石的薄土层所覆盖，水土流失严重。水库控制的河流为多沙河流，水沙年内分配极不均匀，年际变化大，河道中泥沙由细到粗分配极广，粒径 0.007 ~ 80 mm，推移质泥沙与悬移质泥沙的粒径 D_{50} 比约为150。按多年水沙系列统计，该水库多年平均入库流量为 2.73 m^3/s，径流量为 0.858 7 亿 m^3；多年平均入库悬移质沙量为 95.3 万 t，推移质沙量为 20.97 万 t，平均含沙量 11.10 kg/m^3。

9.1.1 工程布置

电站进水口位于拦河坝上游左岸，距拦河坝约 1 km。拦河坝溢流堰堰顶高程 461.0 m，电站进出水口高程 454.0 m，汛限水位 480.5 m，死水位 464.0 m，保证发电水位 470.5 m。

图 9-1 为该水库库区地形和各水工建筑物布置。为优化排沙效果，设计了多种排沙方案，包括过坝方案、垭口加拦沙坝方案、排沙洞加拦沙坝方案等。过坝方案，即拦河坝前不修建任何工程措施，水流直接通过拦河坝段的溢流堰泄流。垭口加拦沙坝方案，即在拦河坝前修建拦沙坝，同时在上游打通垭口。排沙洞加拦沙坝方案，即在拦河坝前修建拦沙坝，同时在其上游修建排沙洞。

9.1.2 水沙系列

委托单位提供了 1960—1989 年共 30 年的水沙系列资料。水沙系列按月均值给出，洪水过程按日均值给出，同时给出了最大洪峰流量，1963 年为最大洪水。表 9-1 列出了每年的径流

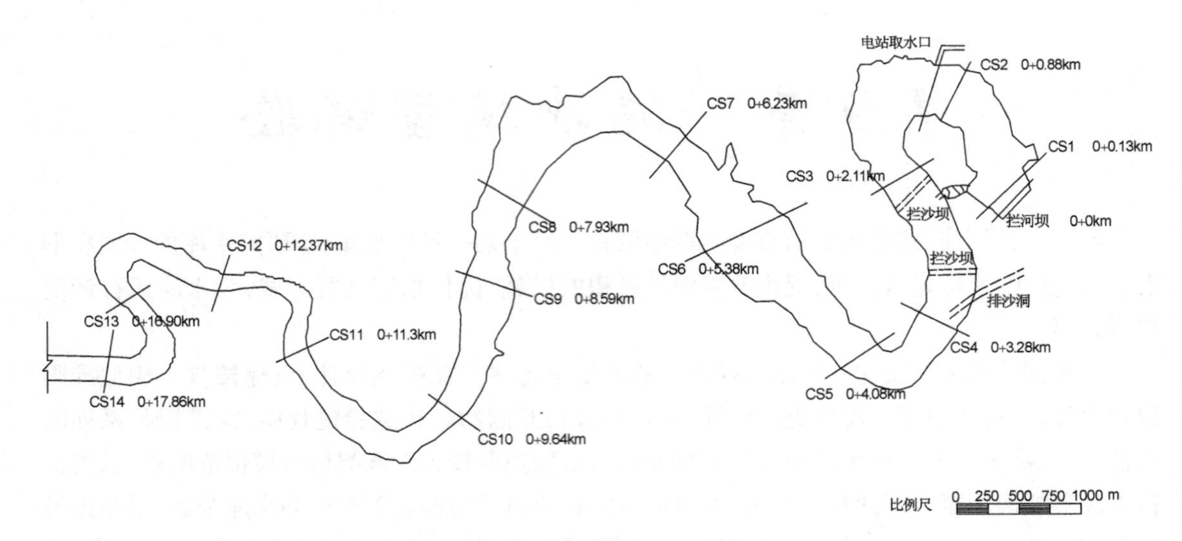

图 9-1 水库库区及工程布置

量和悬沙量以及洪峰流量。

表 9-1 水沙系列

年份	实测年径流量(亿 m^3)	实测年悬沙量(亿 m^3)	洪峰流量(m^3/s)	洪峰日平均流量(m^3/s)
1960	0.690 4	101	555	57.4
1961	0.415 4	27.6	126	21.6
1962	0.62	24	146	50
1963	4.65	1 100	3 280	2 340
1964	2.04	133	583	175
1965	1.05	117	482	43.2
1966	2.153	431	905	247
1967	1.328	148	276	49.5
1968	0.720 2	77.5	188	38.7
1969	0.782 3	122	266	27.3
1970	0.718 8	94.1	324	68.4
1971	0.967	186	456	100
1972	0.319 3	4.51	34.3	73
1973	0.793 1	45	16	25.3
1974	0.441 8	30.3	91.2	17.3
1975	0.510 3	35.7	109	28.9
1976	1.096	23.9	83.8	43.5
1977	1.40	27.3	115	42.3
1978	0.767	20.8	163	30

续表

年份	实测年径流量(亿 m^3)	实测年悬沙量(亿 m^3)	洪峰流量(m^3/s)	洪峰日平均流量(m^3/s)
1979	0.57	22.6	117.8	18.4
1980	0.303	2.2	19	60.5
1981	0.226	4.36	77.5	23.5
1982	0.899	27.2	234	92.5
1983	0.542	18.51	70.9	17.4
1984	0.255	2.27	41.4	3.41
1985	0.398	5.6	108	28.1
1986	0.188	1.03	24.9	
1987	0.128	1.83	16	
1988	0.608	18.3	105	
1989	0.417 1	4.32	47.8	
平均值	0.866 6	95.3		

9.1.3　泥沙级配

该河流悬移质泥沙的级配列于表 9-2。悬移质泥沙中值粒径 D_{50} = 0.020 5 mm。

表 9-2　悬移质泥沙级配

特征粒径	D_{100}	D_{99}	D_{92}	D_{76}	D_{50}	D_{23}	D_{13}
粒径(mm)	1.0	0.25	1.10	0.05	0.020 5	0.01	0.007

该河流推移质泥沙级配列于表 9-3。泥沙特征粒径 D_{50} = 3.0 mm，颗粒级配分布较广，泥沙级配中 $D \geqslant 2.0$ mm 的砾石占 60% 以上，推移质以粗沙、卵石为主。

表 9-3　推移质泥沙级配

特征粒径	D_{99}	D_{95}	D_{90}	D_{80}	D_{70}	D_{60}	D_{50}	D_{40}	D_{30}	D_{10}	D_5
粒径(mm)	80	52	36	17	9.0	4.8	3.0	1.75	1.1	0.32	0.20

9.1.4　水库运行方式

汛期运用水位一般控制在汛限水位 480.5 m。当遇 1963 年大洪水时，为增加冲沙效果，当日平均流量大于 400 m^3/s 时，将坝前水位降至死水位 464.0 m，而当洪峰日平均流量 2 340 m^3/s 通过时，将水位升至保证发电水位 470.5 m 运行，此洪峰流量过后将运用水位逐渐抬高到汛限水位 480.5 m。流量大于 300 m^3/s 时，开启泄洪洞。

9.2 试验所需资料

应对所要研究的工程有深入的了解,理解委托单位要解决的问题和重点关注的问题,在此基础上,明确提出模型试验所必需的资料。对于水库泥沙模型试验,通常包括库区地形、枢纽工程平面布置图、各泄水建筑物详图、多年水沙系列及其特征值、悬移质泥沙及推移质泥沙的颗粒级配、水库运行方式、特征水位和特征流量、水位—流量关系、水面线验证资料、淤积地形验证资料等。应当指出,由于所研究的水库一般为待建工程,对于水面线验证资料和淤积地形验证资料,多数情况下委托单位是不能提供的。

针对该水库泥沙模型试验,委托单位提供了以下资料:

(1)库区地形图(典型断面图、纵剖面,拦河坝至库尾);

(2)枢纽工程布置图;

(3)各泄水建筑物布置图及剖面图;

(4)多年水沙系列及洪水过程;

(5)悬移质泥沙及推移质泥沙的颗粒级配;

(6)水库运行方式;

(7)各泄水建筑物泄流曲线(水位—流量关系);

(8)水面线验证资料。

9.3 试验内容

水库泥沙物理模型试验,通常是针对不同的工程布置方案,按初步拟定的水库运行方式,研究不同运行年限的淤积形态、淤积量、库容变化、库尾淤积对回水的影响、过机含沙量等。根据试验结果,提出改善泥沙淤积的措施,优化水库运行方式,为水库运行方式提出建议。

本次试验,采用1960—1989年共30年的水沙系列资料循环60年,在给定的水库运行方式下,针对不同工程布置方案,分别进行试验,研究水库运行60年的泥沙淤积规律,提出不同运行年限的水库淤积成果。具体内容如下:

(1)水库淤积形态及发展规律,淤积纵剖面,典型淤积横断面;

(2)水库淤积量、库容变化、排沙比等;

(3)过机含沙量;

(4)库尾泥沙淤积对回水的影响;

(5)依据试验成果,推荐较优工程布置方案,对水库运行方式提出建议。

9.4 模型设计与制作

水库泥沙模型设计比较复杂,尤其在同一模型中同时复演包括推移质、悬移质和异重流的不同泥沙运动形式,即所谓的全沙模型。对于该类泥沙模型:在水流运动相似上,应同时满足重力相似和阻力相似以及紊流流态相似;在泥沙运动相似上,对于悬移质泥沙应同时满足沉降相似和扬动相似,对于推移质泥沙应满足起动相似,还应满足异重流和悬移质同时相似和含沙量比尺一致。当上述水流、泥沙相似均能满足时,则推移质、悬移质、异重流的时间比尺一致,即在同一模型中同时复演各种泥沙运动。

对于一般水库泥沙淤积,可能是某类泥沙运动形式起主导作用,这样的水库泥沙模型只需模拟起主导作用的泥沙运动形式,例如悬移质泥沙运动,这类泥沙模型的设计相对简单。

本章拟对全沙模型进行阐述,即在同一模型中同时复演推移质、悬移质和异重流的不同泥沙运动形式[24]、[25]。

9.4.1　模型比尺

水库泥沙模型一般为变态模型,其模型几何比尺的确定,除考虑试验内容及实验场地条件外,还应考虑模型沙的材料及泥沙比尺等综合因素。通常,最终的模型几何比尺,需要和泥沙设计进行协调,经多次试算后最终确定。

模型几何比尺的确定应首先考虑以下几个方面。

(1)模型变率不宜过大。设水平比尺 λ_l、垂直比尺 λ_h,则变率 $e=\lambda_l/\lambda_h$。因 $\lambda_h\neq\lambda_l\neq1$,模型中流速分布会有一定程度的歪曲,为使模型试验结果尽可能接近真实,应使 $e\leqslant5$[21],若条件允许,变率应尽量小些。

(2)模型最小水深不宜太浅。为避免水流面张力的影响,模型最小水深应大于2~3 cm[26]。

(3)模型水流运动与原型处同一流态。这虽属水流相似问题,但几何比尺的确定应首先考虑这一问题。原型水流运动一般属紊流阻力平方区,因此,模型几何比尺的确定应保证模型水流运动仍属紊流阻力平方区。

(4)根据所选模型沙,设计泥沙比尺,检验其合理性并进行调整。确定适宜容重的模型沙是模型设计及试验的关键,它与各物理量比尺需要相互协调,通常需经试设计并比较后方能选定。

对于本次试验,根据研究内容和实验室场地条件,进行了不同模型比尺的搭配,初始设定水平比尺200,垂直比尺分别为40、50和60,并结合粉煤灰、无烟煤屑、电木粉分别做模型沙的设计计算。经比较,选定模型水平比尺 $\lambda_l=200$,垂向比尺 $\lambda_h=50$,变率 $e=4$。

为保证水流运动相似,需同时满足重力和阻力相似。各水流要素比尺列于表9-4。

表9-4　水流要素比尺

水流要素	流速	流量	时间	糙率	水面比降
比尺	7.07	70 710	28.29	0.96	1/4

流态校核,即确定模型几何比尺后可通过计算模型雷诺数进行流态校核。在天然河道中,水流一般处于紊流区,模型水流应同样处于紊流区。本次模型设计选定了回末端 CS 11 断面

和20%频率的流量 $Q=397\ m^3/s$,计算模型和原型的水流雷诺数。回末端CS 11断面过水面积 $A=272\ m^2$,水力半径 $R=2.2\ m$,平均流速 $v=1.46\ m/s$,则原型雷诺数 $Re_p=vR/\nu=3\ 212\ 000$,模型雷诺数 $Re_m=v_mR_m/\nu_m=9\ 085$。因此认为原型与模型水流都属于紊流阻力平方区。

9.4.2 模型沙的选择

模型沙材料的选择应遵循以下原则:

(1)对于既要模拟悬移质泥沙又同时模拟推移质泥沙的情况,尽量采用同一容重的轻质沙,其容重应在1.10~1.70 t/m³;

(2)模拟泥沙粒径范围较广,能同时满足泥沙颗粒粗细不同的要求;

(3)模型沙的物理化学性能相对稳定,通常可选用褐煤屑、烟煤屑、无烟煤屑、聚氯乙烯屑和电木粉等。

本次试验,以粉煤灰、无烟煤屑、电木粉分别进行了模型沙的设计计算和分析比较工作。考虑到电木粉模拟粒径范围广、物理化学性能稳定等优点,最后模型沙选用电木粉,其容重 $\gamma_{sm}=1.49\ t/m^3$。

对容重 $\gamma_{sm}=1.49\ t/m^3$ 的模型沙,其容重比尺

$$\lambda_{\gamma_s}=\gamma_{sp}/\gamma_{sm}=2.65/1.49=1.78 \tag{9-1}$$

浮容重比尺

$$\lambda_{\gamma_s-\gamma}=(\gamma_{sp}-\gamma)/(\gamma_{sm}-\gamma)=(2.65-1)/(1.49-1)=3.37 \tag{9-2}$$

式中:γ 为水的容重;γ_{sp}为原型沙容重;γ_{sm}为模型沙容重;下标s表示泥沙;下标p表示原型;下标m表示模型。

9.4.3 泥沙起(扬)动流速

鉴于泥沙起(扬)动流速在泥沙设计中的重要性,应对泥沙起(扬)动流速给予重视,保证泥沙设计的可靠性。

1. 模型沙的起(扬)动流速

选定某容重的模型沙后,起(扬)动流速将对泥沙比尺的设计起决定作用。对于轻质模型沙的起(扬)动流速,若有条件应通过实验水槽进行泥沙起动试验,将获得较准确的起动流速。若无条件进行模型沙的起动流速试验,可选择合适的公式计算模型轻质沙的起动流速。

本次模型设计,进行了专门的模型沙起(扬)动流速试验。对于电木粉模型沙,通过水槽试验来确定其起(扬)动流速,试验在可调坡活动水槽(16 m×0.6 m×0.5 m)内进行,水槽设厚0.1 m、长3 m的泥沙试验段。试验观测发现电木粉的起动可分为三个阶段:①个别颗粒开始运动,即在床面上有个别泥沙开始滑动,且走走停停,此时的流速称为临界起动流速 v_k;②大量泥沙颗粒开始运动,即在床面上有数不清的泥沙颗粒连续滑动,此时的流速称为起动流速 v_{k1};③泥沙颗粒脱离床面扬动,即泥沙颗粒以"一缕一缕烟状"被扬起,此时的流速称为扬动流速 v_{k2}。根据不同粒径($D=0.017\ 5\sim1.0\ mm$)起动(扬动)流速试验数据,绘制出起(扬)动流

速与水深关系曲线、起(扬)动流速与粒径关系曲线。试验表明,对于 $D=0.2$ mm 的电木粉,起动流速 0.10 ~0.15 m/s,扬动流速 0.15 ~0.22 m/s。

2. 原型沙的起(扬)动流速

对原型沙,可选比较符合规律的起(扬)动流速公式进行计算。本次泥沙设计,起动流速选用沙玉清公式来计算,扬动流速选用窦国仁公式来计算。

起动流速公式采用沙玉清公式[27]:

$$v_{k1}=\left[267\left(\frac{\delta}{D}\right)^{1/4}+6.67\times10^{9}(0.7-\varepsilon)^{4}\left(\frac{\delta}{D}\right)^{2}\right]^{1/2}\left(\frac{\gamma_s-\gamma}{\gamma}gD\right)^{1/2}R^{1/5} \quad (9\text{-}3)$$

式中:δ 为薄膜水厚度,取 0.000 1 mm;ε 为孔隙率,其稳定值约为 0.4;D 为粒径,以 mm 计。

扬动流速公式采用窦国仁公式[24]:

$$v_{k2}=\begin{cases}1.5\ln\left(11\dfrac{h}{\Delta}\right)\sqrt{\dfrac{\gamma_s-\gamma}{\gamma}gD}\\[2ex] 0.408\ln\left(11\dfrac{h}{\Delta}\right)\sqrt{\dfrac{\gamma_S-\gamma}{\gamma}gD+0.19\dfrac{\varepsilon_k+gH\delta}{D}}\end{cases} \quad (9\text{-}4)$$

式中:D 为粒径,不均匀沙采用 D_{50};h 为水深;Δ 为床面糙率高度,对于平整床面,当 $D\leqslant0.5$ mm 时,$\Delta=0.5$ mm,当 $D>0.5$ mm 时,$\Delta=D$;对于天然沙,$\varepsilon_k=2.56\ \mathrm{cm^3/s}$;$\delta$ 为薄膜水厚度,取 0.21×10^{-4} cm。本次泥沙设计取式(9-4)中两者大值为扬动流速 v_{k2} 值。

9.4.4　悬移质泥沙

悬移质泥沙运动相似,应满足沉降相似、扬动相似、挟沙能力相似和冲淤时间相似。沉降相似保证淤积部位相似,扬动相似保证泥沙悬浮相似,以沉降相似条件设计泥沙,以扬动相似条件校核。挟沙能力相似保证泥沙量的相似,用其控制模型进口加沙量。冲淤时间相似保证泥沙运动时间相似,用其控制模型试验时间。

该水库原型悬移质泥沙中值粒径 $D_{50}=0.0205$ mm,悬移质泥沙级配参见表 9-2。

1. 沉降相似

由窦国仁悬沙输移方程 $\frac{\partial(QS)}{\partial x}=\alpha\omega S_*B-\alpha\omega SB$,$Q$ 为流量,S 为用重量比表示的含沙量,α 为沉降机率,S_* 为挟沙能力,B 为河宽,得悬沙相似条件[24]:

$$\lambda_\omega=\lambda_v\frac{\lambda_h}{\lambda_\alpha\lambda_l} \quad (9\text{-}5)$$

$$\lambda_S=\lambda_{S_*} \quad (9\text{-}6)$$

式(9-5)为沉降相似条件,式(9-6)为挟沙能力相似条件。

考虑沉降机率 α 在模型与原型中接近,即 $\lambda_\alpha=1$,因此沉降相似比尺为

$$\lambda_\omega=\lambda_v\frac{\lambda_h}{\lambda_l} \quad (9\text{-}7)$$

代入 $\lambda_v=7.07$,$\lambda_h=50$ 和 $\lambda_l=200$,则 $\lambda_\omega=1.77$。

为使泥沙级配沿垂线分布相似,除满足挟沙能力相似和悬浮相似,还要求模型沙与原型沙

的级配相似，为此需由原型沙级配求沉速 ω_p，选用沙玉清公式。

对层流区（$D=0.01\sim0.1$ mm）：

$$\omega=\frac{1}{24}\frac{\gamma_s-\gamma}{\gamma}\frac{gD^2}{\nu} \tag{9-8}$$

对过渡区（$D=0.1\sim2.0$ mm）：

$$\left(\lg\frac{\omega}{\nu^{1/3}}+3.386\right)^2+\left(\lg\frac{D}{\nu^{2/3}}-5.374\right)^2=39 \tag{9-9}$$

根据沉降比尺及模型沙的沉速和粒径关系，求得悬移质模型沙的级配。悬移质模型沙的级配列于表 9-5，其级配曲线绘于图 9-2。

根据表 9-5 结果，原型 $D_{50}=0.0205$ mm，模型 $D_{50}=0.025$ mm，可得泥沙中值粒径比尺 $\lambda_D=\frac{D_p}{D_m}=\frac{0.0205}{0.025}=0.82$。

表 9-5 悬移质模型沙的级配及沉速

特征粒径		D_{100}	D_{99}	D_{92}	D_{76}	D_{50}	D_{23}	D_{13}
原型	粒径(mm)	1.0	0.25	1.10	0.05	0.020 5	0.01	0.007
	沉速(cm/s)	11.7	2.44	0.612	0.167	0.028	0.006 67	0.003 27
模型	粒径(mm)	0.50	0.23	0.11	0.06	0.025	0.012	0.008
	沉速(cm/s)	6.6	1.379	0.346	0.094	0.016	0.003 76	0.001 85

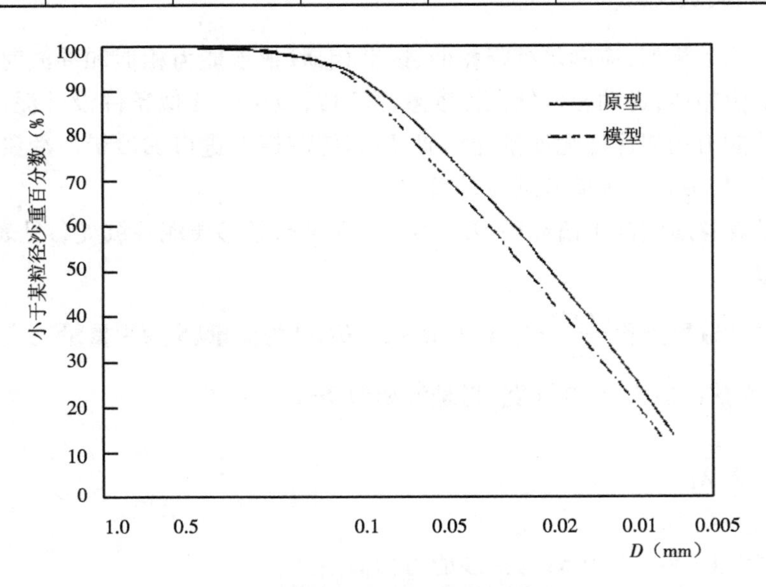

图 9-2 悬移质泥沙粒径级配曲线

2. 挟沙能力相似

由窦国仁悬沙挟沙能力公式 $S_*=K\frac{\gamma\gamma_s}{\gamma_s-\gamma}\cdot\frac{vi}{\omega}$，$i$ 为坡度，K 为系数，得挟沙能力比尺

λ_{S_*}[24]：

$$\lambda_{S_*}=\frac{\lambda_{\gamma_s}}{\lambda_{\gamma_s-\gamma}}\frac{\lambda_i\lambda_v}{\lambda_\omega} \tag{9-10}$$

因重力和阻力相似条件满足 $\lambda_i=\frac{\lambda_h}{\lambda_l}$，沉降相似条件满足 $\lambda_\omega=\lambda_v\frac{\lambda_h}{\lambda_l}$，故 $\frac{\lambda_i\lambda_v}{\lambda_\omega}=1$，因此挟沙能力比尺 λ_{S_*} 为

$$\lambda_{S_*}=\frac{\lambda_{\gamma_s}}{\lambda_{\gamma_s-\gamma}} \tag{9-11}$$

将 $\lambda_{\gamma_s}=1.78$ 和 $\lambda_{\gamma_s-\gamma}=3.37$ 代入式(9-11)，得 $\lambda_{S_*}=0.528$。

3. 扬动流速相似

扬动流速比尺应满足

$$\lambda_{v_{k2}}=\lambda_v \tag{9-12}$$

这里 $\lambda_v=7.07$。对于原型沙，本次泥沙设计，泥沙扬动流速采用窦国仁公式(9-4)进行计算，扬动流速 v_{k2} 的计算结果列于表9-6。

表9-6　扬动流速比尺

水深 h_p/h_m(m/m)	2.5/0.05	5/0.1	10/0.2	20/0.4
原型 v_{k2}(m/s)	1.191	1.634	2.322	3.368
模型 v_{k2}(m/s)	0.190	0.210	0.276	0.380
扬动流速比尺	6.3	7.78	8.4	8.8

对于模型沙，本次泥沙设计进行了专门的模型沙起(扬)动流速水槽试验，并绘制了起(扬)动流速与水深关系曲线、起(扬)动流速与粒径关系曲线。根据试验所绘制的关系曲线，得到相应的扬动流速，其结果列于表9-6。

分析表9-6的结果，扬动流速比尺 $\lambda_{v_{k2}}=6\sim9$，基本满足扬动相似式(9-12)的要求，但当水深较大时扬动流速比尺略大，即此时模型沙较原型沙容易悬浮。

应当指出，原型沙的扬动流速可选用合适的公式计算，模型沙的扬动流速或者通过试验获得或者选用合适的公式进行计算，然后求出扬动流速比尺，检验是否基本满足式(9-12)，若相差很大，需重新设计泥沙。

4. 冲淤时间相似

由河床变形微分方程 $\frac{\partial(QS)}{\partial x}+\gamma_0B\frac{\partial z}{\partial t}=0$ 导出冲淤时间比尺

$$\lambda_{t_1}=\frac{\lambda_{\gamma_0}\lambda_l}{\lambda_v\lambda_S} \tag{9-13}$$

式中，λ_{γ_0} 为干容重比尺，原型沙干容重 $\gamma_{0p}=1.2\ t/m^3$，模型沙干容重 $\gamma_{0m}=0.5\ t/m^3$，则 $\lambda_{\gamma_0}=\gamma_{0p}/\gamma_{0m}=2.4$，$\lambda_l=200$，$\lambda_v=7.07$，含沙量比尺 $\lambda_S=\lambda_{S_*}=0.528$。

将具体数值代入式(9-13)，则悬沙冲淤时间比尺 $\lambda_{t_1}=128$。

9.4.5 异重流泥沙

异重流相似应满足异重流输沙相似，包括异重流发生的条件相似、含沙量相似和淤积时间相似。

1. 发生的相似条件

由异重流发生条件$\dfrac{v^2}{\dfrac{\gamma'-\gamma}{\gamma'}gh}=K$（常数），$\gamma'$为浑水容重，得异重流发生的相似条件为[24]

$$\frac{\lambda_{\gamma_s-\gamma}\lambda_s}{\lambda_{\gamma_s}}=1 \quad (9\text{-}14)$$

2. 含沙量相似

由异重流发生的相似条件式(9-14)，得含沙量比尺

$$\lambda_S=\frac{\lambda_{\gamma_s}}{\lambda_{\gamma_s-\gamma}} \quad (9\text{-}15)$$

将 $\lambda_{\gamma_s}=1.78$ 和 $\lambda_{\gamma_s-\gamma}=3.37$ 代入式(9-15)，得 $\lambda_S=0.528$。

3. 淤积时间相似

由异重流方程$\dfrac{\partial(v_eSh_e)}{\partial x}+\gamma_0\dfrac{\partial z}{\partial t}=0$，$v_e$ 为异重流流速，h_e 为异重流厚度，得淤积时间比尺[24]

$$\lambda_{te}=\frac{\lambda_{\gamma_0}\lambda_l\lambda_{\gamma_s}^{1/2}}{\lambda_S^{3/2}\lambda_{\gamma_s-\gamma}^{1/2}\lambda_h^{1/2}} \quad (9\text{-}16)$$

将 $\lambda_{\gamma_0}=2.4$、$\lambda_l=200$、$\lambda_{\gamma_s}=1.78$、$\lambda_{\gamma_s-\gamma}=3.37$、$\lambda_S=0.528$、$\lambda_h=50$ 代入式(9-16)，得异重流淤积时间比尺 $\lambda_{te}=120$。

9.4.6 推移质泥沙

推移质泥沙运动相似包括起动流速相似、止动流速相似、输沙量相似和冲淤时间相似。

起动流速相似保证冲刷部位相似，止动流速相似保证淤积部位相似。一般来讲，推移质泥沙粒径相对较粗，根据沙玉清的研究成果，起动流速与止动流速基本上成正比且数值接近，从而对推移质泥沙运动而言，起动流速相似是保证冲刷和淤积部位都能相似的基本条件。因此，推移质泥沙的设计可按起动流速相似进行。输沙量相似保证推移质泥沙量上的相似，用其控制模型进口推移质泥沙加沙量。冲淤时间相似保证推移质泥沙运动时间的相似，用其控制模型试验时间。

该水库原型推移质泥沙级配，$D_{50}=3.0$ mm，颗粒级配分布较广，级配中 $D\geqslant2.0$ mm 的砾石占60%以上，推移质以粗沙、卵石为主。推移质泥沙级配参见表9-3。

1. 起动流速相似

泥沙起动流速比尺应满足

$$\lambda_{v_{k1}}=\lambda_v \quad (9\text{-}17)$$

这里 $\lambda_v=7.07$ 对于原型沙，本次泥沙设计，泥沙起动流速采用沙玉清公式(9-3)计算，对

于 $D_{50}=3.0$ mm，各水深下的推移质泥沙的起动流速列于表 9-7。

对于模型沙，若有条件应通过实验水槽进行泥沙起动试验。若无条件进行模型沙的起动流速试验，可选择合适的公式计算模型轻质沙的起动流速。本次泥沙设计，进行了专门的模型沙起动流速试验，并绘制了起动流速—水深关系曲线、起动流速—粒径关系曲线，参见 9.4.3 的阐述。根据推移质泥沙起动流速比尺关系式(9-17) $\lambda_{v_{k1}}=\lambda_v=7.07$，以及原型沙起动流速、模型沙起动流速关系曲线，经反复试算，得到模型沙 $D_{50}=0.23$ mm，相应泥沙粒径比尺 $\lambda_D=3.0/0.23=13$。各水深下的模型推移质泥沙的起动流速列于表 9-7。

表 9-7　推移质泥沙起动流速比尺

水深 h_p/h_m(m/m)	2.5/0.05	5/0.1	10/0.2	20/0.4
原型 v_{k1}(m/s)	1.193	1.371	1.574	1.808
模型 v_{k1}(m/s)	0.158	0.184	0.224	0.276
起动流速比尺	7.6	7.45	7.02	6.6

表 9-7 表明，泥沙起动流速比尺 6.6 ~ 7.6 与流速比尺 7.07 接近，满足泥沙起动相似。

由满足起动相似的泥沙粒径比尺 $\lambda_D=13$ 可求得推移质模型沙级配。推移质模型沙级配列于表 9-8，其级配曲线绘于图 9-3。

表 9-8　推移质模型沙级配

特征粒径	D_{99}	D_{95}	D_{90}	D_{80}	D_{70}	D_{60}	D_{50}	D_{40}	D_{30}	D_{10}	D_5
原型沙(mm)	80	52	36	17	9.0	4.8	3.0	1.75	1.1	0.32	0.20
模型沙(mm)	6.15	4.0	2.77	1.31	0.69	0.37	0.23	0.14	0.085	0.025	0.015

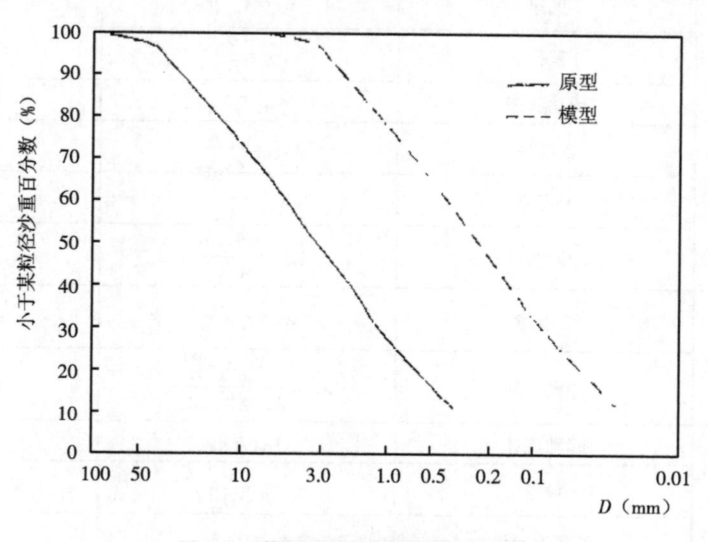

图 9-3　推移质泥沙粒径级配曲线

2. 输沙量相似

由王世夏[28]建议的以密实体积计的单宽底沙输沙率公式($D>0.24$ mm)

$$P=\frac{1}{200}(v-v_k)\left(\frac{v^3}{v_k^3}-1\right) \tag{9-18}$$

导出输沙量比尺

$$\lambda_p=\lambda_D\lambda_v=13\times7.07=92 \tag{9-19}$$

3. 冲淤时间相似

由输沙连续方程$\frac{\partial P}{\partial x}+\frac{\partial z}{\partial t}=0$得冲淤时间比尺[28]

$$\lambda_{t_3}=\frac{\lambda_h\lambda_l}{\lambda_P} \tag{9-20}$$

将$\lambda_l=200$、$\lambda_h=50$、$\lambda_P=92$、代入式(9-20),得推移质冲淤时间比尺$\lambda_{t_3}=109$。

根据上述分析,悬沙、异重流的冲淤时间比尺基本一致,而以粗沙、卵石为主的推移质冲淤时间比尺略小于前者,最后选用时间比尺为128。模型的各相似比尺汇总于表9-9。

表9-9 泥沙模型比尺汇总表

类别	物理量	比尺关系	比尺
模型	水平	λ_l	200
	垂直	λ_h	50
	变率	$e=\frac{\lambda_l}{\lambda_h}$	4
水流	流速	$\lambda_v=\lambda_h^{1/2}$	7.07
	流量	$\lambda_Q=\lambda_v\lambda_l\lambda_h$	70 710
	糙率	$\lambda_n=\lambda_l^{1/6}$	0.96
悬移质	沉速	$\lambda_\omega=\lambda_v\frac{\lambda_h}{\lambda_l}$	1.77
	粒径	$\lambda_D=\frac{D_p}{D_m}$	0.82
	扬动流速	$\lambda_{v_{k2}}=\lambda_v$	6~9
	含沙量	$\lambda_{S_*}=\frac{\lambda_{\gamma_s}}{\lambda_{\gamma_s-\gamma}}$	0.528
	干容重	$\lambda_{\gamma_0}=\frac{\lambda_{0p}}{\lambda_{0m}}$	2.4
	冲淤时间	$\lambda_{t_1}=\frac{\lambda_{\gamma_0}\lambda_l}{\lambda_v\lambda_{S_*}}$	128
异重流	含沙量	$\lambda_S=\frac{\lambda_{\gamma_s}}{\lambda_{\gamma_s-\gamma}}$	0.528
	冲淤时间	$\lambda_{te}=\frac{\lambda_{\gamma_0}\lambda_l\lambda_{\gamma_s}^{1/2}}{\lambda_s^{3/2}\lambda_{\gamma_s-\gamma}^{1/2}\lambda_h^{1/2}}$	128
推移质	起动流速	$\lambda_{v_{k1}}=\lambda_v$	6.6~7.6
	粒径	$\lambda_D=\frac{D_p}{D_m}$	13
	单宽输沙量	$\lambda_P=\lambda_D\lambda_v$	92
	冲淤时间	$\lambda_{t_3}=\frac{\lambda_h\lambda_l}{\lambda_P}$	109

应当指出，鉴于泥沙起动流速公式、输沙率公式等丰富成果[29~31]，在进行泥沙模型设计时，可根据所研究的泥沙问题本身的特点，选用合适的公式进行泥沙模型设计，或进行专门的泥沙试验。

9.4.7　模型制作

根据试验要求和场地条件，模型模拟下起拦河坝、上至 CS 14 断面的范围，相应原型水库长 14.9 km。电站取水口、拦河坝各泄水孔进口以及排沙洞进口等泄水建筑物均按模型比尺制作，各泄水建筑物后接流量控制系统，采用附有串联双调节阀的管路联结：一个调节阀经流量检定固定于某开度状态用以控制最大泄量；另一个则作为流量调节阀随时调节流量。浑水由两个浑水搅拌池交替供给，经浑水平水塔后由管路引至模型进口处，与来自清水平水塔的清水掺混搭配，达到设计的水沙过程，为保证进模型的泥沙级配不变，在一组试验中模型沙只使用一次。

模型布置及各典型断面位置如图 9-4 所示。

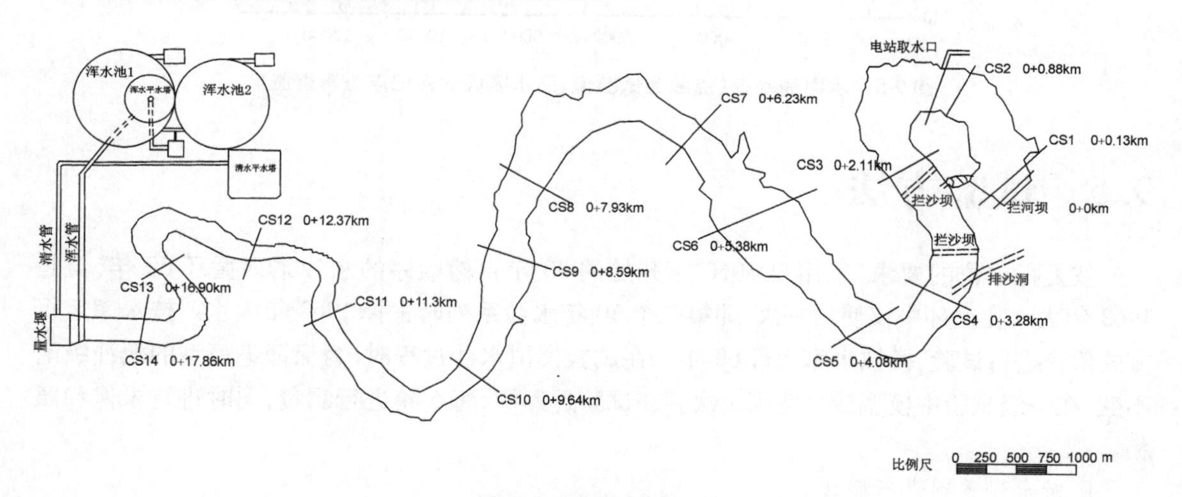

图 9-4　模型布置图

理论上讲，模型建造后应进行模型相似性验证，一般包括水流运动相似性验证和冲淤相似性验证。但是，因没有验证资料，多数情况下只能进行简单分析。

（1）水流运动相似性验证。验证水流运动相似即验证其阻力是否相似，通常是检验模型中某流量的水面线与原型相应流量的调查水面线是否相似。因原型通常没用实测资料，可通过分析泥沙淤积的床面糙率来说明与原型河床糙率的相似性，或者与设计水面线进行比较。

（2）冲淤相似性验证。为验证模型泥沙冲淤的相似性，应在模型中进行相应水沙系列的泥沙冲淤试验，并与原型已知冲淤结果进行比较，以验证泥沙冲淤的相似性。因原型一般缺乏冲淤资料，进行这方面的验证存在困难。

本次试验进行了水流运动相似性验证，验证主要进行水库回水区河段水面线的试验量测。对流量 3 102 m^3/s、1 470 m^3/s 和 379 m^3/s 等进行了清水水面线试验量测，并与相应流量的调查水面线资料进行比较，在水库回水区段二者吻合较好。水面线试验结果如图 9-5 所示。

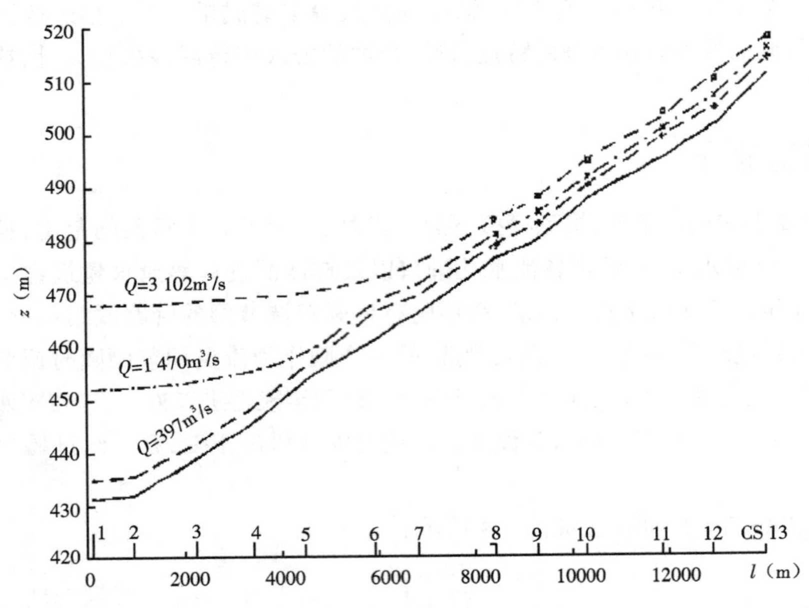

图 9-5 水面线验证(点线为试验值,回水区段的标记点为调查值)

9.5 试验方法

按委托单位的要求,采用自 1960 年开始的 30 年自然顺序的水沙系列循环 60 年,但是 1963 年大水在循环中仅使用一次,即第二个 30 年水沙系列时去掉 1963 年大水。按水库运行方式依次进行试验,模拟水库运行 60 年。在试验模拟水沙过程时,为保证进模型的泥沙级配不变,在一组试验中模型沙只使用一次。在试验过程中,每 5 年进行测量,同时进行录像和照相。

1. 对水沙系列进行概化

考虑到模型雷诺数和最小水深的限制,试验时段对应的原型流量应大于 50 m^3/s。因此,将流量小于 50 m^3/s 的各个流量均集中为 50 m^3/s 放水;对大于 50 m^3/s 的流量,取前后流量相近的时段,按平均流量放水。为突出洪峰流量的造床作用,最短按日平均流量放水。在全部水沙过程的概化中,均保持水量和沙量的总量不变。

2. 针对某一方案按水库运行方式进行试验

试验在空库地形上开始放水,汛期运用水位控制在汛限水位 480. 5 m。当遇 1963 年大洪水时,为增加冲沙效果,当日平均流量大于 400 m^3/s 时,将坝前水位降至死水位 464. 0 m,而当洪峰日平均流量 2 340 m^3/s 通过时,将水位升至保证发电水位 470. 5 m 运行,此洪峰流量过后将运用水位逐渐抬高到汛限水位 480. 5 m。

3. 流量量测

模型采用上游量水,采用电磁流量计和电动阀自动控制模拟流量历时过程。

4. 水位及水面线量测

水位由测针量测，沿程水面曲线由特制的活动测针架量测。

5. 过机含沙量量测

在电站取水口模型的出口定时取水样，量测过机含沙量。

6. 冲淤地形量测

试验过程中，水库每运行 5 年进行地形量测，记录淤积地形，绘制淤积纵剖面图和淤积横断面图。水库冲淤地形用特制活动测针架量测。同时，对典型流态及冲淤地形进行拍照和录像。

9.6 试验成果

针对单纯过坝方案、垭口加拦沙坝方案、排沙洞加拦沙坝方案，分别进行了水库运行 60 年的泥沙试验研究。这里仅给出单纯过坝方案的试验结果。

9.6.1 水库淤积发展过程

在试验过程中每隔 5 年量测一次淤积地形，以便观测水库淤积发展的全过程。

图 9-6 为不同运行年限的水库淤积纵剖面图。图 9-7 为不同运行年限的水库淤积横断面图。从水库淤积纵剖面图看，水库的淤积形态为三角洲，随着淤积的发展，三角洲的前坡逐渐向坝前推进；水库运行 60 年后，三角洲的顶点推进至 CS 4 断面附近；三角洲顶点的高程均与所采用的汛限水位基本一致。从水库淤积横断面图看，库区淤积的横断面一般近似地呈平坦

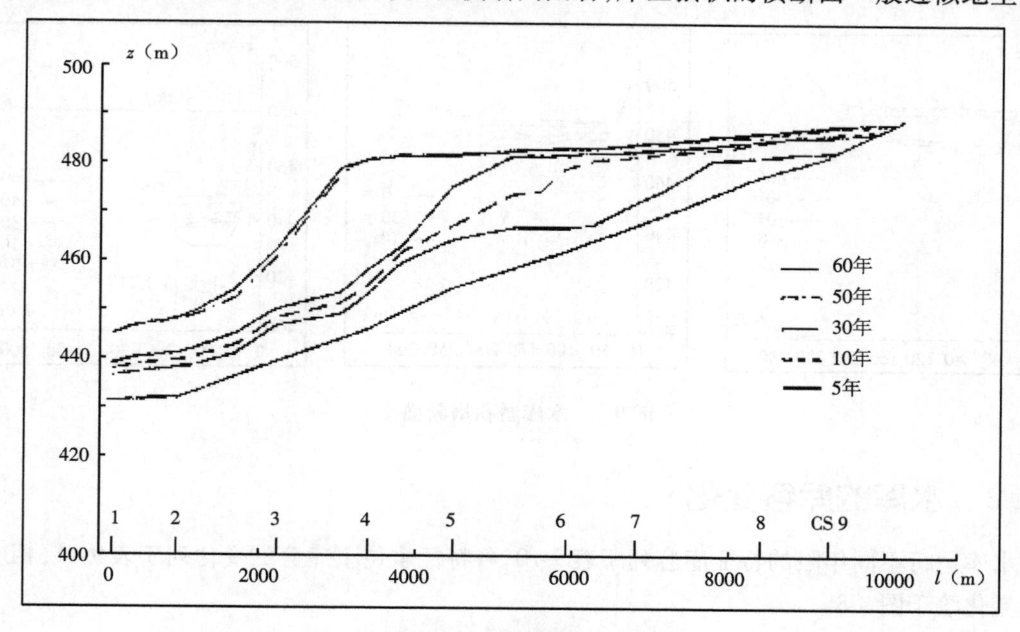

图 9-6　水库淤积纵剖面图

形状。但是,在河道较宽的断面(如 CS 6 断面)或当泥沙淤积面已接近或超过水库汛限水位的断面,由于此时水流已不是充满整个断面流动而形成不规则的摆动运动,从而形成滩槽型的淤积面。

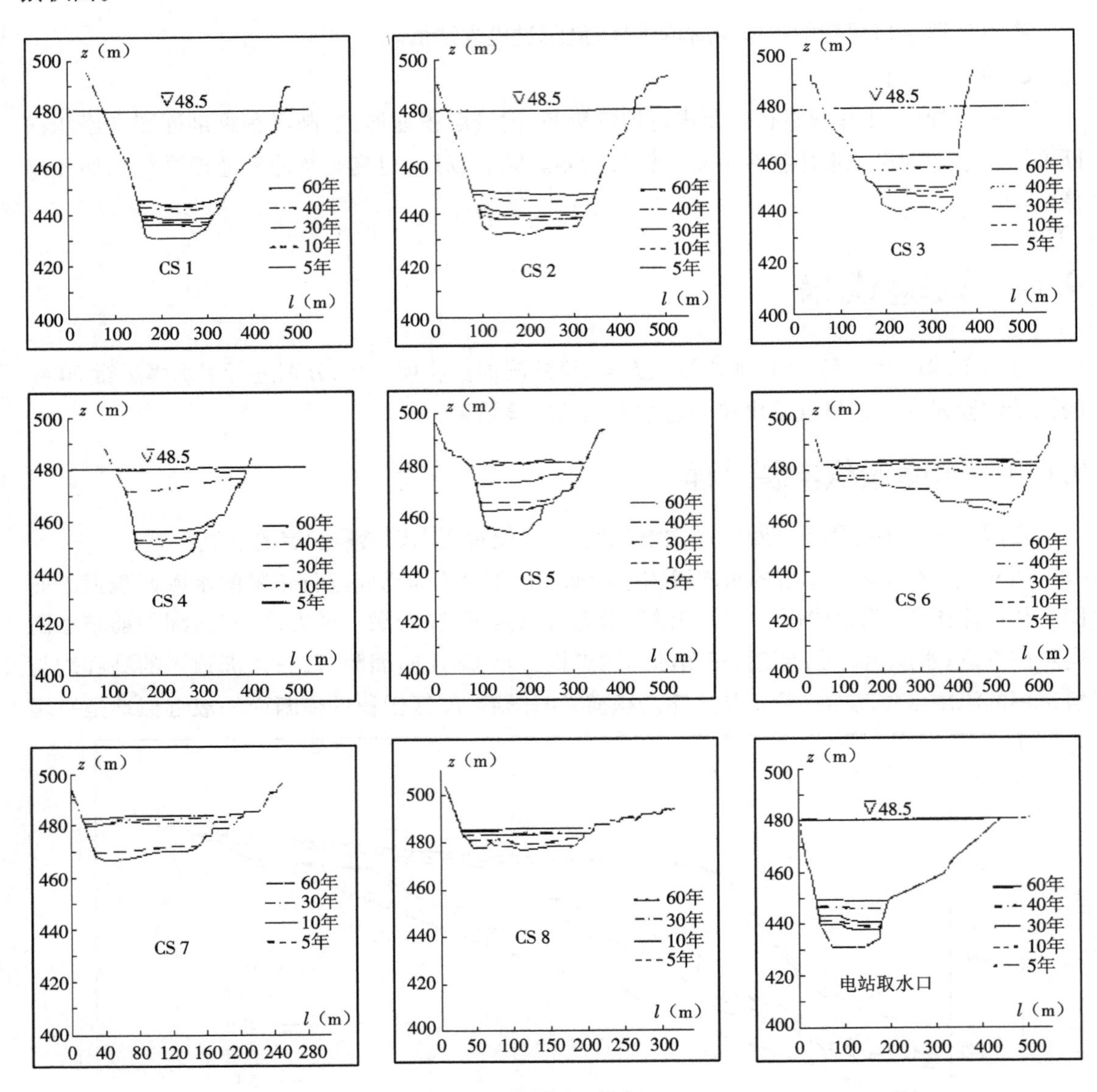

图 9-7 水库淤积横断面图

9.6.2 水库的库容变化

水库运行不同年限的特征库容列于表 9-10,各特征水位下库容的变化列于表 9-11,相应的库容变化绘于图 9-8。

表 9-10　各年限的各特征库容(万 m^3)

运行年限	464 ~ 470.5 m 发电库容	470.5 ~ 483 m 灌溉库容	464 ~ 483 m 有效库容	470.5 ~ 480.5 m 汛兴库容
5 年	1 061	3 209	4 270	2 418
10 年	899	2 733	3 587	2 024
20 年	843	2 323	3 166	1 671
30 年	848	2 307	3 154	1 647
35 年	797	2 157	2 955	1 558
40 年	709	1 924	2 633	1 379
50 年	607	1 672	2 279	1 170
60 年	607	1 654	2 262	1 133

表 9-11　各特征水位下库容(万 m^3)

运行年限	483 m 以下库容	478.5 m 以下库容	472 m 以下库容	466.5 m 以下库容
5 年	6165	1 061	2 906	3 209
10 年	5 395	899	2 496	2 733
20 年	4 788	843	2 109	2 323
30 年	4 767	848	2 094	2 307
35 年	4 391	797	1 944	2 157
40 年	3 751	709	1 745	1 924
50 年	3 232	607	1 521	1 672
60 年	3 153	607	1 504	1 654

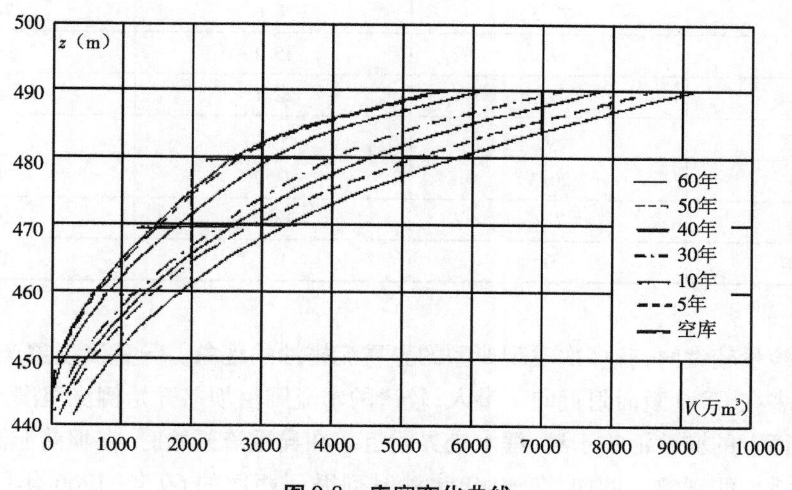

图 9-8　库容变化曲线

根据试验结果，应对不同运行年限的水库库容的变化规律进行详细分析，并对规律进行总结。鉴于本章的目的是介绍该类模型的设计及试验方法，这里仅给出试验成果的表述形式，供参考，至于成果的详细分析不再赘述。

9.6.3 水库排沙比

表 9-12 为水库运行不同年限的水库排沙比，表 9-13 为水库运行不同时段的水库排沙比。排沙比可通过断面地形法获得，也可以通过输沙率法获得。本次试验的排沙比是取上述两种方法的平均值。关于水库排沙比变化规律的分析、总结，这里不再赘述。

表 9-12 水库运行不同年限的排沙比

运行年限	排沙比(%)		
	断面地形法	输沙率法	断面地形法与输沙率法平均
5 年	72.5	76.6	74.6
10 年	59.2	53.0	56.1
20 年	51.9	44.0	48.0
30 年	50.7	43.6	47.2
40 年	41.2	30.7	36.0
50 年	40.1	41.3	40.7
60 年	38.6	30.3	34.5

表 9-13 水库运行不同时段的排沙比

运行年限	排沙比(%)		
	断面地形法	输沙率法	断面地形法与输沙率法平均
0~5 年	72.5	76.6	74.6
5~10 年	39.0	35.4	37.2
10~20 年	16.7	22.1	19.4
20~30 年	0	4.1	2.1
30~40 年	20.3	21.2	20.8
40~50 年	7.2	13.0	10.1
50~60 年	0	1.3	0.7

当入库水沙量较大时，曾多次发现典型的异重流排沙的现象。异重流现象产生时，上游来的浑水水流大多在 CS 6 断面附近向下潜入，较清的水流则由坝前开始倒流至潜入点，同时，原来在上下游水面上的漂沙汇集于清、浑水交界附近。在异重流开始时，在坝前泄流孔处也出现排沙浓度陡然增加的现象。例如，在 30 年水沙系列循环两次的 60 年，1966 年同时段的两次循环中，入库流量和含沙量均为 222.5 m^3/s 和 46.1 kg/m^3 的放水过程中，试验量测的异重流排沙比分别为 71% 和 68%，两次量测的结果接近。按异重流平均排沙比经验式 $\eta = 6.4J^{0.46}$，将该水库平均河床比降 $J = 5.7‰$ 代入，求得 $\eta = 59\%$，和试验量测值接近。

9.6.4　过机含沙量和泥沙粒径

表 9-14 是过电机含沙量的统计值。由表可见过机含沙量的一般变化范围小于 2.8 kg/m^3,最大的过机含沙量发生在 1963 年大水降水冲沙时段,由于降水冲沙和异重流的扩散作用,使得过机含沙量增大,但最大过机含沙量出现的几率很小(原型不超过 6 天),过机含沙量小于 1.0 kg/m^3 所占的百分数都在 78% 以上。

表 9-14　过机含沙量统计

项目	含沙量一般变化范围（不包括 1963 年大水）	含沙量一般变化范围（包括 1963 年大水）	小于 1.0 kg/m^3 占全部含沙量百分比
含沙量(kg/m^3)	<2.8	<4.4	78%

据有关研究表明,泥沙对水轮机磨损影响较大的最小临界粒径应小于等于 0.05 mm。表 9-15 给出了过机泥沙中粒径大于 0.05 mm 所占百分比。由表可见,大于上述临界粒径的百分比的最大值为 16%。

表 9-15　过机泥沙的特征值

年份	入库流量(m^3/s)	入库含沙量(kg/m^3)	过机含沙量(kg/m^3)	过机泥沙中值粒径 D_{50}(mm)	过机泥沙 >0.05 mm 的百分数(%)
1963	2 070	24.58	0.86	0.015 7	8
1973	50	38.17	0.16	0.005 2	14
1967	50	89.60	0.18	0.012 0	15
1973	50	38.17	0.15	0.001 9	8

9.6.5　库尾泥沙淤积对回水的影响

在水库运行 60 年的淤积地形上分别放五年一遇洪水($Q=397$ m^3/s)和二十年一遇洪水($Q=1\ 470$ m^3/s),量测水面线并与空库情况下相应流量的试验值比较。水面线量测结果列于表 9-16。由表可知,CS 10 断面以下水位有所抬高,CS 11 断面以上水位与空库试验值相近。因此,水库运行 60 年时水库回水末端在 CS 11 断面附近。

表 9-16　水库淤积 60 年后沿程水位变化

断面位置	距坝里程(km)	$Q=397$ m^3/s		$Q=1\ 470$ m^3/s	
		空库试验值(m)	淤积 60 年试验值(m)	空库试验值(m)	淤积 60 年试验值(m)
CS 8	8.401	478.90	481.78	480.80	481.40
CS 9	9.277	483.01	483.27	484.73	485.14
CS 10	10.287	489.93	490.14	491.43	491.53

续表

断面位置	距坝里程(km)	$Q=397\ m^3/s$		$Q=1\ 470\ m^3/s$	
		空库试验值(m)	淤积60年试验值(m)	空库试验值(m)	淤积60年试验值(m)
CS 11	11.844	498.71	498.88	500.37	500.29
CS 12	12.896	503.94	504.01	506.33	506.41
CS 13	13.981	513.57	513.61	515.39	515.39

水库上游河段的河床比降较陡,水流湍急,水库回水曲线接近于水平回水形态,回水与天然水面线有较明显的交界面。试验观测,在坝前水位480.5 m时,回水末端位置不超过断面CS 9。

9.6.6 试验成果总结

采用1960—1989年共30年的水沙系列资料循环60年,试验研究了水库运行60年的泥沙淤积规律。针对过坝方案、垭口加拦沙坝方案、排沙洞加拦沙坝方案,分别进行了水库运行60年的泥沙试验研究。

(1)水库淤积以三角洲的形态逐步向坝前推进。水库运行60年后,三角洲顶点推进至CS 4断面附近,三角洲顶点的高程与水库汛限水位接近。

(2)各水沙系列相同方案比较,垭口加拦沙坝方案的排沙效果较好,其次是排沙洞加拦沙坝方案,再其次是单纯过坝排沙方案。

(3)各方案过机含沙量大体上接近,一般变化范围均小于2.8 kg/m³,而较大的过机含沙量仅在1963年洪峰经过的短暂期间内出现,过机含沙量小于1.0 kg/m³所占的百分数各方案都在78%以上,其中垭口加拦沙坝方案达95%。各方案过机泥沙中,粒径大于0.05 mm所占百分比不超过16%。

(4)在水库运行60年的淤积地形上,放五年一遇和二十年一遇的洪水,各方案的回水末端均在CS 11断面以下。

9.7 本章总结

对于泥沙模型试验,在模型设计上,除按重力相似准则设计模型外,还要对模型泥沙进行设计,而且二者相互制约。此外,在泥沙模型试验过程中,需模拟长系列的水沙过程,甚至典型的洪水过程,试验周期较长,试验强度较大。同时,水库泥沙模型的模拟范围较大,模拟范围涵盖拦河坝至库尾的整个库区。因此,泥沙模型试验较一般水工模型试验复杂。对于一般水库泥沙淤积,可能是某类泥沙运动形式起主导作用,这样的水库泥沙模型只需模拟起主导作用的泥沙运动形式,例如悬移质泥沙运动,这类泥沙模型的设计相对简单。对于在同一模型中同时复演包括推移质、悬移质和异重流的不同泥沙运动形式,即所谓的全沙模型,该类泥沙模型的设计则比较复杂。

泥沙模型设计及试验应注意以下问题。

(1)模型几何比尺。水库泥沙模型一般为变态模型,模型几何比尺的确定应考虑模型沙的材料及泥沙比尺等综合因素。一般情况下模型变率$e \leqslant 5$为宜。

(2)泥沙设计。对悬沙,以沉降相似和扬动相似设计泥沙,保证挟沙能力和冲淤时间相似,同时考虑泥沙级配相似。对异重流,满足异重流发生条件相似,保证含沙量和淤积时间相似。对推移质泥沙,以起动流速相似设计泥沙,保证输沙量及冲淤时间相似。悬沙、异重流、推移质泥沙的冲淤时间比尺应基本一致。在模型沙的选择上,尽量选择某种同一容重的模型沙。

(3)冲淤时间比尺。对于同时模拟推移质、悬移质和异重流的不同泥沙运动形式的模型设计,应尽量保证三种运动形式的时间比尺一致。

(4)起动流速。鉴于起(扬)动流速在泥沙模型设计中的重要性,建议对选定的模型沙进行起(扬)动流速试验,保证泥沙模型设计的可靠性。对于模型沙起动流速,若有条件应通过实验水槽进行泥沙起动试验,将获得较准确的启动流速。若无条件进行模型沙的起动流速试验,可选择合适的公式计算模型轻质沙的起动流速。

(5)水沙系列概化。一般来说试验时按概化后的水沙系列进行模拟。对于长系列的水沙资料应进行分析,并根据模型比尺对流量进行合并概化。考虑到模型雷诺数和最小水深的限制,试验时段对应的原型流量应大于某确定流量$Q_{概化}$。因此,将流量小于$Q_{概化}$的各流量均集中为$Q_{概化}$放水;对于大于$Q_{概化}$的流量,取前后流量相近的时段,按平均流量放水。为突出洪峰流量的造床作用,可按日平均流量放水。在全部水沙过程的概化中,均保持水量和沙量的总量不变。

第 10 章　水库水温模型试验

大型水库水体温度具有明显的沿深度成层分布的特点,表层水温和底层水温相差很大,有时温差值可达 20 ℃左右[32]。常规水电站进水口均为单层进水口,进水口位置较低,发电时下泄水体基本为水库底层水体,水温较低,影响下游河段的生态环境。近年来,随着对生态环境保护的重视,水电站进水口分层取水方式正逐渐被采用。水电站进水口分层取水可以有选择地取用水库的不同层水体,减轻电站取水对下游生态环境的负面影响。

对于温度分层型水库,采用分层取水方式,其调控下泄水温的效果、下泄水温规律以及下泄水温影响因素等是首先要研究的问题。因此,水库水温模型试验的重点是分层取水的下泄水温,即在确定的水库水温沿水深分布的条件下,研究不同运行工况的下泄水温。我国研究水库分层取水下泄水温的模型试验起步较晚。下面以某水库的水电站进水口分层取水为例,说明该类模型试验的研究方法,包括试验所需资料、研究内容、模型设计与制作、试验方法、试验成果等,最后对该类试验进行总结,指出试验过程中应注意的问题。

10.1　工程概况

某水利枢纽,堆石坝最大坝高 261.5 m,水库校核洪水位 817.99 m,水库设计洪水位 810.92 m,水库正常蓄水位 812.0 m,水库死水位 765.0 m。左岸地下引水发电,水电站总装机容量 5 850 MW。水电站设 9 台机组,单机单管引水,单机引用流量 393 m^3/s。图 10-1 为该水利枢纽平面布置图。

根据环保方面的要求,为减免下泄低温水对下游生态环境的影响,水电站拟用进水口分层取水叠梁门方案,如图 10-2。进水塔底板高程 736 m,引水道进口前缘宽度 225 m,顺水流向长度 35.2 m,依次布置拦污栅、叠梁门、检修闸门、事故闸门和通气孔。每台机组的进水口前沿设 4 扇直立式拦污栅,九台机组共设 36 孔 36 扇,每扇孔口净宽 3.8 m。在检修栅槽内设置多层叠梁门,进水口底坎高程 736.0 m,每扇孔口尺寸 3.8 m×38.0 m(净宽×净高),下游止水,采用滑道支承。每扇叠梁门净高 38.0 m,共分三节,节间设自动对位装置,每节设有吊耳,闸门的操作条件为在静水状态下启闭。叠梁门后各机组进口前沿相通,引水流量可相互补充、调剂。在叠梁门后的进水口平段处每孔设有一扇进水口检修闸门,共 9 孔 9 扇,闸门孔口尺寸 7 m×11 m(净宽×净高)。在检修闸门后每孔均设有一扇进水口快速事故闸门,共 9 孔 9 扇,闸门孔口尺寸 7 m×11 m(净宽×净高)。

叠梁门整个挡水高度分成四挡,水库水位高于 803.0 m 以上时,门叶整体挡水,挡水门顶高程 774.04 m,为第一层取水;水库水位在 803.0 ~790.4 m 时,吊起第一节叠梁门,仅用第二、第三节门叶挡水,此时挡水门顶高程 761.36 m,此为第二层取水;水库水位在 790.4 ~777.7 m 之间时,继续吊起第二节叠梁门,仅用第三节门叶挡水,此时挡水门顶高程 748.68 m,

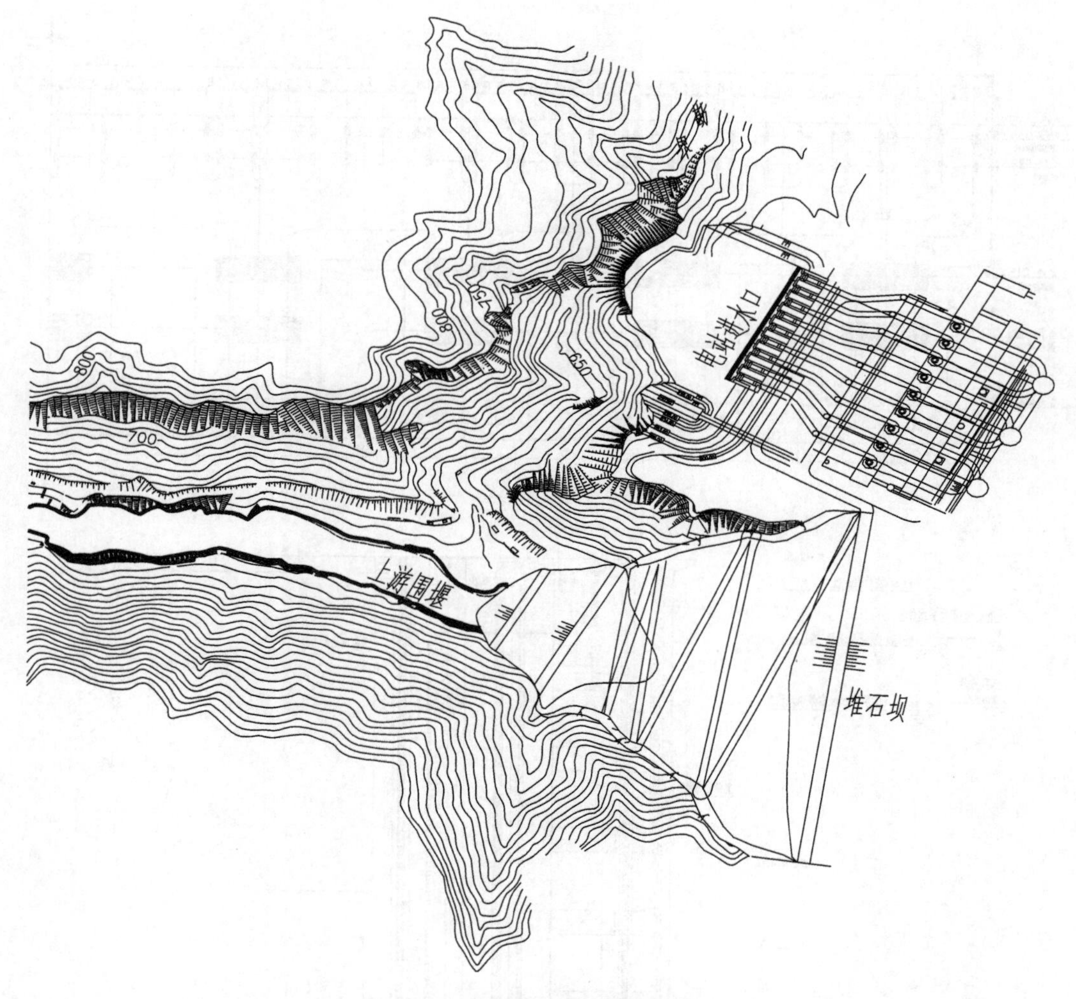

图 10-1　某水利枢纽平面布置图

此为第三层取水；水库水位降至 777. 7 ~ 765. 0 m 时，继续吊起第三节叠梁门，无叠梁门挡水，此为第四层取水。表 10-1 为叠梁门运行方式。

表 10-1　叠梁门运行方式

取水方案	库水位(m)	挡水门顶高程(m)	叠梁门运行方式
第一层取水	≥803. 0	774. 04	3 节门叶挡水
第二层取水	803. 0 ~ 790. 4	761. 36	2 节门叶挡水
第三层取水	790. 4 ~ 777. 7	748. 68	1 节门叶挡水
第四层取水	777. 7 ~ 765. 0	736. 00	无门叶挡水

该水库属温度分层型水库，具有明显的水库水温沿水深分层分布的特点。依据该水库水温预测数值分析，得到了该水库的各典型水平年各月份的水库水温分布。这里仅给出典型平水年各月份的坝前水库水温垂向分布，如图 10-3 所示。

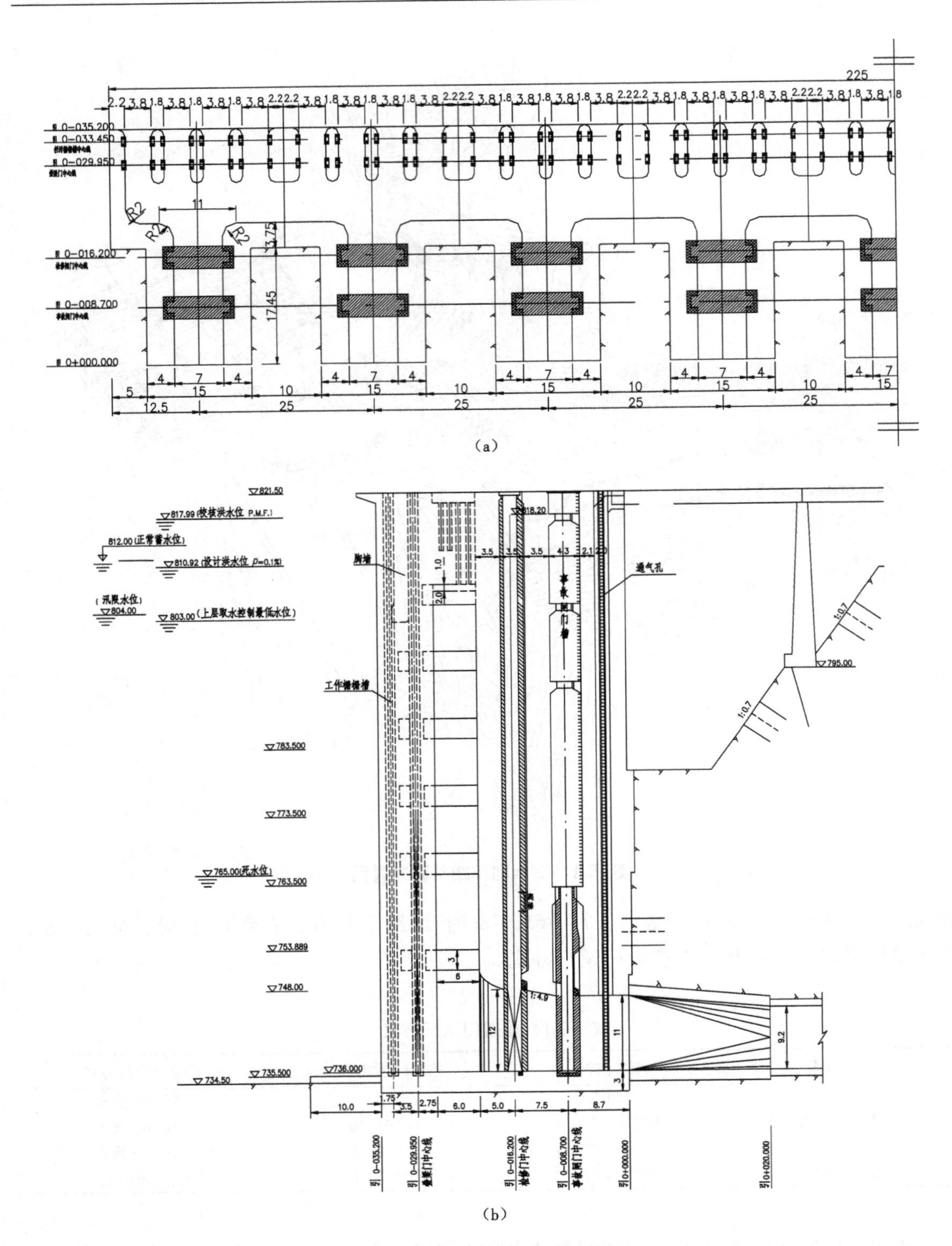

（a）

（b）

图 10-2 水电站进水口剖面图

(a)横剖面图 (b)纵剖面图

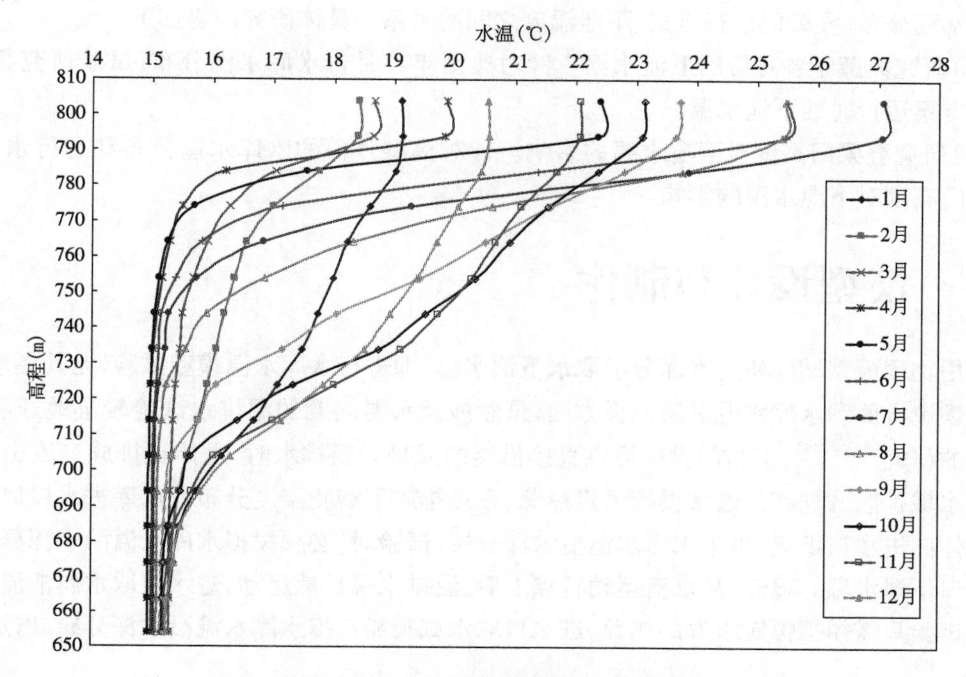

图10-3　典型平水年各月份坝前水库水温分布

10.2　试验所需资料

在充分熟悉工程资料、理解本次研究拟解决问题和重点关注问题的基础上,应明确提出模型试验所必需的资料,通常包括库区地形图、枢纽工程布置图、水电站进水口平面布置图及剖面图、叠梁门运行方式、特征水位、特征流量、库区水温分布等。针对本次试验,明确了以下资料:

(1)库区地形图;

(2)枢纽工程布置图;

(3)水电站进水口平面布置图、剖面图;

(4)叠梁门运行方式;

(5)各典型年各月份的库区水温分布。

10.3　试验内容

通常,试验内容是委托方以试验任务书的形式给出。试验研究人员应与委托方就研究内容进行沟通、讨论,明确最终的研究内容。

本次水库水温模型试验,根据水库及建筑物水力边界,建立物理模型,依据确定的各典型水平年各月份的坝前水库水温分布,模拟水库水温分布,量测下泄水温,研究下泄水温规律,探讨水库水温分布、叠梁门运行方式、下泄温度之间的关系。具体研究内容如下。

(1)研究典型年各月份的下泄水温。针对典型年各月份水库水温分布,试验研究叠梁门按设计方案运行时的下泄水温。

(2)研究叠梁门高度对下泄水温的影响。针对典型月份的水库水温分布和运行水位,研究叠梁门高度对下泄水温的影响。

10.4 模型设计与制作

利用物理模型试验研究水库分层取水下泄水温,即进行水库水温模型试验,尤其在水温模型相似理论方面和水库水温试验模拟方面,虽然涉及水温问题的温排水试验较早地开展了模型试验的研究[33]~[35],但目前没有可供直接借鉴的成果。温排水时,水体自排放口流出,水流向宽阔水域扩散,试验时,通常模拟恒定热源,在热排放下观测温度分布。水库进水口取水时,水库水体向进水口汇集,由于水库水温沿水深分层,试验时,必须模拟水库水温沿水深分布,量测进水口下泄水温。显然,从水流运动特点上看,温排水属扩散运动,进水口取水属汇流运动;温排水试验只需模拟恒定水温的热源,进水口取水试验需模拟水库水温沿水深分布,增加了试验难度。

水库分层取水水温试验的难点:一是水温模型的相似理论,即模型和原型相似应满足的条件,以及模型与原型的水温换算关系,它是试验模型建立的理论基础;二是水库水温分层模拟问题,即模拟稳定的符合要求的水库水温分布,它是试验研究的保障。

10.4.1 模型设计

本章依据文献《水库分层取水水温试验模型相似理论》[36]提出的方法,进行该试验模型的设计。该文献根据所提出的水温模型相似关系,专门进行了水库水温模型设计和试验验证研究,利用二滩水库水温原型观测资料,对提出的水库水温模型相似理论进行了验证。

该方法是依据连续性方程、运动方程和能量方程,结合水库分层取水的流动特点,提出的水库水温模型相似关系。其要点如下。

(1)在几何相似的前提下,保持弗劳德数 Fr 相等和密度弗劳德数 Fd 相等。Fr 相等,保证流动相似;Fd 相等,保证温度分层相似。

对于模型和原型相同介质而言,应保证模型和原型水温分层的温差相等。对于图 10-4 所示的水温分布,则有 $(T_1-T_2)_p=(T_1-T_2)_m$,$(T_2-T_3)_p=(T_2-T_3)_m$,……,角标 p 表示原型,角标 m 表示模型。

(2)模型与原型的下泄水温换算关系为 $\bar{T}_p=\bar{T}_m+(T_{Bp}-T_{Bm})$,式中 T_{Bp} 和 T_{Bm} 分别为原型和模型的基础水温。基础水温 T_B 和下泄水温 $\bar{T}$ 如图 10-4 所示。利用该式可将模型下泄水温 $\bar{T}_m$ 换算为原型下泄水温 $\bar{T}_p$。

由于直接模拟水温,模型规模取决于“水温加热与控制系统”,综合考虑模型相似关系,选定模型几何比尺 $\lambda_l=150$(原型量/模型量),模型相应水力要素的模型比尺关系及比尺列于表

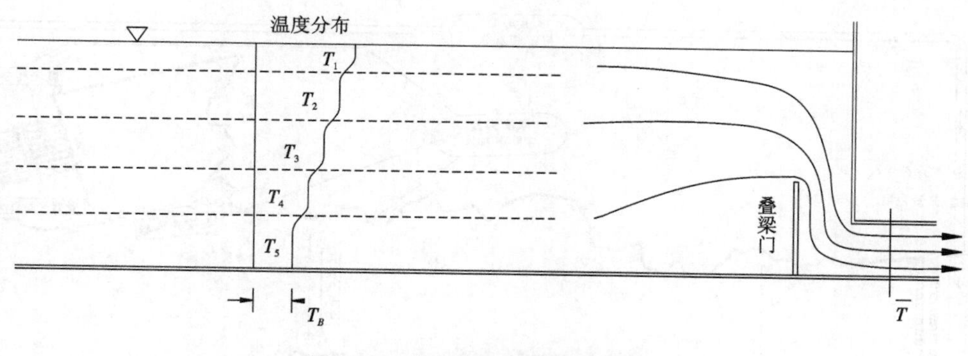

图 10-4　水库水温分布及分层流动

10-2。

表 10-2　模型比尺关系及模型比尺

相似准数	物理量	比尺关系	模型比尺
弗劳德数 *Fr* 相等	长度	λ_l	150
	流量	$\lambda_Q = \lambda_l^{5/2}$	275 567.6
密度弗劳德数 *Fd* 相等	温差	$\lambda_{\Delta T} = 1$	1

10.4.2　模型制作

模型包括部分库区和水电站进水口。库区模拟坝前 3 km 库区，保证水库边界相似。进水口模拟全部 9 个进水口，包括拦污栅槽、检修闸门、叠梁门、工作闸门、事故闸门、收缩段、部分引水管段等，保证建筑物水力边界相似。进水口由有机玻璃制作。模型长 20 m，宽 5.3 m，高 1.1 m。试验模型布置如图 10-5。

10.5　试验方法

根据试验内容，确定具体试验工况，并列出试验工况表。试验时按此试验工况表逐一进行试验。

1. 水库水温分布模拟

模拟稳定的、符合要求的水库水温分布是试验研究的保障，也是试验的难点。以往分层试验模拟，不论以盐淡水形成两层分层[37]、[38]，还是热水或冷水流入水槽[39]，很难形成符合要求的、稳定的水温分布。

本次试验提出了采用分层加热的方法[40]~[42]实现了直接模拟实际水库水温分布。根据实际水库水温分布的特点，将其分为若干层，确定各层的温差；根据各层的温差，分别在对应的加热池对水体进行加热至所需温度；将各加热池的水体依层注入模型水库，静置后，形成符合温差要求的、稳定的水温分布。水库水温分布的模拟通过“水温加热与控制系统”自动完成，

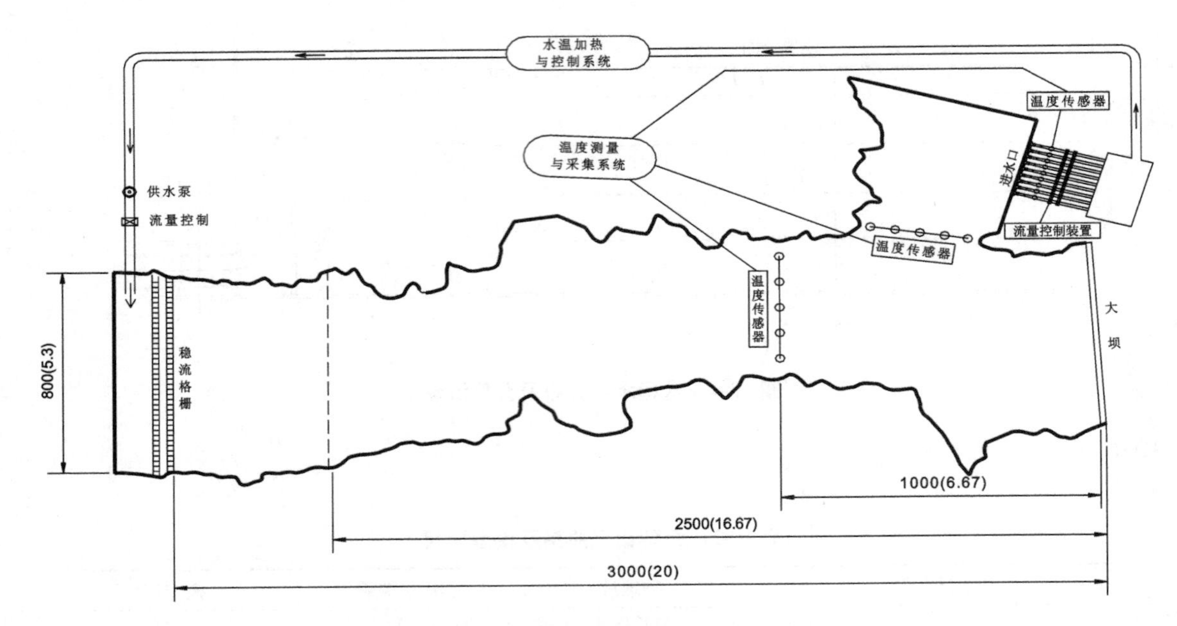

图 10-5　模型布置图(单位 m,括号内为模型值)

水温加热通过控制电路进行,温度控制通过温控器进行,分层注水通过可控水泵经专门出水装置完成。

2. 水温监测和量测

为监测水库水温分布,在模型水库典型断面沿水深均布置温度传感器;为测量下泄水温,在每个进口的引水管段分别布置了温度传感器。水温的量测和监测是通过"水温监测与采集系统"实现。

温度传感器均由计算机自动记录,实现温度实时采集。温度采集是通过高精度快速响应温度传感器和相应的温度采集系统程序来实现的。高精度快速响应型 PT 100 铂电阻温度传感器,探针直径仅为 4 mm,响应时间 1 s,最大测量偏差为 0.15 ℃,量程范围为 0 ~ 60 ℃。温度测量相对误差 2.5‰。温度传感器通过温度变送器输出标准的工程信号,信号经过远传,传送到温度采集柜。

3. 流量控制和量测

本次试验在 9 个进水口的引水管段设置可控阀门,按要求控制下泄流量,通过经率定的自制小型量水堰量测流量。

4. 水位量测

试验时需对上游水位进行控制和量测。水库水位由铜管外引至测针筒内用测针量测。

针对某一试验工况,具体试验步骤和方法如下:

(1)准备试验,放好叠梁门,率定流量;

(2)启动"水温加热与控制系统",按水库水温分层结构,形成稳定的库内水温分布;

(3)启动"水温量测与采集系统",记录水库水温历时;

(4)对采集的数据进行分析、整理。

10.6 试验成果

根据试验任务书要求，在一定水库水位及相应水库水温分布条件下，进行不同叠梁门运行方式(第一层取水、第二层取水、第三层取水和第四层取水)的下泄水温量测。

试验进行了典型平水年、典型丰水年和典型枯水年各月份的下泄水温试验。这里仅以典型平水年为例进行说明各月份下泄水温试验成果。

首先，试验针对典型平水年各月份水库水温分布，进行了叠梁门按设计方案运行时下泄水温的试验研究。其次，针对典型平水年各月份的水库水温分布和运行水位，变化叠梁门高度，研究下泄水温的变化。再次，在水库水温分布不变的前提下，根据水库运行水位调整叠梁门取水方案，研究取水方案不同时的下泄水温。

具体试验工况依据表 10-3 试验条件进行多种组合。

表 10-3　试验条件

库水位(m)	水库水温分布	取水方案/叠梁门运行方式	机组流量	量测内容
≥803.0	相应水温分布	第一层取水/3 节门叶挡水	9 台	下泄水温
803.0～790.4	相应水温分布	第二层取水/2 节门叶挡水	9 台	下泄水温
790.4～777.7	相应水温分布	第三层取水/1 节门叶挡水	9 台	下泄水温
777.7～765.0	相应水温分布	第四层取水/无门叶挡水	9 台	下泄水温

10.6.1 典型平水年各月份的下泄水温

按设计方案，该进水口叠梁门方案分 4 层取水：水库水位高于 803.0 m 时，3 节(整体)门叶挡水，为第一层取水；水库水位 803.0～790.4 m 时，2 节门叶挡水，为第二层取水；水库水位 790.4～777.7 m 时，1 节门叶挡水，为第三层取水；水库水位 777.7～765.0 m 时，无门叶挡水，为第四层取水(参见表 10-1)。这里只给出典型月份的下泄水温试验结果。

10.6.1.1 典型平水年 3 月份的下泄水温

典型平水年 3 月份的水库水温分布，表层水温较底层水温高 3.39 ℃。图 10-6 给出了原型坝前水库水温分布(目标水温)和试验模拟形成的水温分布(模拟水温)的比较，二者吻合较好，试验较好地模拟了原型水库水温分布。

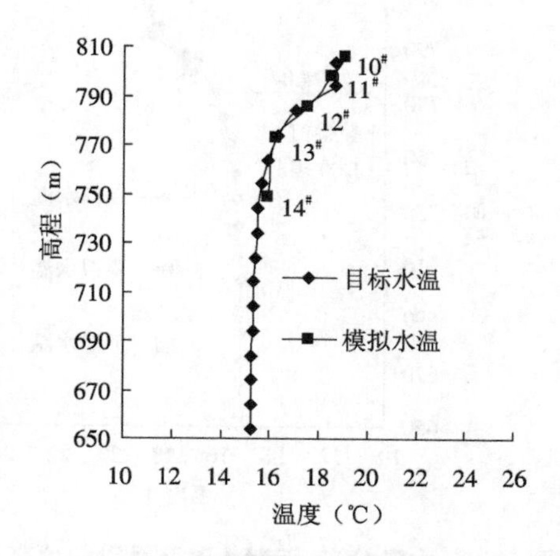

图 10-6　目标水温与模拟水温

(典型平水年 3 月份，水位 812 m)

图 10-7 为试验过程中模型水库沿水深各点(10#～14#为沿水深依次布置的温度传感器，具体位置参见图 10-6)的水温历时，表明试验过程中沿水深各点的水

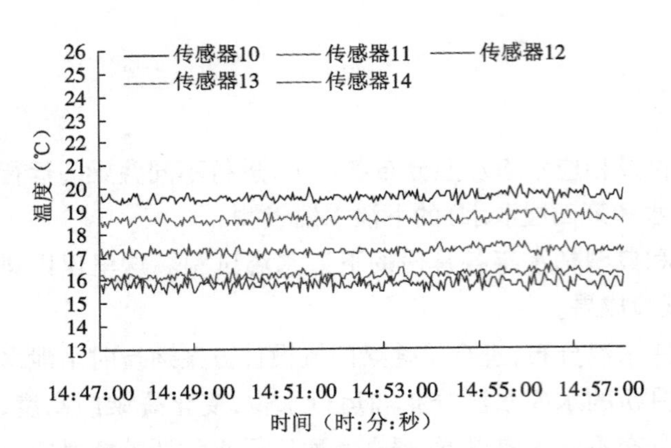

图 10-7　模型水库沿水深各测点的水温历时

（典型平水年 3 月份，水位 812 m）

温平稳。图 10-8 为模型试验的下泄水温变化过程，机组开启后（开启时间 14:52:00），稳定的下泄水温 17.10 ℃。为便于比较分析，图 10-9 给出了水温分布、下泄水温以及叠梁门顶高程的对应关系。

10.6.1.2　典型平水年 5 月份的下泄水温

典型平水年 5 月份的坝前水库水温分布，表层水温较底层水温高 7.45 ℃。图 10-10 给出了原型坝前水库水温分布（目标水温）和试验模拟形成的水温分布（模拟水温）的比较，二者吻合较好，试验较好地模拟了原型水库水温分布。

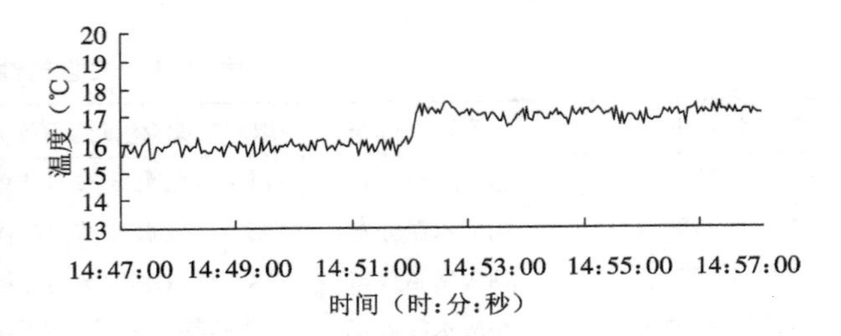

图 10-8　模型试验下泄水温变化过程

（典型平水年 3 月份，水位 812 m，3 节门叶挡水，第一层取水）

图 10-11 为试验过程中模型水库沿水深各点（温度传感器 10# ~ 14#，具体位置参见图 10-10）的水温历时，表明试验过程中沿水深各点的水温平稳。图 10-12 为模型试验的下泄水温变化过程，机组开启后（开启时间 15:41:00），稳定的下泄水温 17.24 ℃。为便于比较分析，图 10-13 给出了水温分布、下泄水温以及叠梁门顶高程的对应关系。

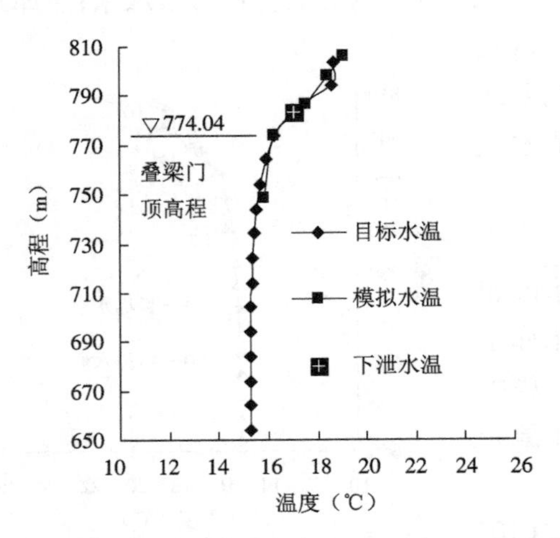

图 10-9　水温分布、下泄水温及叠梁门顶高程对应关系

（典型平水年 3 月份，库水位 812 m，3 节门叶挡水，第一层取水）

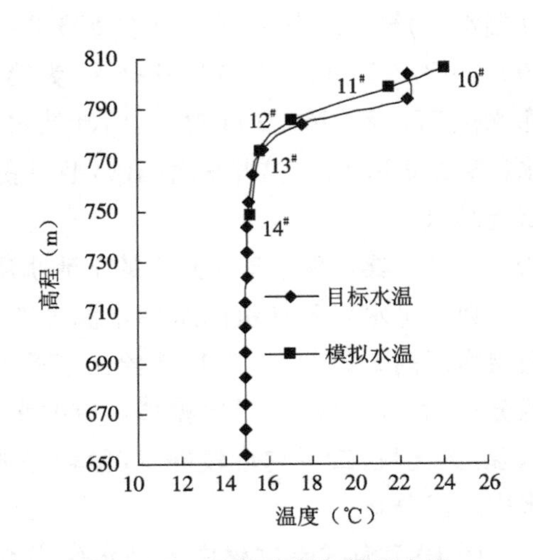

图 10-10　目标水温与模拟水温

（典型平水年 5 月份，水位 812 m）

10.6.1.3　典型平水年8月份的下泄水温

典型平水年8月份的坝前水库水温分布,表层水温较底层水温高10.46 ℃。图10-14给出了原型坝前水库水温分布(目标水温)和试验模拟形成的水温分布(模拟水温)的比较,二者吻合较好,试验较好地模拟了原型水库水温分布。

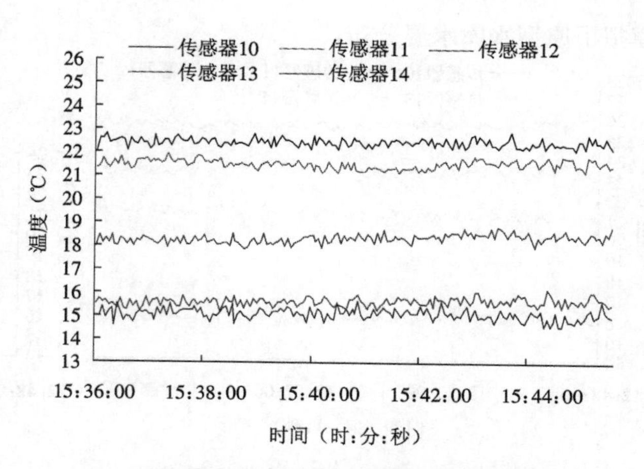

图10-11　模型水库沿水深各测点的水温历时

(典型平水年5月份,水位812 m)

图10-15为试验过程中模型水库沿水深各点(温度传感器10#~14#,具体位置参见图10-14)的水温历时,表明试验过程中沿水深各点的水温平稳。图10-16为模型试验的下泄水温变化过程,机组开启后(开启时间12:51:20),稳定的下泄水温22.77 ℃。为便于比较分析,图10-17给出了水温分布、下泄水温以及叠梁门顶高程的对应关系。

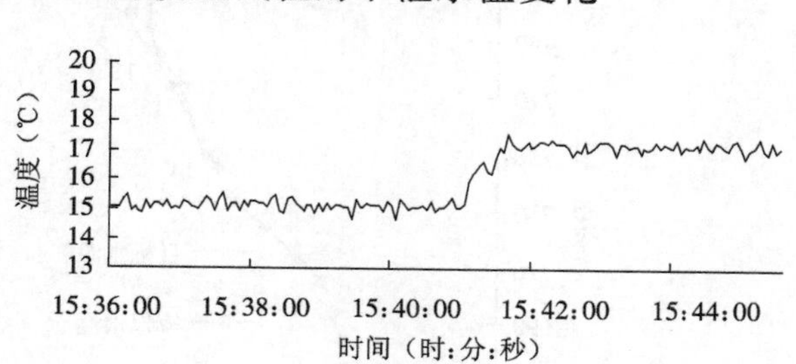

图10-12　模型试验下泄水温变化过程

(典型平水年5月份,水位812 m,3节门叶挡水,第一层取水)

10.6.1.4　典型平水年11月份的下泄水温

典型平水年11月份的坝前水库水温分布,表层水温较底层水温高6.88 ℃。图10-18给出了原型坝前水库水温

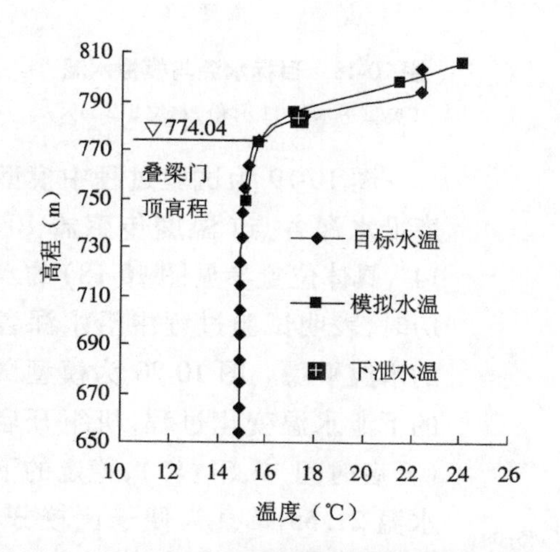

图10-13　水温分布、下泄水温及叠梁门顶高程对应关系

(典型平水年5月份,库水位812 m,3节门叶挡水,第一层取水)

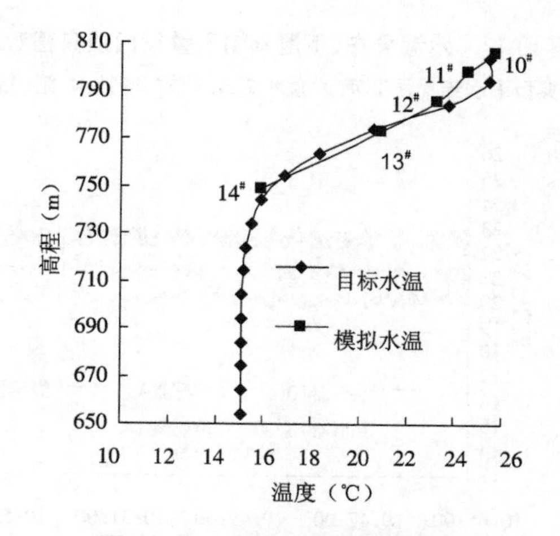

图10-14　目标水温与模拟水温

(典型平水年8月份,水位812 m)

分布(目标水温)和试验模拟形成的水温分布(模拟水温)的比较,二者吻合较好,试验较好地

模拟了原型水库水温分布。

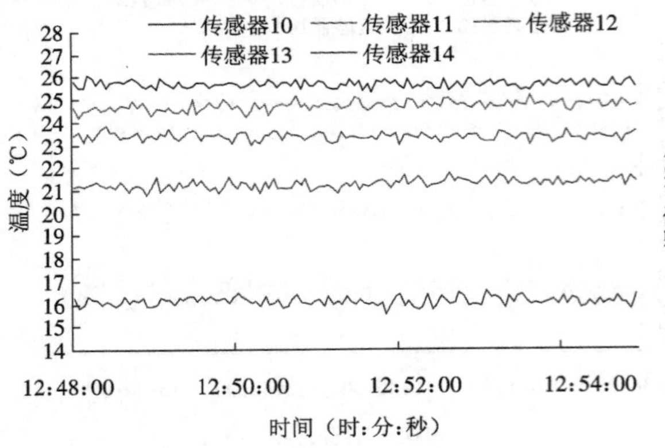

图 10-15　模型水库沿水深各测点的水温历时

（典型平水年 8 月份，水位 812 m）

图 10-16　模型试验下泄水温变化过程

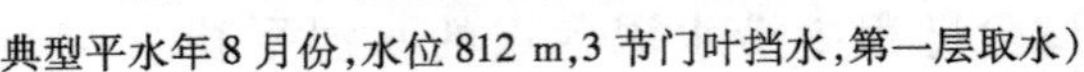

典型平水年 8 月份，水位 812 m，3 节门叶挡水，第一层取水）

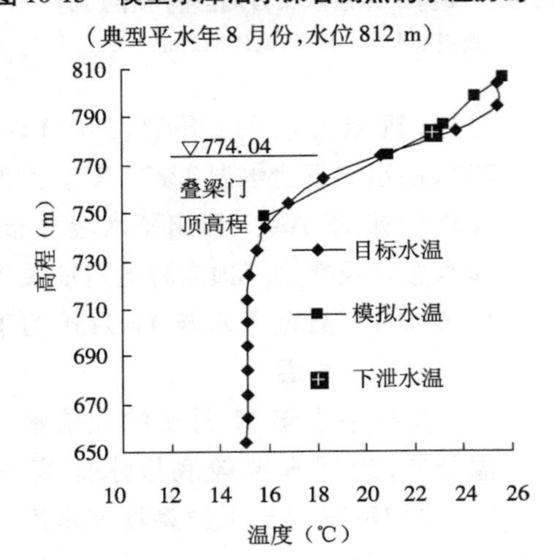

图 10-17　水温分布、下泄水温及叠梁门顶高程对应关系

（典型平水年 8 月份，库水位 812 m，3 节门叶挡水，第一层取水）

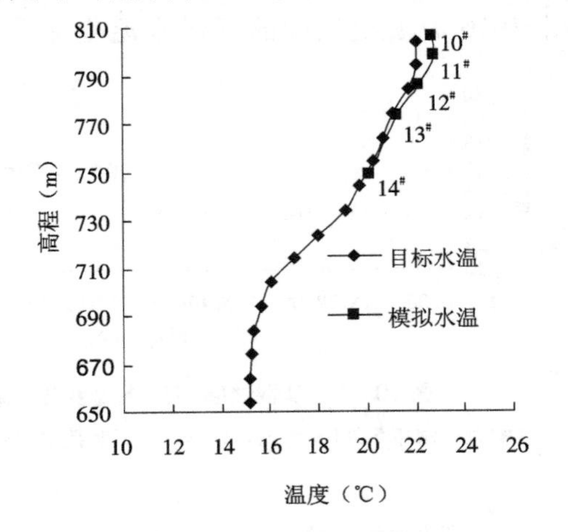

图 10-18　目标水温与模拟水温

（典型平水年 11 月份，水位 812 m）

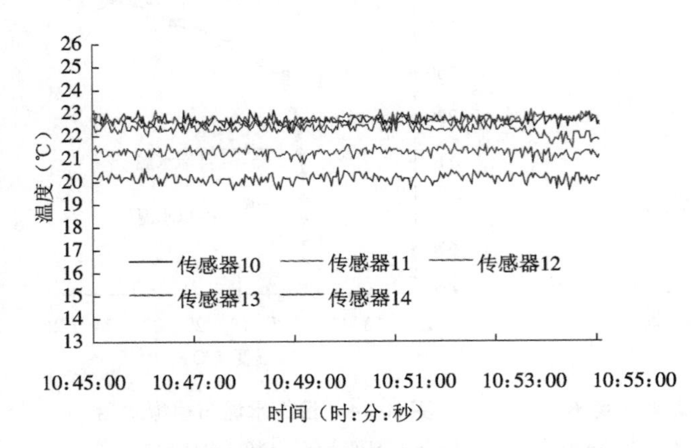

图 10-19　模型水库沿水深各测点的水温历时

（典型平水年 11 月份，水位 812 m）

图 10-19 为试验过程中模型水库沿水深各点（温度传感器 10# ~ 14#，具体位置参见图 10-18）的水温历时，表明试验过程中沿水深各点的水温平稳。图 10-20 为模型试验的下泄水温变化过程，机组开启后（开启时间 10:51:15），稳定的下泄水温 21.55 ℃。为便于比较分析，图 10-21 给出了水温分布、下泄水温以及叠梁门顶高程的对应关系。

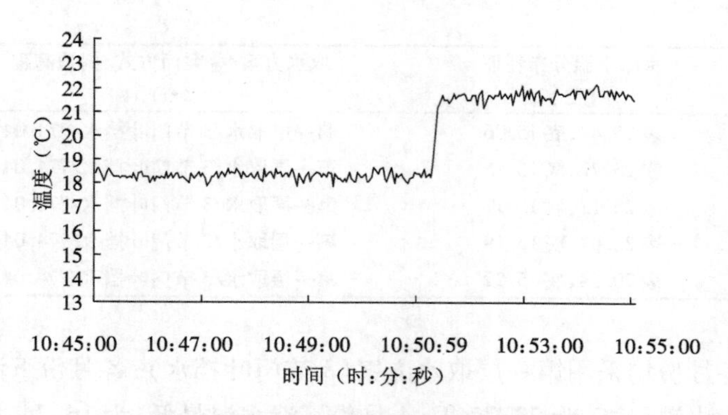

图 10-20　模型试验下泄水温变化过程

（典型平水年 11 月份，水位 812 m，3 节门叶挡水，第一层取水）

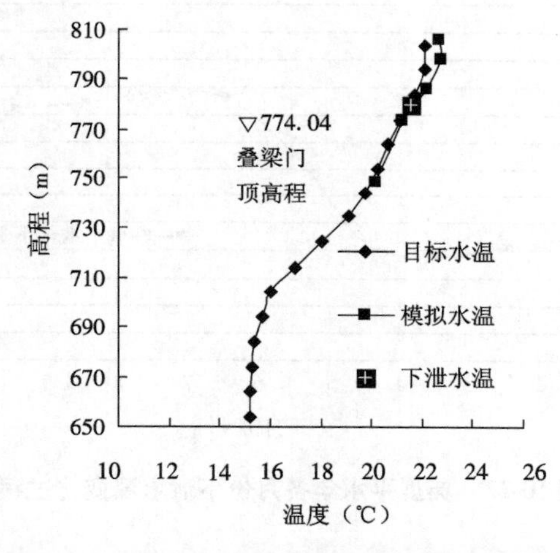

图 10-21　水温分布、下泄水温及叠梁门顶高程对应关系

（典型平水年 11 月份，库水位 812 m，3 节门叶挡水，第一层取水）

10.6.1.5　小结

对典型平水年各月份水库水温分布，进行了叠梁门按设计方案运行时下泄水温的试验研究，得出了典型平水年各月份的下泄水温（表 10-4）。

表 10-4　典型平水年各月份下泄水温试验结果

月份	水库水位（m）	水库水温分布特征（℃）	取水方案/叠梁门方式/门顶高程（m）	下泄水温（℃）
1	812	表 19.12，底 15.28	第一层取水/3 节门叶挡水/774.04	18.80
2	812	表 18.04，底 15.28	第一层取水/3 节门叶挡水/774.04	17.51
3	812	表 18.67，底 15.28	第一层取水/3 节门叶挡水/774.04	17.10
4	812	表 19.85，底 14.94	第一层取水/3 节门叶挡水/774.04	16.74
5	812	表 22.39，底 14.94	第一层取水/3 节门叶挡水/774.04	17.24
6	812	表 25.50，底 14.99	第一层取水/3 节门叶挡水/774.04	20.30
7	812	表 27.08，底 15.03	第一层取水/3 节门叶挡水/774.04	22.27

续表

月份	水库水位 (m)	水库水温分布特征 (℃)	取水方案/叠梁门方式/门顶高程 (m)	下泄水温 (℃)
8	812	表25.47,底15.06	第一层取水/3节门叶挡水/774.04	22.77
9	812	表23.72,底15.15	第一层取水/3节门叶挡水/774.04	22.31
10	812	表23.12,底15.17	第一层取水/3节门叶挡水/774.04	22.09
11	812	表22.07,底15.19	第一层取水/3节门叶挡水/774.04	21.55
12	812	表20.54,底15.22	第一层取水/3节门叶挡水/774.04	20.24

典型平水年,各月份均采用第一层取水方案(3节门叶挡水),各月份下泄水温最大差值为6.00 ℃,8月份下泄水温最高,为22.77 ℃,4月份下泄水温最低,为16.74 ℃。典型平水年各月份下泄水温变化过程如图10-22所示。

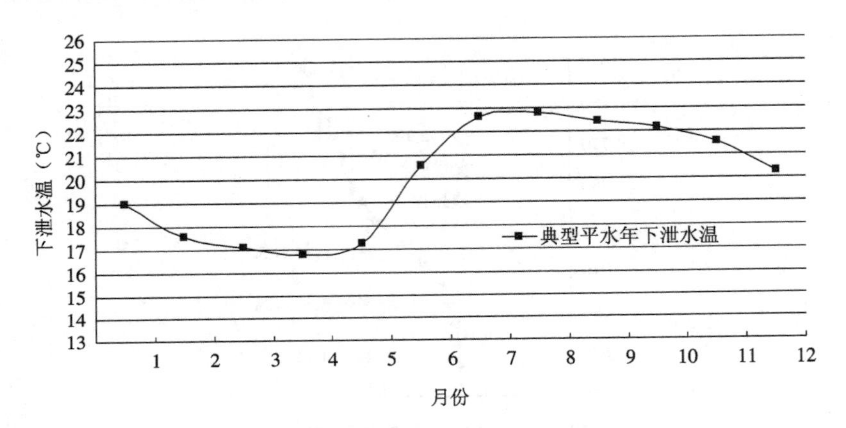

图10-22 典型平水年各月份下泄水温变化过程

10.6.2 叠梁门高度对下泄水温的影响

在水库水温分布和运行水位不变的前提下,改变叠梁门高度(3节门叶挡水,2节门叶挡水,1节门叶挡水,无门叶挡水),研究叠梁门高度对下泄水温的影响。本试验选择典型平水年3月份、5月份、8月份和11月份水库水温分布进行研究。

10.6.2.1 典型平水年3月份

典型平水年3月份的坝前水库水温分布,表层水温较底层水温高3.39 ℃。水库运行水位为812 m,九台机组同时运行,发电流量$9\times393\ m^3/s$。

不同叠梁门运用方式的下泄水温列于表10-5。不同的叠梁门运行方式,无门叶挡水、1节门叶挡水、2节门叶挡水、3节门叶挡水,典型平水年3月份的下泄水温分别为15.97 ℃、16.07 ℃、16.48 ℃、17.10 ℃。3节门叶挡水方式与无门叶挡水方式相比,下泄水温提高了1.13 ℃。

表 10-5　下泄水温试验结果(典型平水年 3 月份,水位 812 m)

水库水位(m)	水库水温分布	叠梁门运用方式	下泄水温(℃)	两层取水方案的温差(℃)
812	图 10-3 的 3 月份	无门叶挡水	15.97	
		1 节门叶挡水	16.07	+0.1
		2 节门叶挡水	16.48	+0.41
		3 节门叶挡水	17.10	+0.62

10.6.2.2　典型平水年 5 月份

典型平水年 5 月份的坝前水库水温分布,表层水温较底层水温高 7.45 ℃。水库运行水位为 812 m,9 台机组同时运行,发电流量 $9\times393\ m^3/s$。

不同叠梁门运用方式的下泄水温列于表 10-6。不同的叠梁门运行方式,无门叶挡水、1 节门叶挡水、2 节门叶挡水、3 节门叶挡水,典型平水年 5 月的下泄水温分别为 15.40 ℃、16.08 ℃、16.64 ℃、17.24 ℃。3 节门叶挡水方式与无门叶挡水方式相比,下泄水温提高了 1.84 ℃。

表 10-6　下泄水温试验结果(典型平水年 5 月份,水位 812m)

水库水位(m)	水库水温分布	叠梁门运用方式	下泄水温(℃)	两层取水方案的温差(℃)
812	图 10-3 的 5 月份	无门叶挡水	15.40	
		1 节门叶挡水	16.08	+0.68
		2 节门叶挡水	16.64	+0.56
		3 节门叶挡水	17.24	+0.60

10.6.2.3　典型平水年 8 月份

典型平水年 8 月份的坝前水库水温分布,表层水温较底层水温高 10.46 ℃。水库运行水位为 812 m,9 台机组同时运行,发电流量 $9\times393\ m^3/s$。

不同叠梁门运用方式的下泄水温列于表 10-7。不同的叠梁门运行方式,无门叶挡水、1 节门叶挡水、2 节门叶挡水、3 节门叶挡水,典型平水年 8 月份的下泄水温分别为 16.55 ℃、18.09 ℃、21.06 ℃、22.77 ℃。3 节门叶挡水方式与无门叶挡水方式相比,下泄水温提高了 6.22 ℃。

表 10-7　下泄水温试验结果(典型平水年 8 月份,水位 812 m)

水库水位(m)	水库水温分布	叠梁门运用方式	下泄水温(℃)	两层取水方案的温差(℃)
812	图 10-3 的 8 月份	无门叶挡水	16.55	
		1 节门叶挡水	18.09	+1.54
		2 节门叶挡水	21.06	+2.97
		3 节门叶挡水	22.77	+1.71

10.6.2.4　典型平水年 11 月份

典型平水年 11 月份的坝前水库水温分布,表层水温较底层水温高 6.88 ℃。水库运行水位为 812 m,9 台机组同时运行,发电流量 $9\times393\ m^3/s$。

不同叠梁门运用方式的下泄水温列于表10-8。不同的叠梁门运行方式,无门叶挡水、1节门叶挡水、2节门叶挡水、3节门叶挡水,典型平水年11月份的下泄水温分别为20.30 ℃、20.66 ℃、20.94 ℃、21.55 ℃。3节门叶挡水方式与无门叶挡水方式相比,下泄水温提高了1.25 ℃。

表10-8 下泄水温试验结果(典型平水年11月份,水位812 m)

水库水位(m)	水库水温分布	叠梁门运用方式	下泄水温(℃)	两层取水方案的温差(℃)
812	图10-3的11月份	无门叶挡水	20.30	
		1节门叶挡水	20.66	+0.36
		2节门叶挡水	20.94	+0.28
		3节门叶挡水	21.55	+0.61

10.6.2.5 小结

选取典型平水年3月份、5月份、8月份和11月份,水库正常蓄水位812.0 m,9台机组同时发电,对不同叠梁门运行方式的下泄水温进行了试验,研究叠梁门高度对下泄水温的影响。

图10-23为各月份不同叠梁门运行方式的下泄水温试验结果。试验结果均表明,叠梁门高度增加,下泄水温提高,叠梁门对提高下泄水温有较为明显的作用。

下泄水温提高的幅度,不仅取决于叠梁门的高度,还取决于水库水温垂向分布。若水库的表层与底层水温温差大,则下泄水温提高幅度大;反之,下泄温度提高幅度小。典型平水年8月份,表层与底层温差为10.46 ℃,下泄水温升高的幅度最大;典型平水年3月份的表层与底层温差为3.39 ℃,典型平水年5月份的表层与底层温差为7.45 ℃,典型平水年11月份的表层与底层温差为6.88 ℃,下泄水温升高的幅度相对较小。

采用叠梁门方案取水比传统的底层取水方案,下泄水温有明显升高,可以有效改善下泄低温水对下游生态的影响。

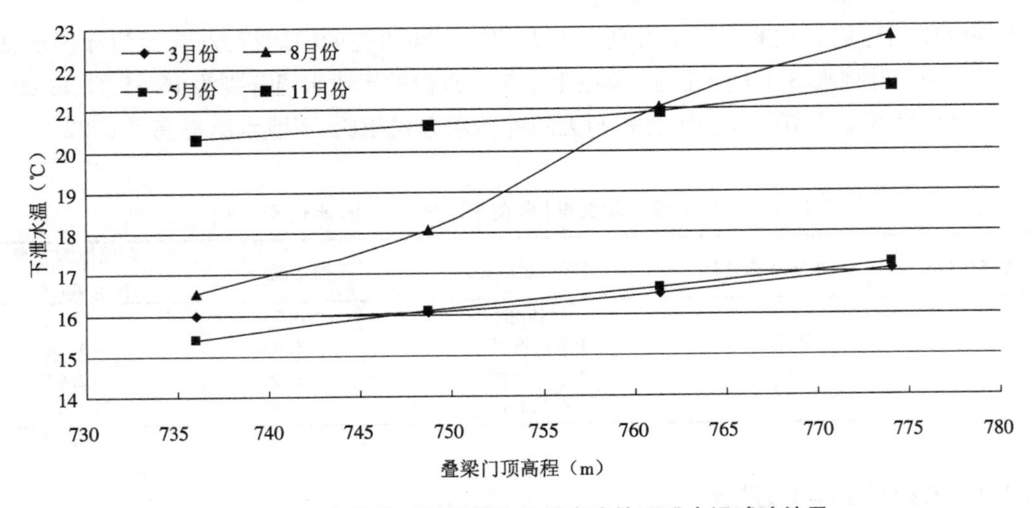

图10-23 各月份不同叠梁门运行方式的下泄水温试验结果

10.6.3　试验成果总结

利用物理模型试验，直接模拟水库水温分布，量测下泄水温，对水电站分层取水进水口叠梁门方案的下泄水温进行了研究。

（1）针对典型平水年各月份水库水温分布，进行了叠梁门按设计方案运行时下泄水温的试验研究，得出了典型年各月份的下泄水温。典型平水年，8月下泄水温最高22.77 ℃，4月下泄水温最低16.77 ℃，各月下泄水温最大差值为6.00 ℃。

（2）研究了叠梁门高度对下泄水温的影响，揭示了水库水温分布、叠梁门顶高程、下泄温度之间的关系。叠梁门高度增加，下泄水温提高，叠梁门对提高下泄水温有较明显的作用。下泄水温提高的幅度，不仅取决于叠梁门的高度，还取决于水库水温垂向分布。若水库的表层与底层水温温差大，则下泄水温提高幅度大；反之，下泄温度提高幅度小。采用叠梁门方案取水比传统的底层取水方案，下泄水温有明显升高。

10.7　本章总结

（1）利用物理模型试验研究水库分层取水下泄水温，没有可供直接借鉴成果。它与较早开展模型试验研究的温排水试验完全不同，不论相似理论方面还是试验模拟方面。水库分层取水水温模型试验的难点：一是水温模型的相似理论，即模型和原型相似应满足的条件，以及模型与原型的水温换算关系，它是试验模型建立的理论基础；二是水库水温分层模拟问题，即模拟稳定的符合要求的水库水温分布，它是试验研究的保障。

（2）本章依据《水库分层取水水温试验模型相似理论》[36]所提出的方法，进行了某水库分层取水物理模型试验研究，量测了进水口分层取水叠梁门方案的各典型年各月份的下泄水温，得到了合理的预测结果。

（3）本章直接模拟水库水温分布的试验方法，形成符合温差要求的、稳定的水温分布是试验的关键。同时，在模型水库典型断面沿水深布置多个温度传感器，加强水库水温分布的监测，保证获得理想的水库水温分布。

（4）由于直接模拟水温，模型规模取决于“水温加热与控制系统”，本章的模型几何比尺 $\lambda_l = 150$，供类似模型试验参考。当然在条件允许的情况下模型越大越好。

参考文献

[1] 中华人民共和国水利部. 水工(常规)模型试验规程 SL 155—2012[S]. 北京:中国水利水电出版社,2012.

[2] 长江水利水电科学研究院,电力部东北勘测设计院科学研究所,湖南省水利水电勘测设计院,武汉水利电力学院. 泄水建筑物下游的消能防冲问题. 1980:322 - 328.

[3] Anwar H O, Weller J A, Amphlett M B. Similarity of free-vortex at horizontal intake[J]. Journal of Hydraulic Research, 1978, 16(2): 95 - 105.

[4] Jain A K, Garde R J, Ranga Raju K G. Vortex formation at vertical pipe intake[J]. Journal of the Hydraulics Division, ASCE, 1978,104(10):1429 - 1445.

[5] 高学平,杜敏,宋慧芳. 水电站进水口漩涡缩尺效应[J]. 天津大学学报,2008,41(9): 1116 - 1119.

[6] Hecker G E. Model-prototype comparison of free surface vortices[J]. Journal of the Hydraulics Division, ASCE, 1981, 107(10): 1243 - 1259.

[7] Hecker G E. 漩涡模拟的比尺效应[C]. 国际水工模拟缩尺影响专题讨论会译文选. 水利水电泄洪建筑物高速水流情报网,1985:219 - 237.

[8] 高学平,张效先,李昌良,等. 西龙池抽水蓄能电站竖井式进/出水口水力学试验研究[J]. 水力发电学报,2002(1):52 - 60.

[9] Gordon J L. Vortices at intakes[J]. Water Power, 1970, 22(4): 137 - 138.

[10] 美国土木工程学会. 水利水电规划设计土木工程导则,第一卷:大坝的规划设计与有关课题[R]. 1989.

[11] 安徽省水利局勘测设计院. 水工钢闸门设计[M]. 北京:水利出版社,1980.

[12] 中华人民共和国国家发展和改革委员会. 水电站进水口设计规范 DL/T 5398—2007[S]. 北京:中国电力出版社,2008.

[13] 邱彬如,刘连希. 抽水蓄能电站工程技术[M]. 北京:中国电力出版社,2008.

[14] Pennino B J, Hecker G E. A synthesis of model data for pumped storage intakes[C]. Proeeedings of the Joint ASME/CSME Applied Meehanics, Fluids Engineering and Bioengineering Conferenee, 1979.

[15] 中华人民共和国水利部. 水电站有压输水系统模型试验规程 SL 162—2010[S]. 北京:中国水利水电出版社,2011.

[16] 高学平,李兰秀,张效先,等. 水电站压力管道系统较大比尺水击模型试验设计方法[J]. 水力发电学报,2004,23(2):27 - 31.

[17] 清华大学,大连理工大学,天津大学. 水电站建筑物[M]. 北京:清华大学出版社,1996.

[18] 中华人民共和国国家发展和改革委员会. 水力发电厂机电设计规范 DL/T 5186—2004

[S]. 北京:中国电力出版社,2004.

[19] 中华人民共和国工业和信息化部. 干船坞设计规范 CB/T 8524—2011[S]. 北京:中国船舶工业综合技术经济研究院,2011.

[20] 王常生,陈秀玉. 干船坞虹吸式输水廊道鸵峰负压的特性[J]. 水运工程,1985(10):1 - 8.

[21] 左东启. 模型试验的理论和方法[M]. 北京:水利电力出版社,1984.

[22] 崔广涛,练继建,彭新民,等. 水流动力荷载与流固相互作用[M]. 北京:中国水利水电出版社,1999.

[23] 中华人民共和国水利部. 水利水电工程钢闸门设计规范 SL 74—2013[S]. 北京:中国标准出版社,2013.

[24] 窦国仁. 全沙模型相似律及设计实例[J]. 水利水运科技情报,1977(3):1 - 20.

[25] 高学平,洪柔嘉,赵耀南. 全沙模型试验的一种设计方法[J]. 水利学报,1996(6):57 - 62.

[26] 李保如. 我国河流泥沙物理模型的设计方法[J]. 水动力学研究与进展, 1991(S1):113 - 1220.

[27] 沙玉清. 泥沙运动学引论[M]. 北京:中国工业出版社,1965.

[28] 王世夏. 论底沙的开动流速和输沙率[J]. 华东水利学院学报,1979(3): 86 - 103.

[29] 钱宁,万兆慧. 泥沙运动力学[M]. 北京:科学出版社,1983.

[30] 韩其为,何明民. 泥沙起动规律及起动流速[M]. 北京: 科学出版社, 1999 .

[31] 张瑞瑾. 河流泥沙动力学[M]. 北京:中国水利水电出版社,1998.

[32] 黄永坚. 水库分层取水[M]. 北京:水利电力出版社,1986.

[33] 陈惠泉. 冷却池水流运动的模型相似性问题[J]. 水利学报,1964(4):14 - 26.

[34] 陈惠泉. 冷却水运动模型相似性的研究[J]. 水利学报,1988(11):1 - 9.

[35] 赵振国. 冷却池试验模型律探讨[J]. 水利学报,2005,36(3):1 - 13.

[36] 高学平,赵耀南,陈弘. 水库分层取水水温试验模型相似理论[J]. 水利学报,2009,40(11):1374 - 1380.

[37] Harleman D R F, Edler R A. Withdrawal from two-layer stratified flows[J]. Journal of Hydraulis Division, ASCE,1965(4):43 - 58.

[38] 黄桂林,赵文华. 平面门式表层取水口试验研究[J]. 南昌水专学报,1996,15(1): 49 - 53.

[39] Helmut Kobus. 水力模拟[M]. 清华大学水利系泥沙研究室,译. 北京:清华大学出版社,1988.

[40] 高学平,陈弘,王鳌然,等. 糯扎渡水电站多层进水口下泄水温试验研究[J]. 水力发电学报,2010,29(3):126 - 131.

[41] 高学平,张晨,宋慧芳. 水库水温分层模拟方法:中国,ZL201010119521. 0[P]. 2011 - 06 - 15.

[42] 高学平. 稳定分层不掺混加水装置:中国,ZL201010119552. 6[P]. 2011 - 08 - 17.